擬真度100%
懷舊食物羊毛氈

BAO BAO HANDMADE

眷村女孩闖天下，
用故事與生活情感交織的手作藝術品

雷包本人就充滿了故事，從她一路從軍到創業，跟一般女孩子所選的道路很不相同卻又尤其精彩。這本書乍看是一本羊毛氈教學的工具書，可是細看內容，會發現這更是一本關於一位眷村女孩闖天下的「故事書」。每一針、每一字、每一個作品，都包含了濃濃的情感。

長期在美術館與文創園區工作，對於藝術家總有特殊的情感，初識雷包時，感受到她身上有著一種很特別的藝術家氣質，她的創作完完全全融入了日常的生活，既寫實又有那麼一種令人莞爾的情感連結，對我來說，這種手作工藝也是最貼近生活的藝術品。

這本書字裡行間都是來自於對生活的熱愛與熱情，色香味俱全，在閱讀的同時肚子也餓了起來。小時候的菠蘿麵包呀！是那個台灣經濟剛起飛的蓬勃年代，大家共同的記憶。雷包用設計力、文創力加值的羊毛氈工藝新產業，擾動著我們的五感，一邊讀一邊動手做，是一場體驗美好生活的饗宴。

林羽婕

前台北當代藝術館副館長．前華山 1914 文創園區總監．藝高文創公司創辦人

「手作事業」的實踐者，
將創意與熱情帶給更多人

身為一個市集主辦，這幾年來接觸過的創作者超過幾百個，雷包老師是少數一個能夠「事業成功」的文創工作者。特別強調「事業」這兩個字，是因為在市集中大略可分為三種類型的創作者，第一種類型是追求生活小確幸，他不在乎創作能否成功賺大錢，只想過悠閒慢活的人生。第二種類型是專職擺攤者，擺攤就是他的工作收入來源，僅此而已，從沒想過要更上一層樓。第三種就是像雷包老師這樣，很清楚自己的目標，有想法就努力去執行，真的把「手作」當成「事業」在經營的人，說實話這類型的人目前在市集中少之又少。事業並非等同於商業，而是能夠將興趣變成職業，然後不斷提升自我，進一步實現夢想還能幫助他人的人，這個過程，是充滿困難與挑戰的。

藏物市集的理念是打造一個令人感到溫暖的交流平台，當初遇到雷包這樣充滿熱情與友善的創作者時，馬上就很合拍，所以無論是市集上的體驗課，或是空間的展覽，我們都盡可能地給予協助。這次雷包老師能夠出書，我們都感到非常高興，能將好的創意與手藝傳承給更多人，是一件很棒的事，也希望雷包老師的心路歷程能激勵大家勇敢創造屬於自己的生活。

藏物市集創辦人 **張顥薰**

歡迎照相
請勿動手
BEATLES

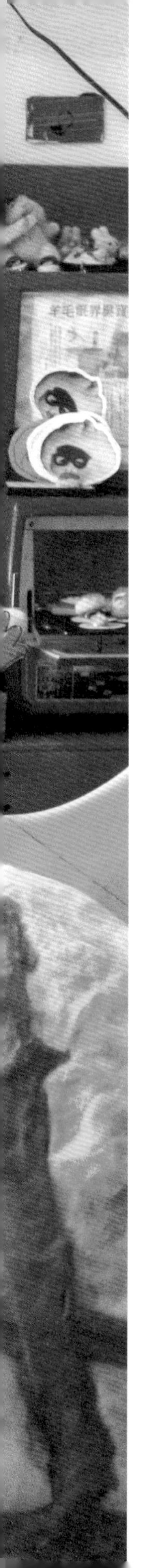

作者序

用我最擅長的工藝技術，紀錄這片土地的美好

關於出書，這是一件讓我期待已久的事……

先自我介紹，我是雷曉臻，大家也都叫我雷包，是「包・手作羊毛氈」的創辦人。曾任職業軍人一職16年，而在兩年半前，我做了一個人生從沒想過的決定——提前退伍。這個決定看似是人生階段性的結束，但也開啟了我完全不一樣的旅程。

從小我一直很喜歡手作，玩遍許多奇奇怪怪的手工雜作，之所以稱為「雜作」，是因為作品好像真的都沒什麼用處，且常常以三分鐘熱度收尾。直到2014年，我遇見了「羊毛」這個素材，那感覺就像是「轉角遇到愛」一樣，我愛上它的多變、可塑型；愛上它的延展性及愛上最終成品的實用性。於是，就這樣開啟了我的羊毛氈創作旅程。

自2014年接觸羊毛氈開始，我不斷試煉基本技法，將基本功練習得很札實，但除了熟練於各式技巧外，我開始思考，身為一個藝術創作者，應該要如何用擅長的工藝技術，傳達出內心深處的想法，我覺得那也是所謂「藝術家」應該要做的事。於是我將自己沉澱，挖掘自己到底想要的是什麼？想要訴說的又是什麼？

從前到現在，我一直都很喜歡台灣這片土地所散發出來的味道。隨著人越長大，遺忘的東西似乎也越多。時代的變遷，讓我們丟失了一些原本單純善良的美好。所以我常常想起小時候住在眷村，下午四點總會駛進來一台載滿各式各樣十元台式麵包的麵包車，那是我們眷村孩子心靈的寄託，也是最期待的時光。那份關於麵包幸福的味道，也成為我們品牌發想的初衷。我想把所有最單純、美好的味道找出來，用羊毛氈技藝，記錄這片土地令人喜愛的滋味。除了食物本身，還有其背後蘊含的料理者的真情、與在地相互依存故事，都一一封存在作品裡。

如果你同樣有手作創業的夢想，在學習羊毛氈的過程中，除了必備的基本技法，更要清楚知道自己的創作路線，讓自己可以在透過累積不同的技藝後，突破基礎技法的思維，展現自己作品的色調風格、質地與呈現等。

我覺得手作羊毛氈，和自己一路經營「包・手作羊毛氈」這個品牌的心境很像，就是一次次地「想辦法」，一次次地接受新的挑戰，讓自己呈現在最佳的狀態。我想這些面對與克服，也是精進自己、讓自己成長的不二法則。

包・手作羊毛氈創辦人 **雷曉臻**

目錄

第壹章

認｜識｜羊｜毛｜氈
基本技巧 × 工具材料

第貳章

手｜作｜羊｜毛｜氈
經典台式麵包 × 傳統糕點

第參章

手｜作｜羊｜毛｜氈
眷村好味道 × 眷村景物

第肆章

羊｜毛｜氈｜再｜加｜溫
變身實用小物的方法

雷包說

本書使用說明

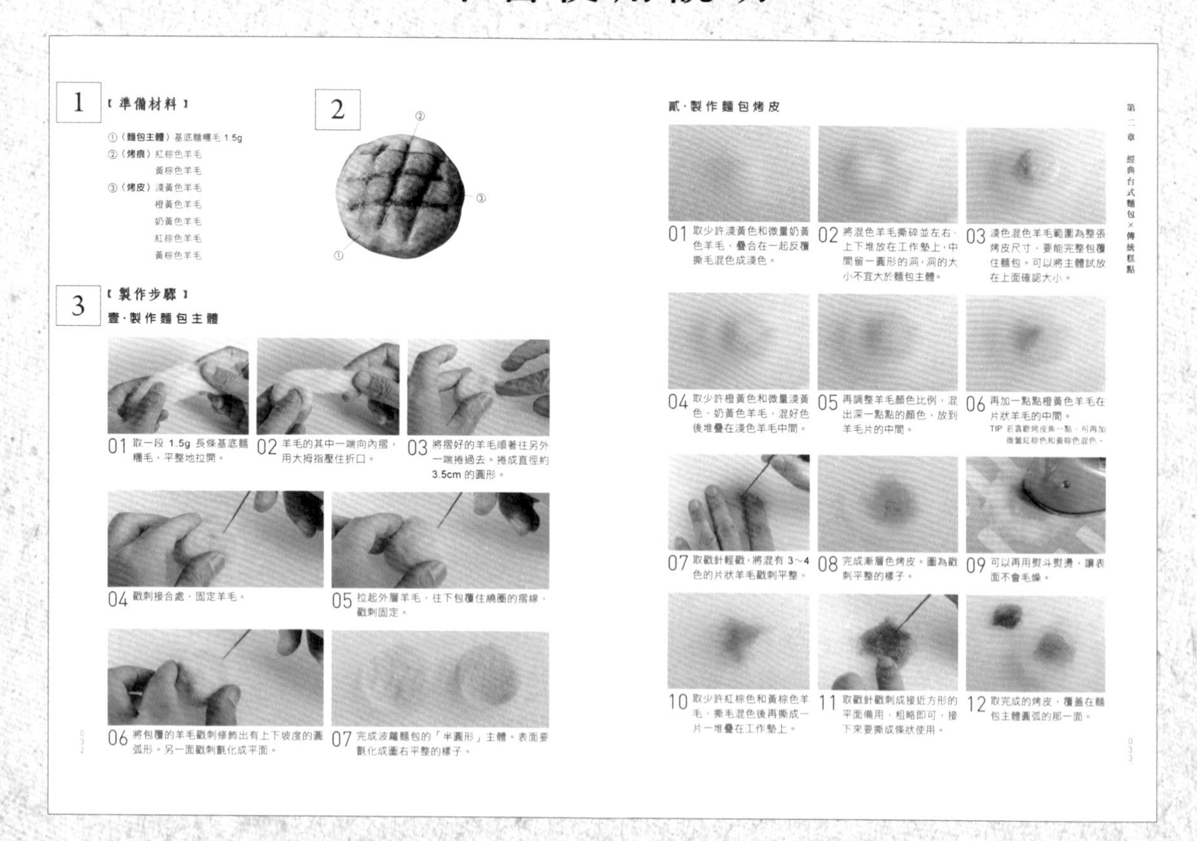

1 準備材料

依照圖片標示區域列出需要材料。除了基底羊毛提供克數以供參考大小外，其餘羊毛由於用量極少，且建議依照想要的顏色、深淺自由調配，不需要按照比例，故不列出用量。

羊毛顏色標示為「包．手作羊毛氈」官網販售色，也可以自行選擇他牌相似色系使用。

2 成品圖

完成品呈現出來的樣子。每一次製作出來的成品模樣，都會因為使用的羊毛用量、手法等因素而有不同，本圖僅供參考，依照自己喜歡的方式製作即可。

3 製作步驟

依照各區域介紹階段性的步驟。原則上會列出所有過程，但若遇到重複性太高的反覆動作，則不逐一說明。例如像是用熨斗熨燙表面等步驟，因為視個人喜好進行即可，不影響製作過程，也不會特別說明。

★ 特殊用語說明

- 氈化：指透過戳刺、搓揉等手法將羊毛上的纖維變小、變扎實的動作，包含濕氈、針氈等方式。
- 針氈：本書中使用的氈化方式。利用戳針上的凹槽戳刺羊毛，讓毛纖維糾結在一起後塑形。
- 濕氈：利用浸泡肥皂水後搓揉使毛纖維聚集的氈化方式，本書中不使用。
- 烤色：指麵包表皮烤得較深的顏色，或是蔥油餅等煎到恰恰的焦褐色。

雷包說：

壹：

萌芽，想過更有靈魂的日子——

結束軍旅生涯與創業

「雷曉臻，36 歲，海軍上士……」我一直記得有次參加市集，我在攤位上播放之前受訪的電視節目影片，節目開頭就是這句話。從早播到晚，播到附近每個攤位的人都知道「妳是那個放棄退休俸去做羊毛氈的雷曉臻，36 歲」。是的，就是我本人。

從職業軍人到羊毛氈老師，
我想過有靈魂的日子。

我大概是第一個，可以讓「軍人」和「羊毛氈」這兩個詞彙連在一起的人。我的父親是軍人，我也是軍人，還嫁給了軍人。2016 年，當我提出退役申請、走出待了 16 個年頭的營區大門時，大家都覺得這個人傻了。從事軍職的人都知道，當軍人沒什麼值得說嘴的福利，最大的好處，大概也就是「終身俸」，做滿 20 年後退伍，往後每個月都能領到一份不低的薪水，足以應付基本的生活開銷。但我呢，明明就只剩 4 年，卻突然說要去做羊毛氈。

從那一刻起，我的人生很像瞬間跳到一個新的場景。以前滿腦子想要過自由的生活，但自由的生活意味著不穩定的收入。尤其是開始創業後，壓力大得不得了，每天都像在闖關，阻礙一個接著一個來，根本沒有停下來的時間。但就算是這樣，忙碌時，我總會想起在一個電視專訪中，魏德聖導演說過的話：「過好日子，不代表你要有錢，而是要有靈魂。」而我，想要過有靈魂的日子。

出生在軍公教家庭，大家都以為我是跟隨父親腳步從軍，其實哪有那麼崇高的理由，只是單純落榜而已。我從以前就對藝術、手作很感興趣，考大學的時候一心想唸造型藝術學系，結果沒考上，父親勒令不准重考，我沒得選才乖乖聽話考進軍校，畢業後輾轉到國防部上班。不過人的心可能真的很難改變，就算身在一個口令一個動作的軍事體制下，我的內心還是不斷在追求創作，一有空就到處去學新的手作。甚至連休育嬰假的時候，別人忙著顧孩子、休養身體，我卻壓縮時間跑去找老師學畫畫、做木器彩繪，把自己弄得比上班的時候還忙。也是在這個時候，我接觸到了羊毛氈。

就讀軍校時期的照片

開始做羊毛氈以前，手作對我來說是件滿勞民傷財的興趣，尤其我又是個很愛買工具、材料的人。相較之下，做羊毛氈算是很節儉的，不用花太多錢、工具少，又不需要什麼空間，一根針、幾搓毛就可以完成一個作品。而且從小小的耳環、鑰匙圈，到大型的包包、衣服、鞋子都做得出來。雖然很多人做手作只是享受過程，但我個性比較實際，不太喜歡東西做好只能放著裝飾。所以從這幾點來看，經濟實惠又有實用價值的羊毛氈，CP 值非常高。

不過對我來說，這些都是附加的優點，羊毛氈真正吸引我、最讓我欲罷不能的，其實是它的「延展性」。羊毛氈的變化度非常大，你能想像嗎？明明材料都是羊毛，有的可以做出石頭般硬邦邦的扎實觸感，有的卻像麵包般蓬鬆柔軟，不管想要戳什麼形狀，要多厚、多薄都沒問題，甚至連人臉上細微的紋路，都能用羊毛和戳針表現。我在羊毛氈上看到了很大的可能性，那種感覺彷彿遇到了一拍即合的知心好友，沒有考慮，我一頭陷入了羊毛氈的世界。

現實與夢想的拉鋸，面對內心真正的渴望。

我大概花了兩年學羊毛氈，才在過程中慢慢找出自己的風格。那段時間我不誇張，幾乎所有空檔都在戳羊毛，常常半夜開著小燈拚命練習，把自己當古時候挑燈夜讀的書生在經營。每件事情的成功都要付出相對應的努力，我現在能有這麼扎實的基本功，也是當時打下的基礎。

就這樣做了一陣子，網路上開始有人在討論我 PO 的作品，擬真食物羊毛氈的辨識度越來越高，來自各方的開課邀約也多了起來。我是到這個時候，心裡才開始萌生起靠羊毛氈過活的念頭。當時我白天工作，晚上做羊毛氈，同時做兩份工作般的作息讓我的體力漸漸無法負荷。我知道這樣的生活不可能持久，我非得在兩者間做一個取捨。

很多媒體形容我「毅然決然去追求夢想」，其實我沒有，我掙扎了整整一年才下定決心離開軍職，這段期間不知道問了幾百個人的意見，完全沒有毅然決然的氣魄。說實在話，我以前從來不覺得藝術家可以活下來，尤其在台灣這個環境。哪怕今天賺了筆價錢不錯的訂單，但誰知道下筆單在哪？每天過這樣不穩定的日子，太苦了。

羊毛氈的延展性很高，可以做出很細緻的表情

除了經濟上的考量外，關於退伍，我心裡還有一個很大的阻力。因為雖然我們夫妻都是軍人，但當時我老公才剛因服役年限問題被迫退伍。在這樣的情況下，我真的開不了口說要創業。就算我知道家人會支持，內心還是一直在拉鋸、非常矛盾，心情也變得很不好，把家裡的氣氛弄得很糟。最後是我老公終於受不了，他很嚴厲地跟我說，人只能做好一件事，我什麼都要的時候就會變成這樣的狀態，只是造成別人的困擾。他告訴我，如果今年沒辦法決定，之後剩三年、兩年也乾脆就不要退了。不可否認，老公一直是我一個很兇猛的心靈導師，總是直接來個當頭棒喝，讓我瞬間清醒。

其實心裡早就有答案的。當我問自己，如果放棄軍中的工作會覺得失去什麼？我想到的就是那筆退休俸，還有穩定的薪水。可是當我想到要放棄羊毛氈，我整個人的內心就變得非常糾結，我覺得我好難過……很多人以為我是軍中待不下去才退伍，但都待了16年哪有什麼待不下去的問題？下定決心退伍後，心情豁然開朗了許多。記得在遞退役申請的時候，有位長官問我為什麼不等領到終身俸再去做想做的事？我當時反問我的長官，如果我們連下一秒會發生什麼事情都不能夠確定，怎麼知道4、5年後還能做什麼？就這樣，我脱下了象徵安穩的軍服，開啟了每天匆匆忙忙的創作人生。

MOON.
We've got some loving to do under the moon."
REFRAIN.
So tired of being alone,
So tired of yearning for your returning,
So tired of waiting for you.
REFRAIN.

認識羊毛氈

基本技巧
×
工具材料

CHAPTER
01

製作食物羊毛氈的

基本工具材料

本篇中列出的是我比較常用的工具和材料，
大多很基本，沒有特別難取得的東西。

1. 熨斗
使用於熨燙羊毛片或燙平羊毛表面減少毛躁感。我個人偏好方便攜帶的小型款式。

2. 鑷子
用於夾取芝麻或細小的羊毛片，方便調整和擺放位置。

3. 剪刀
剪羊毛片或是剪紙板時使用。

4. 刀片
需要切割羊毛或紙板時使用（例如把饅頭割開夾蛋）。

5. 戳針筆
市面上有可以一次放入 3 支、5 支、7 支戳針的款式，適合用在戳刺大範圍羊毛時，加快氈化速度。

6. 戳針
戳針又依針的形狀分為三角針、四角針和螺旋針等，各自又有粗細的不同。建議初學者購買細的螺旋針，因為針角較少，戳出來的質感最滑潤。也可以再多買一支粗的四角針，氈化成型的速度較高，適合用於基礎塑型、製作麵包主體。

7. 工作墊
氈化羊毛時讓戳針可以緩衝的墊子，選擇密度高的 EPE 發泡棉較耐久用。

8. 縫針 & 縫線
用於將成品加工成鑰匙圈，縫上配件時使用。

9. 老虎鉗
將成品加工時，用於固定雙圈或四目鍊等配件。

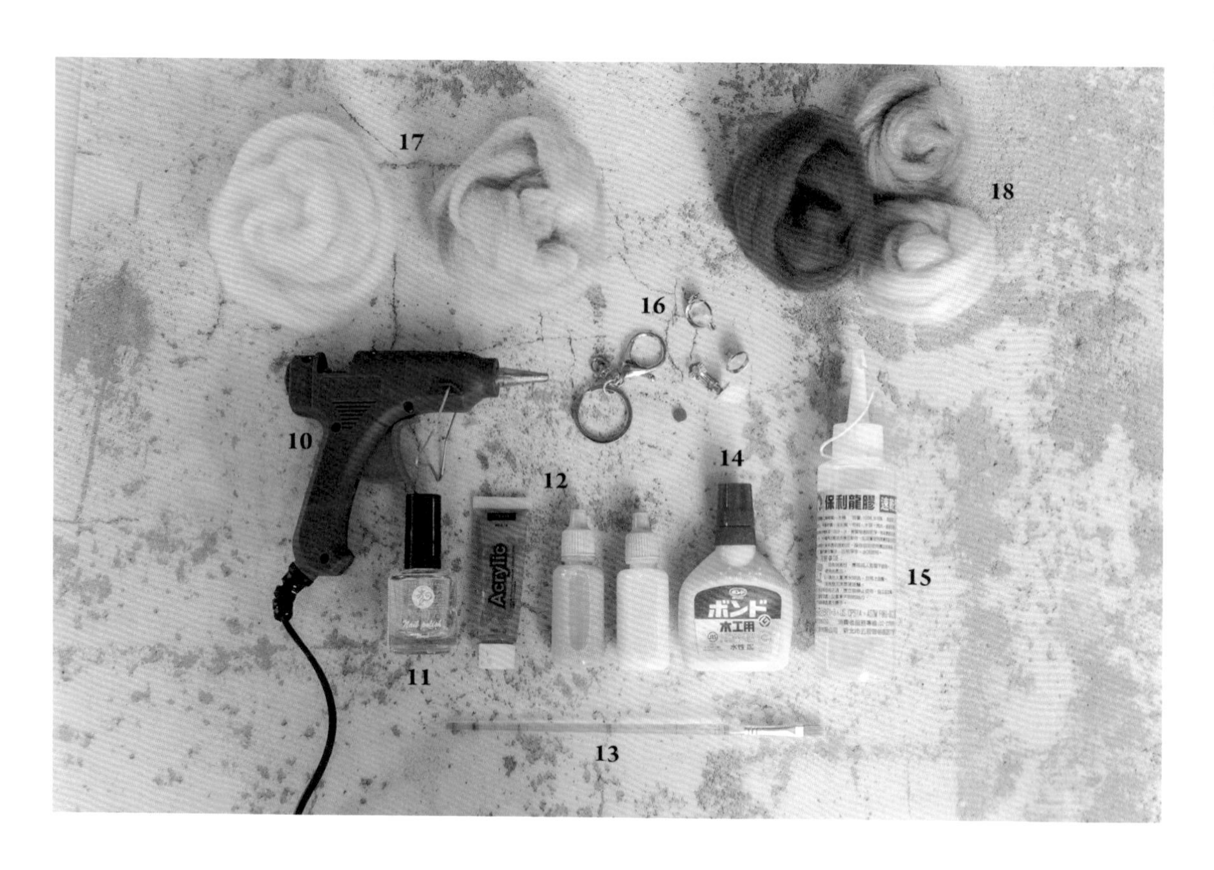

10. 熱熔膠槍
用於接合成品與耳環、書夾等配件時使用。

11. 透明指甲油
成品完成後薄刷於表面，可達到保護的作用，且整體看起來更光亮。

12. 仿醬汁
用於將白膠水調成需要的顏色（例如蚵仔煎的醬汁）時使用，乾掉後會呈半透明的顏色。

13. 水彩筆
在成品上刷白膠水或仿醬汁時使用。

14. 白膠
用於在成品表面加上保護膜，或黏著芝麻等材料。

15. 保麗龍膠
用於成品加工，黏著磁鐵等配件。

16. 五金配件
鑰匙圈、耳環等加工成品的材料。

17. 基底麵糰毛
質地粗、硬的基底用羊毛，可快速被氈化，適合用來製作麵包主體等基礎形狀。

18. 針氈用羊毛
質地較細、軟的羊毛，戳出來平整光滑，用來製作外層的色澤或造型。

*羊毛建議在羊毛氈專用店購買，不論基底羊毛或針氈用羊毛都一律選擇「短纖維」的種類。

新手入門的

羊毛氈基本技巧

雖然我常常跟學生強調，不要被針法或是一些規矩侷限住，才能做出自然逼真的作品。但基本功的養成還是很重要的，可以讓製作成品時更加流暢。

◆ 撕毛

羊毛買回來後即可直接使用，唯有在製作羊毛片、混色等僅需使用少量羊毛時，要先將羊毛撕成小片再處理。

抓住羊毛的一端後，順著羊毛紋路橫向撕開即可。

◆ 基本針法

羊毛氈的針法大致可依戳刺的角度和深淺區分。戳刺得較深（約 1.5cm）就稱為「深針」，多用在氈化，讓羊毛塑形變硬。戳刺較淺則稱為「淺針」（約 1mm），多用在修飾表面形狀。而比較常用的角度則可分為以下三種：

垂直針

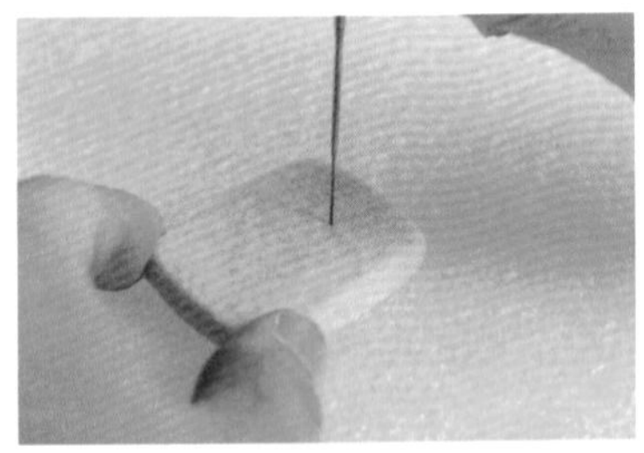

以和羊毛垂直的角度往下戳刺，一般情形下都是這樣的方式。

平行針

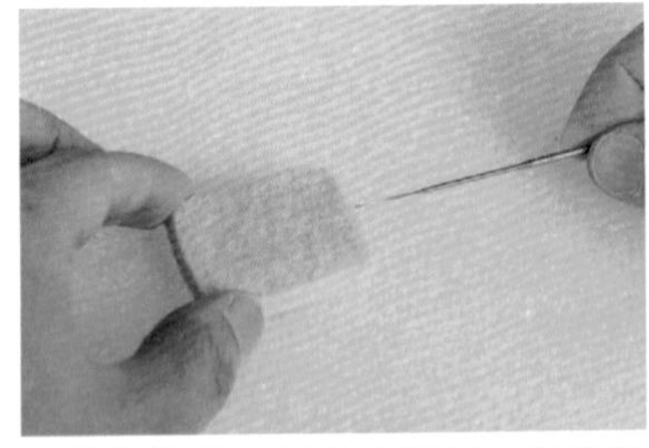

將戳針維持水平角度戳刺。通常用於雕塑窄的平面，可搭配工作墊輔助，將要修飾的面對齊工作墊側面。

斜針

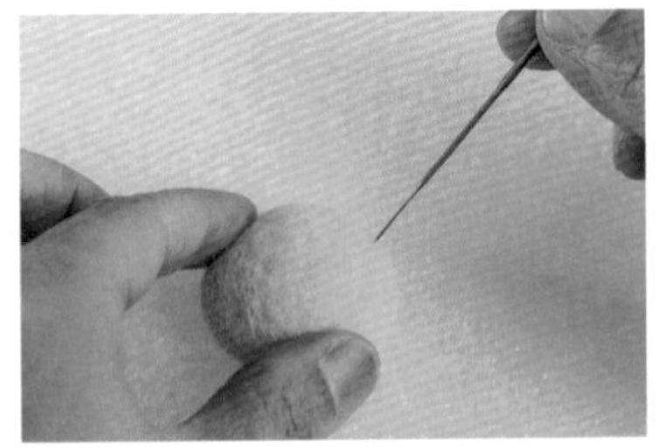

戳針與平面保持約 45 度的角度戳刺，適合用來塑造立體線條、角度或是圓弧曲線。

◆ 捲毛塑形

以下列出幾種常見形狀的塑形方式。原則上盡量將羊毛捲成想要的形狀，再戳刺氈化即可，沒有完全照這樣的方式也沒關係。

羊毛片

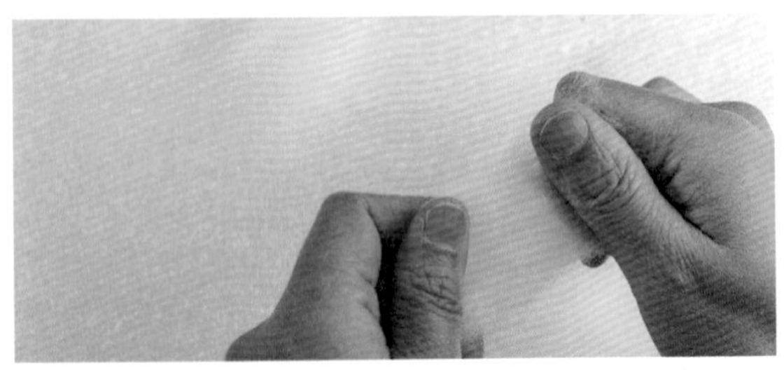

01 先用手將羊毛以撕毛的方式撕成一片一片。

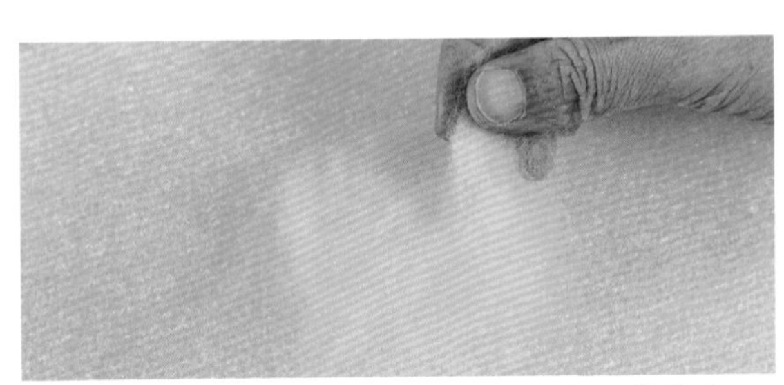

02 將撕成片的羊毛上下、左右堆疊在工作墊上。

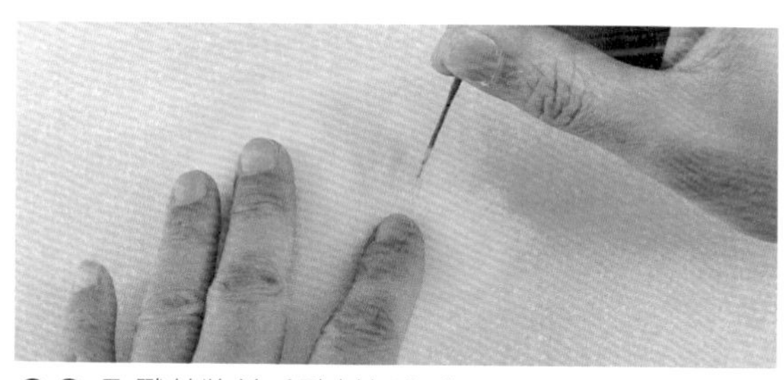

03 取戳針將羊毛戳刺氈化成平面。

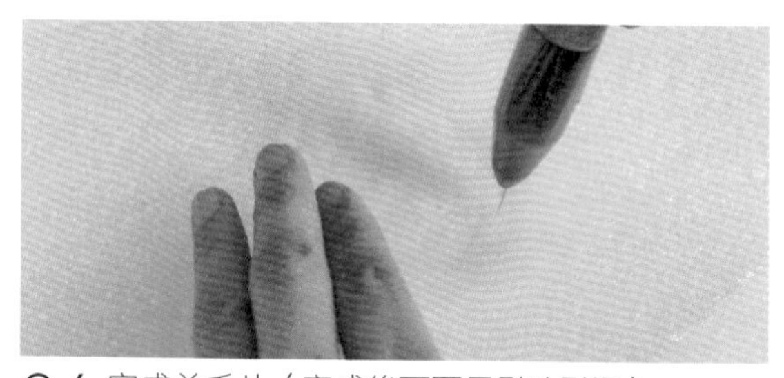

04 完成羊毛片（完成後可再用熨斗熨燙）。

半圓形

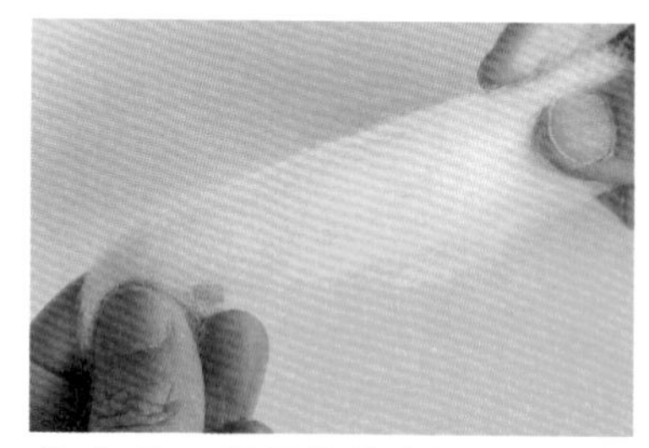

01 取一段長條狀的羊毛，平整地拉開。

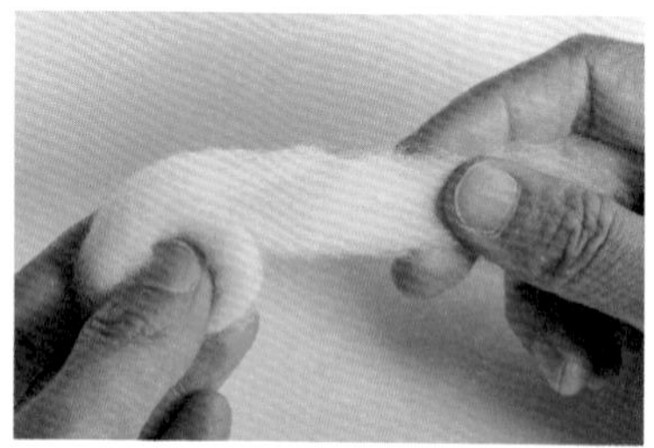

02 用手指捏住羊毛的其中一端後，往另一端捲摺。

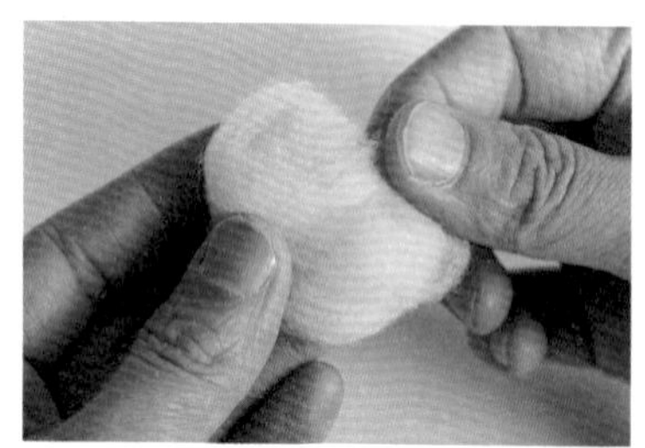

03 捲到收尾前，將尾端最後一段羊毛從上往下包覆住捲摺的痕跡。

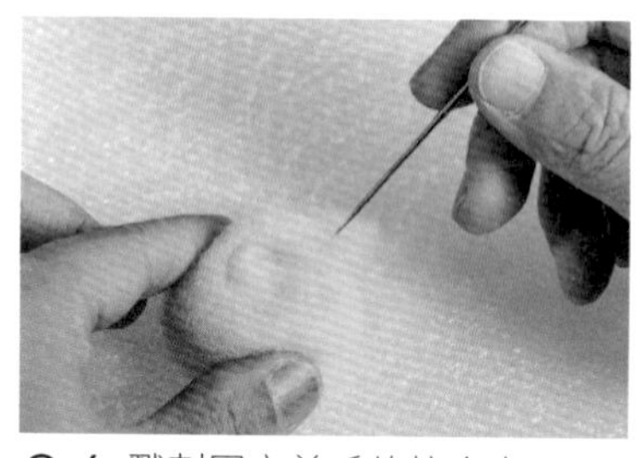

04 戳刺固定羊毛的接合處。

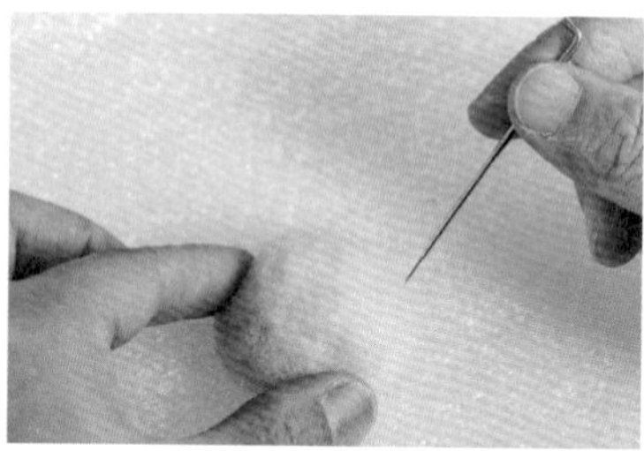

05 將底部戳刺成平面，包覆的羊毛修飾成圓弧的形狀。

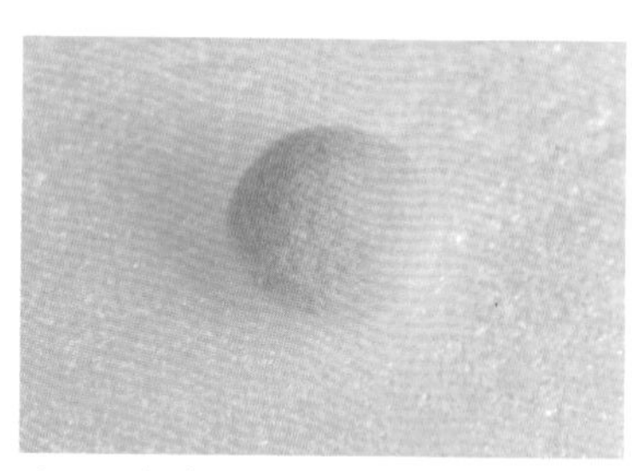

06 完成一顆半圓形的球體。

圓形

01 取一段長條狀的羊毛，平整攤開後雙手捏起其中一端。

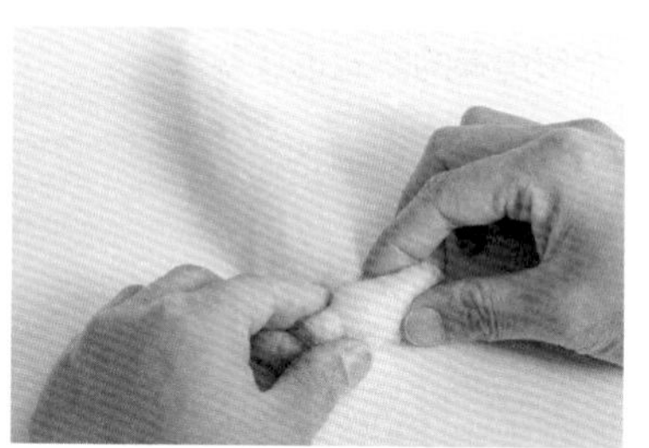

02 將羊毛往前捲摺到另一端。

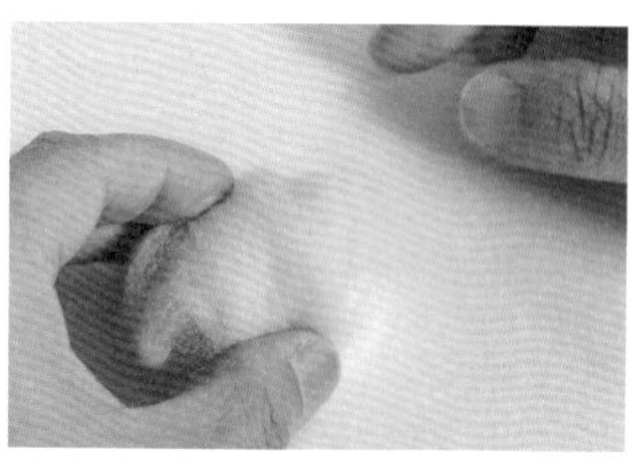

03 捲成一個短胖的圓柱狀後，捏緊接合處。

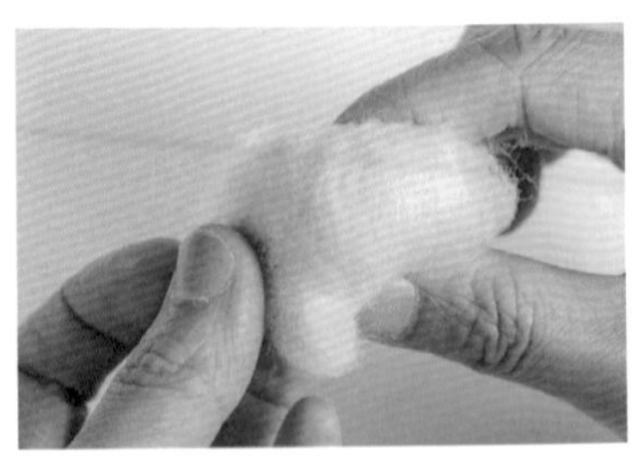

04 將左右兩側外層的羊毛往下拉，包覆住捲摺的痕跡。

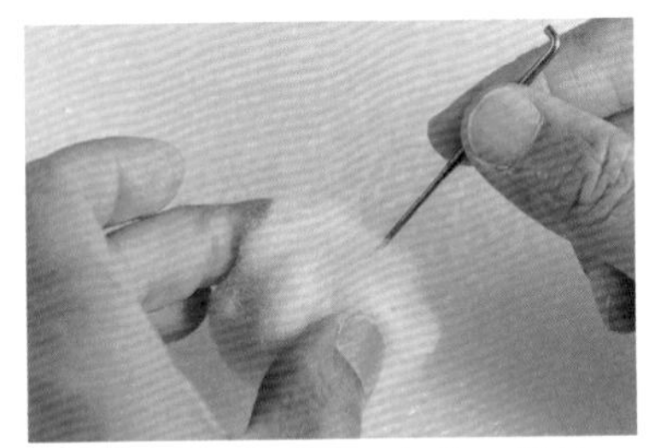

05 戳刺固定結合處後，開始一邊轉動一邊戳刺氈化。

TIP 一定要邊轉邊戳才會圓

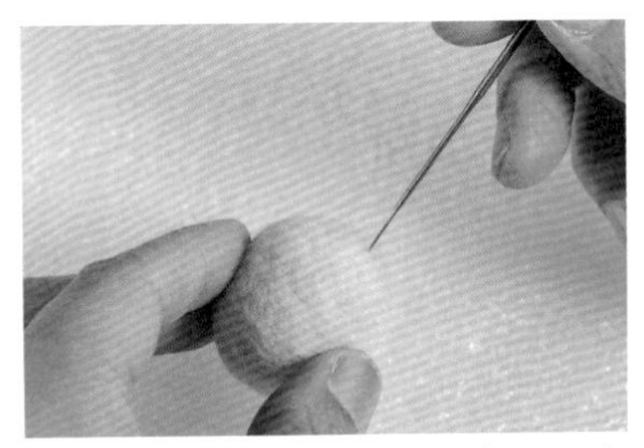

06 最後再以淺針修飾表面，完成圓形。

橢圓形

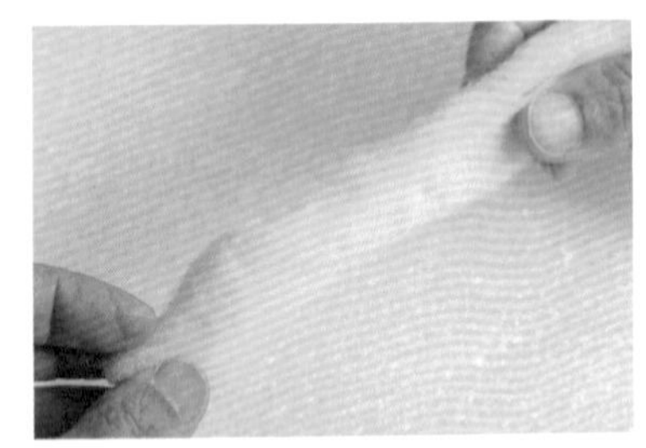

01 取一段長條狀的羊毛，平整地拉開。

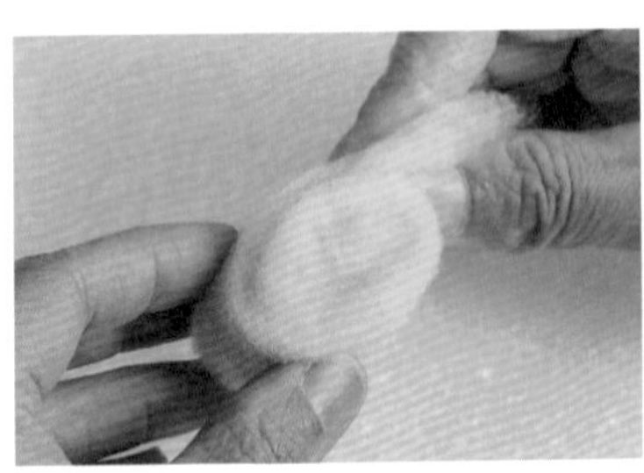

02 將羊毛從其中一端往另一端摺起。

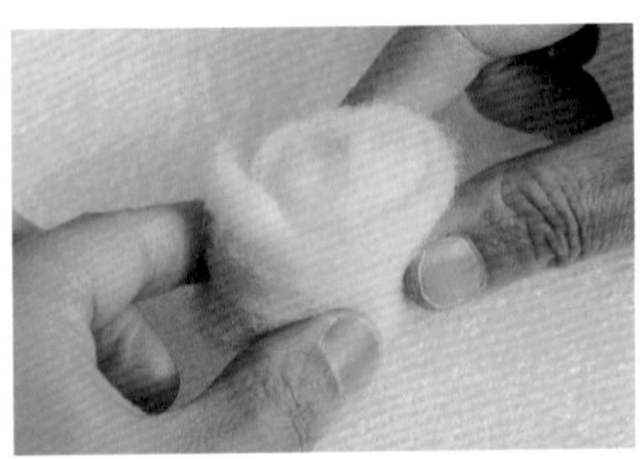

03 摺完後先用戳針輕戳接合處稍微固定。

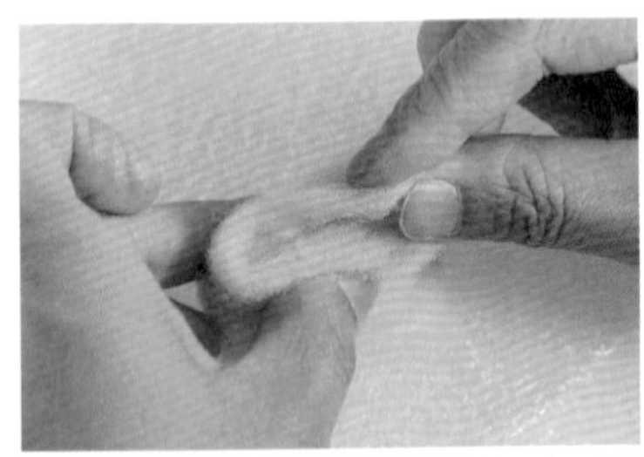

04 薄薄拉起最外層的羊毛，覆蓋住表面的摺痕。

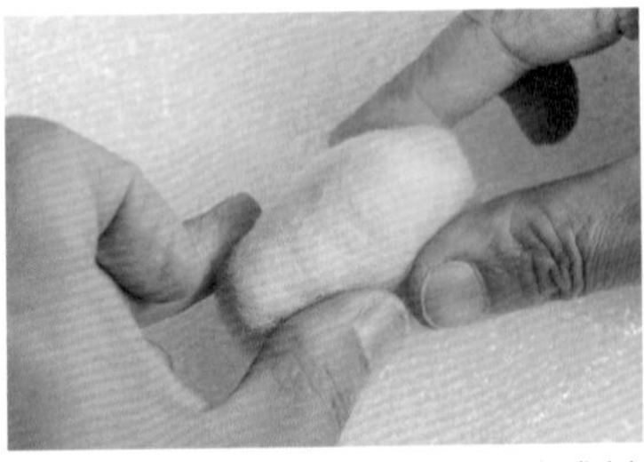

05 覆蓋好後，先用手調整成橢圓形的形狀。

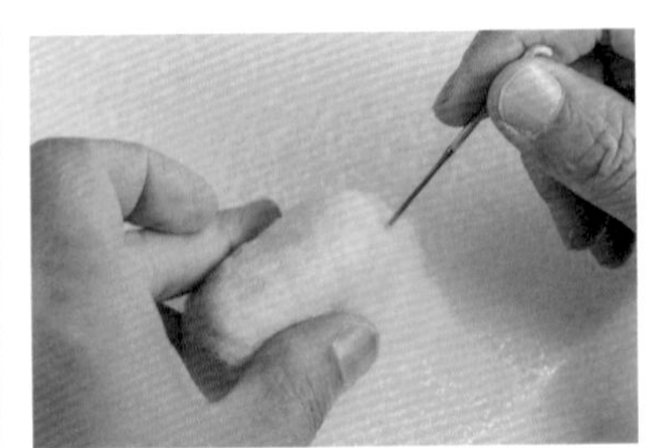

06 從包覆處開始一邊固定一邊氈化表面。

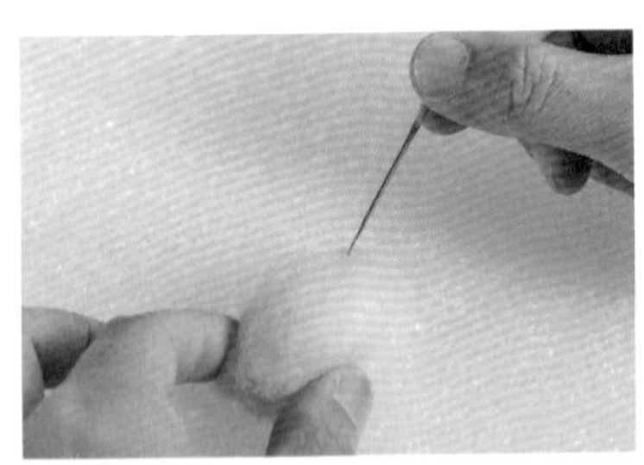

07 用戳針將羊毛氈化並修飾出橢圓形的弧度。

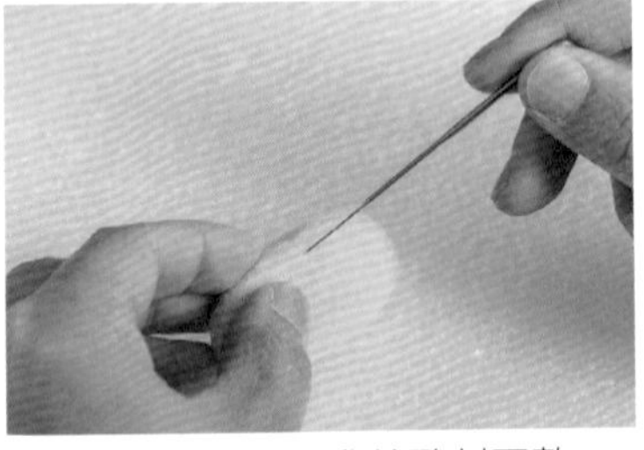

08 底部同樣以淺針戳刺平整。

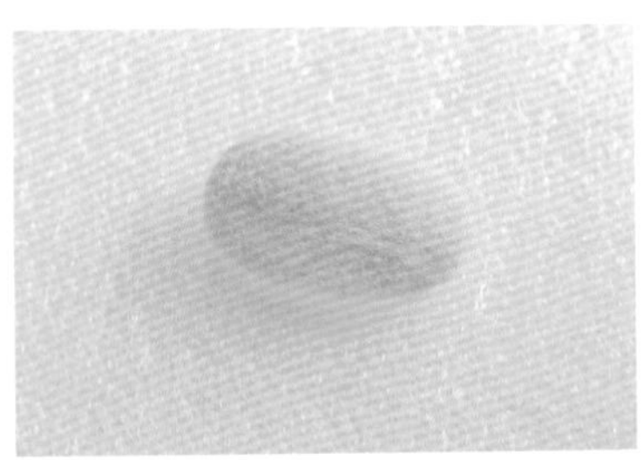

09 上圖為戳刺完成的橢圓形。

扁方形

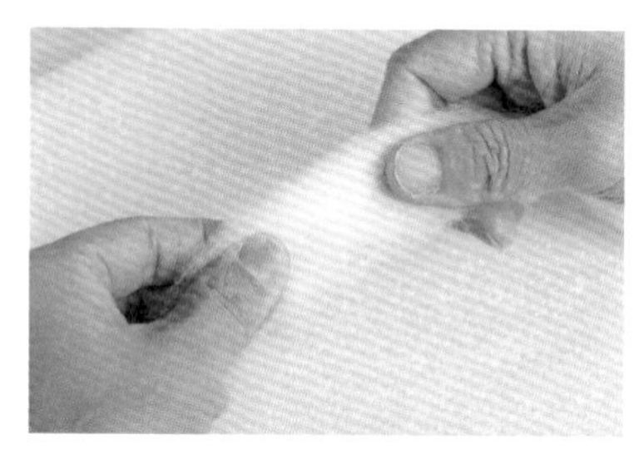

01 取一段長條狀的羊毛，平整地拉開。

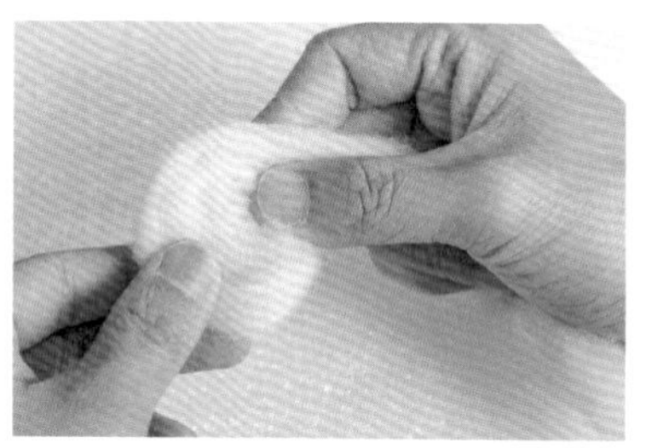

02 用手將羊毛壓扁後，從其中一端向側面捲摺成接近圓形的樣子。

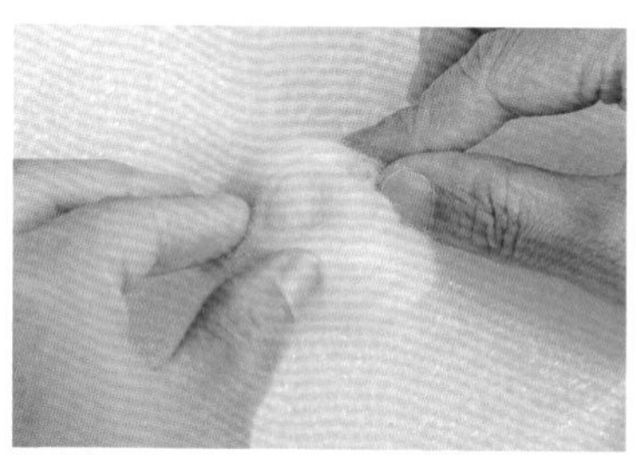

03 捲好後用戳針先稍微固定接合處。

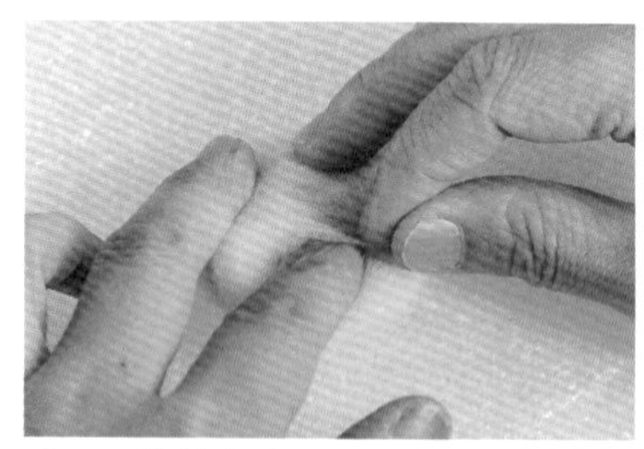

04 薄薄拉起最外層的羊毛，覆蓋住表面的捲摺痕跡。

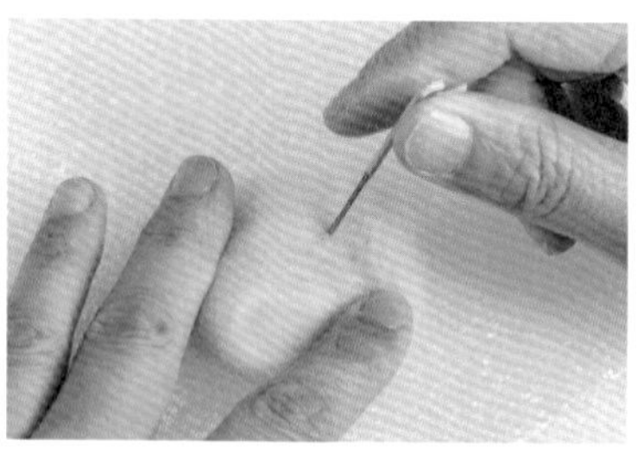

05 從包覆好的地方開始戳刺固定，把整體氈化成扁圓形。

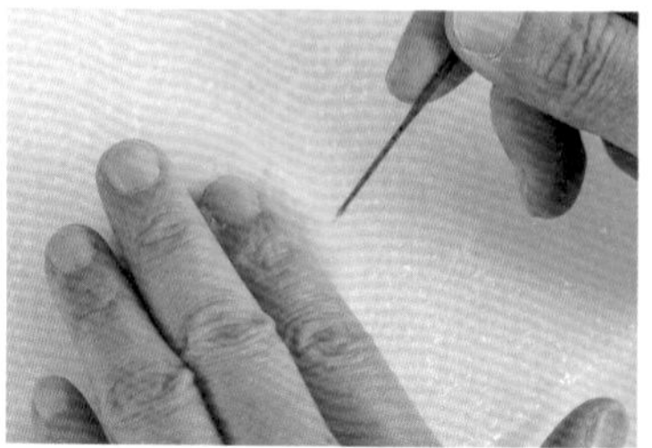

06 用手壓出需要的厚度，並以斜針將圓周延長，修飾出筆直的四邊。

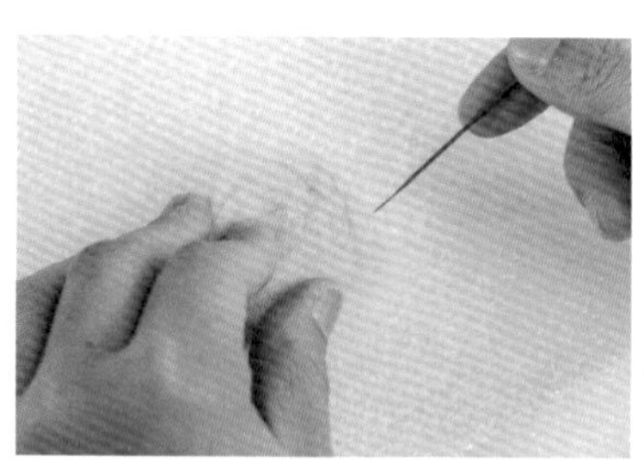

07 繼續加強戳刺，讓整體更接近四方形的形狀。

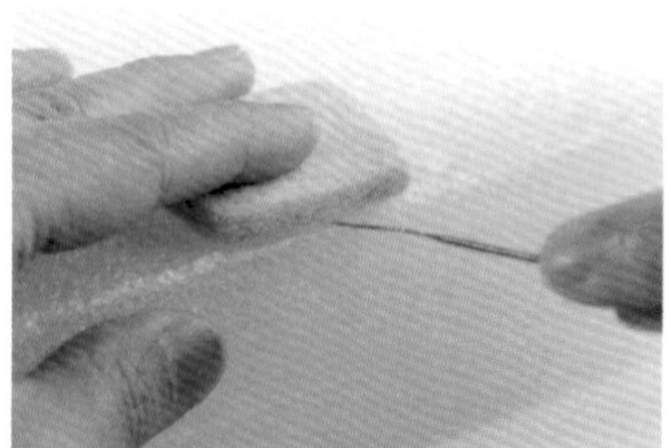

08 以平行針戳刺側面。先對齊工作墊側邊再戳刺會更為平整，也比較不容易戳到手。

09 完成工整的扁方形。

正方形

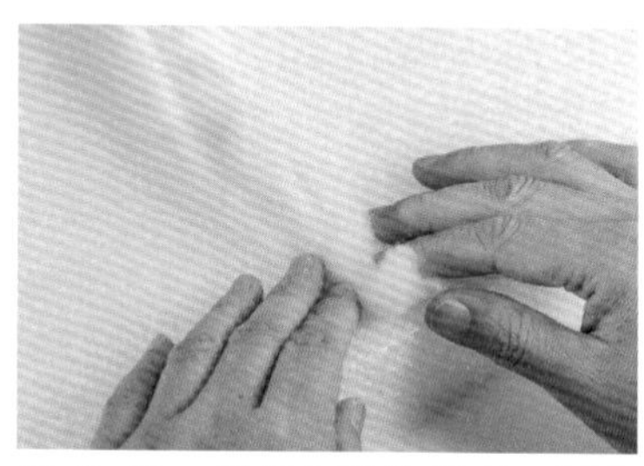

01 取一段長條狀的羊毛，平整地攤開。

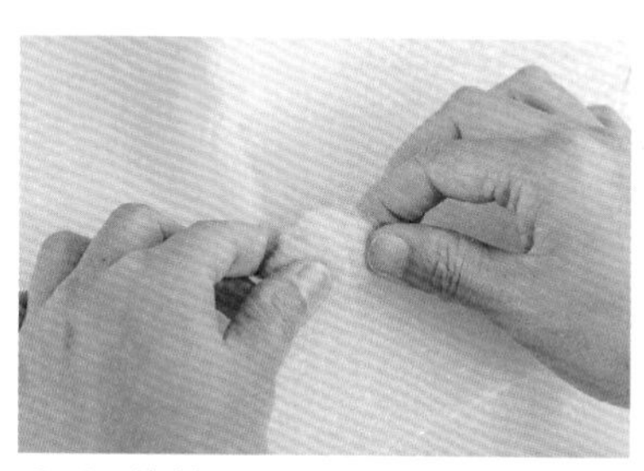

02 將羊毛從其中一端往另一端捲摺。

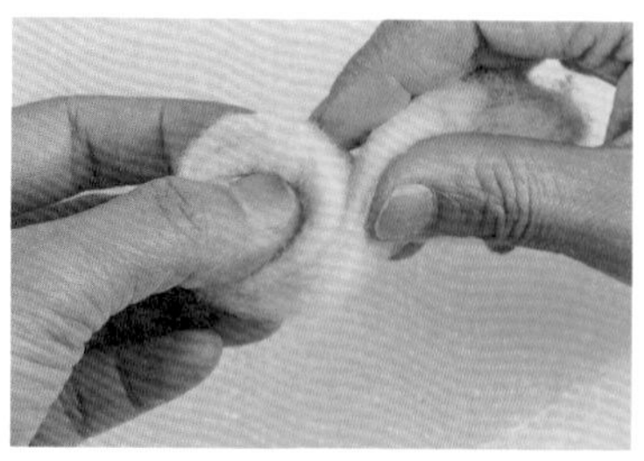

03 摺成短胖圓柱狀，最後正方體的邊長約會等同圓的直徑。

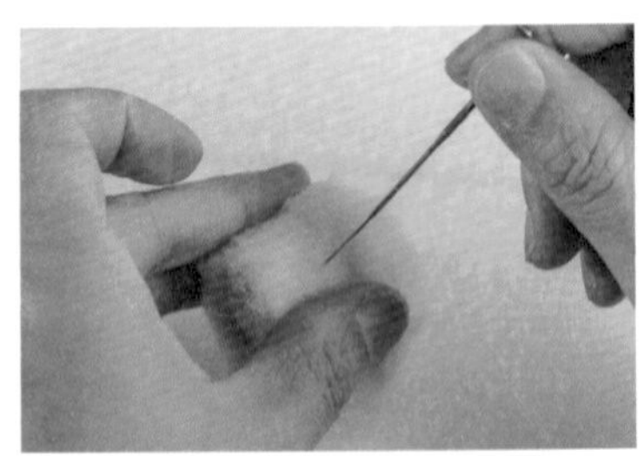

04 捏緊羊毛的接合處，以淺針輕戳接合處固定。

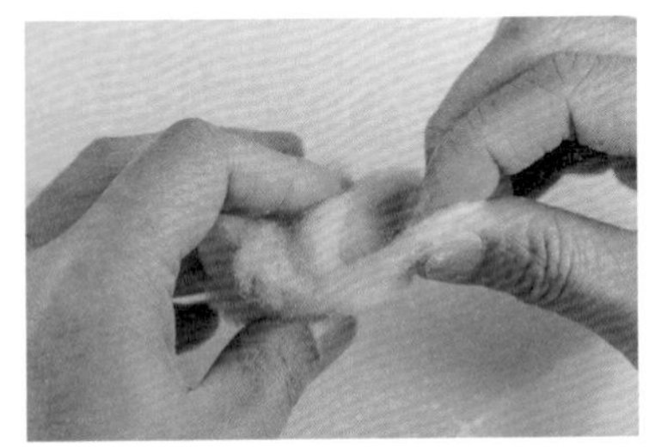

05 薄薄拉起最外層的羊毛，往下覆蓋住捲摺的痕跡，並戳刺固定。

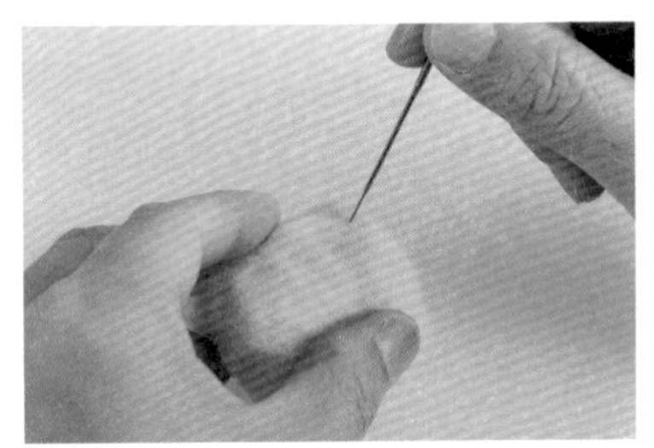

06 開始戳刺成正方體。先稍微戳出上下兩個平面，再接著戳出側邊的四個面。

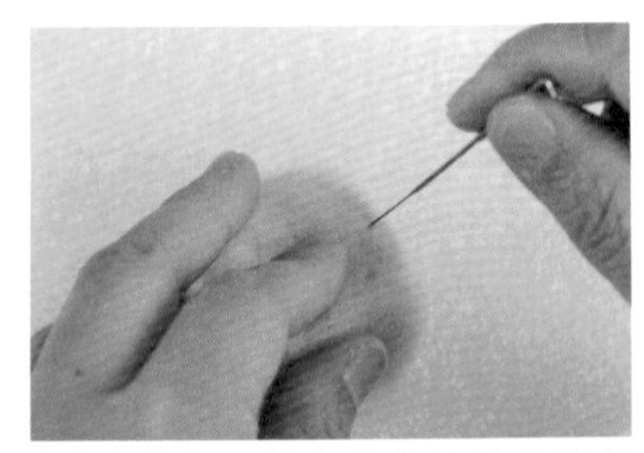

07 將各面的交接處修飾成筆直的邊線。

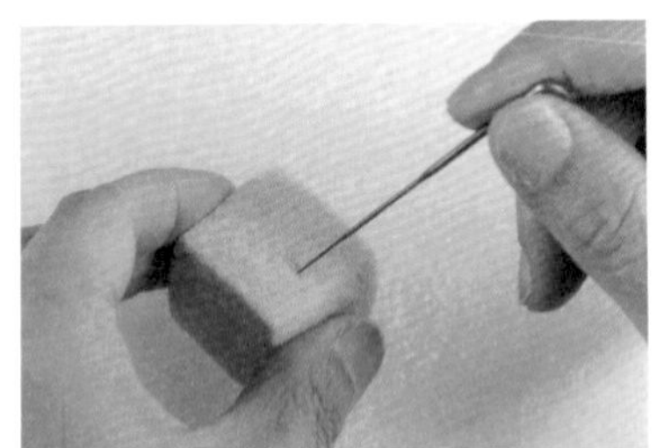

08 最後以淺針修飾平面，讓各面皆平整即完成。

扁圓形

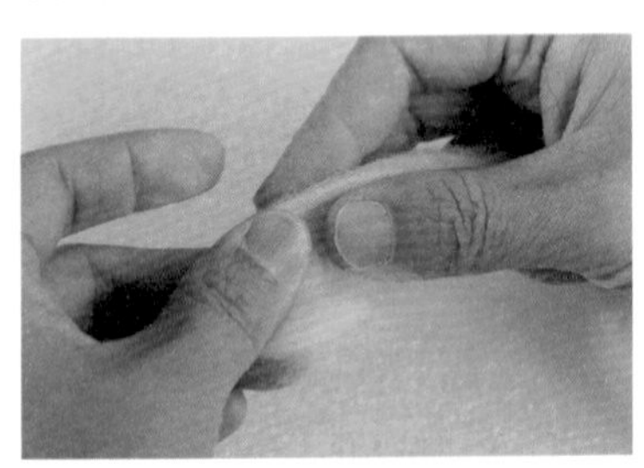

01 取一段長條狀的羊毛，先用手將羊毛其中一端壓扁。

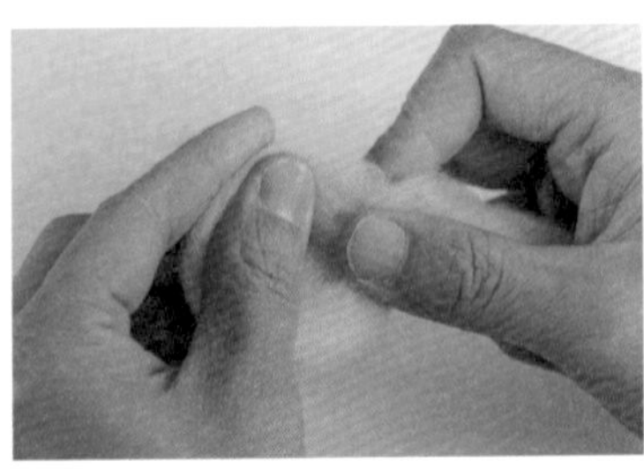

02 接著從側面往另一端捲摺成扁平的圓形。

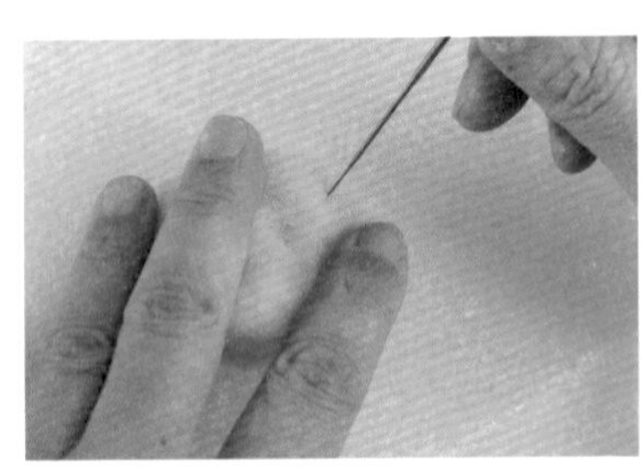

03 完成後捏緊接合處，並取戳針輕戳固定。

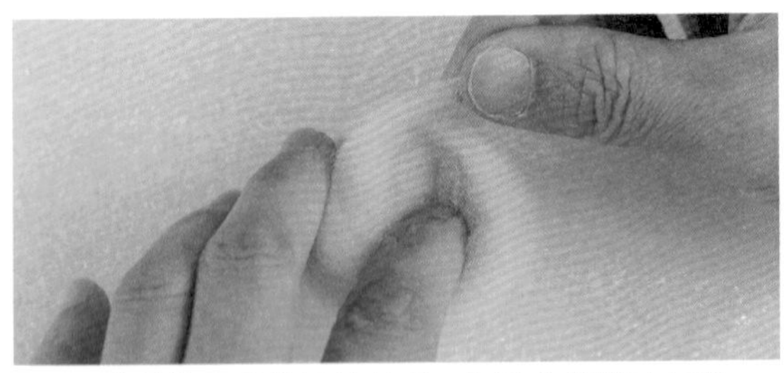

04 薄薄拉起最外層的羊毛，包覆住捲摺的痕跡。

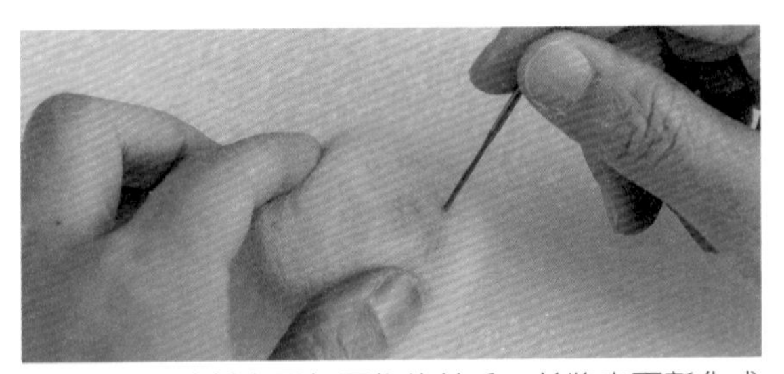

05 開始戳刺表面包覆住的羊毛，並將表面氈化成平面。

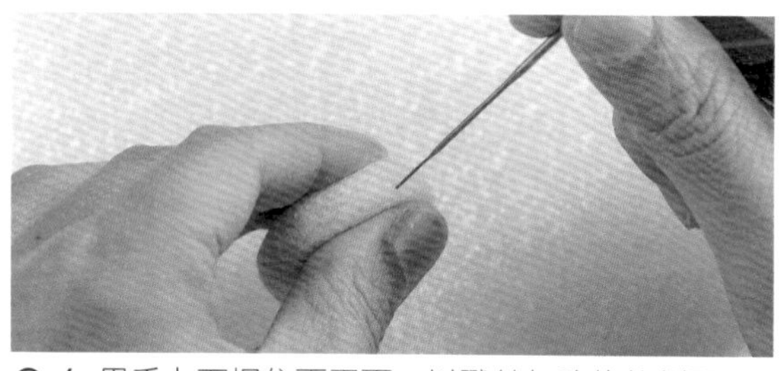

06 用手上下捏住兩平面，以戳針加強修飾側面。

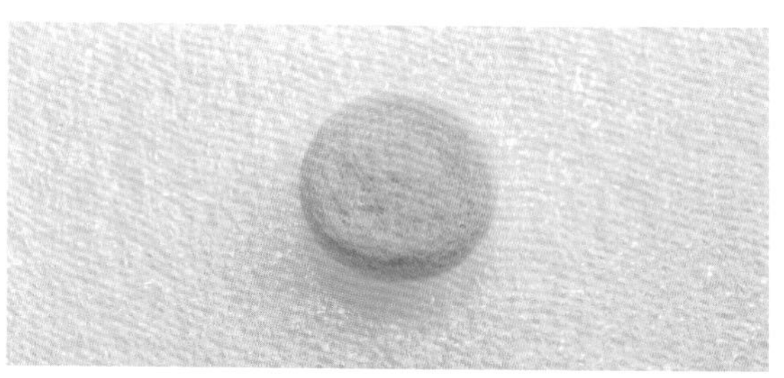

07 完成鈕扣般的扁平圓餅狀。

三角形

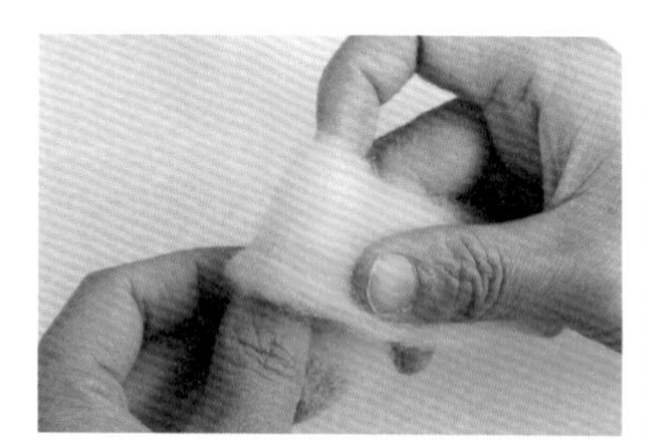

01 取一段長條狀的羊毛，摺一小段起來。

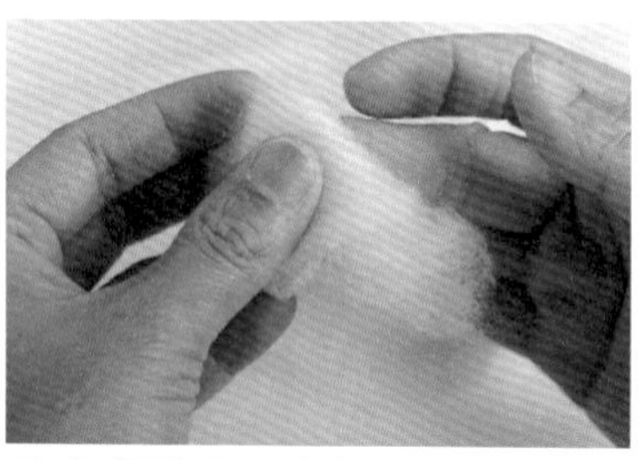

02 再將另一端也往下摺，做出三角形的形狀。

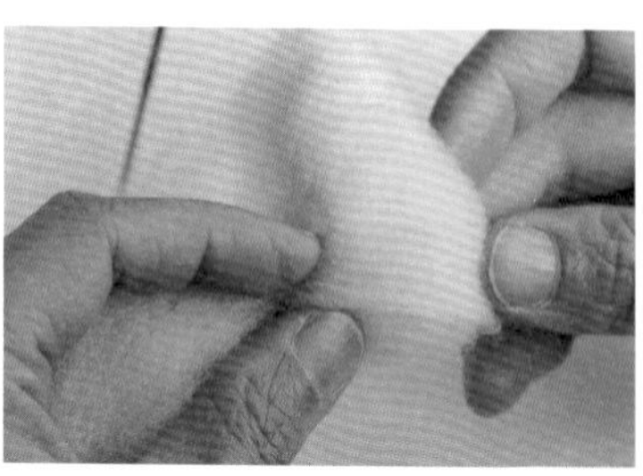

03 剩下的羊毛繞著三角形的邊捲摺，加大三角形的形狀，並把蓬鬆的羊毛塞進底部。

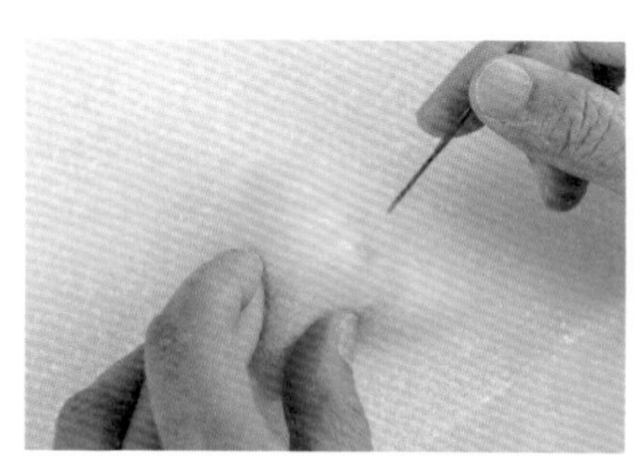

04 撕掉多餘羊毛後，取戳針輕戳接合處固定。

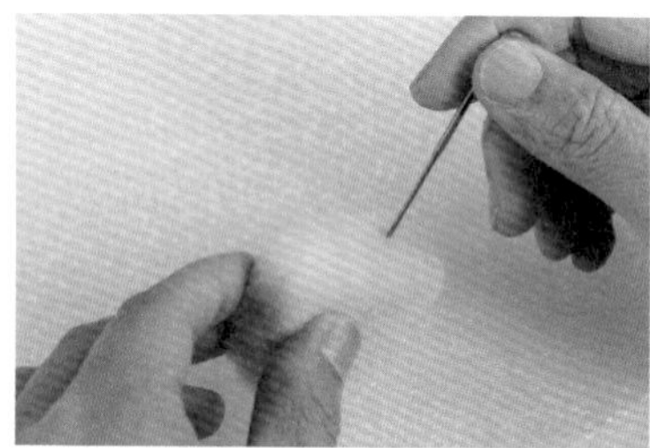

05 先戳刺修飾三角形上下的平面，再戳刺側邊的三個面。

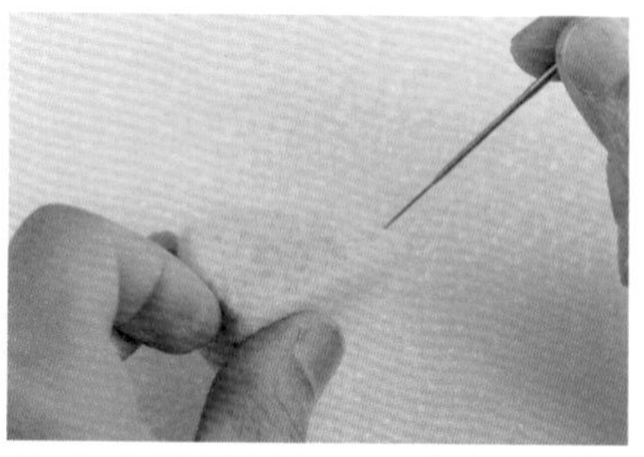

06 加強戳刺三角形的角，雕塑出尖尖的形狀。

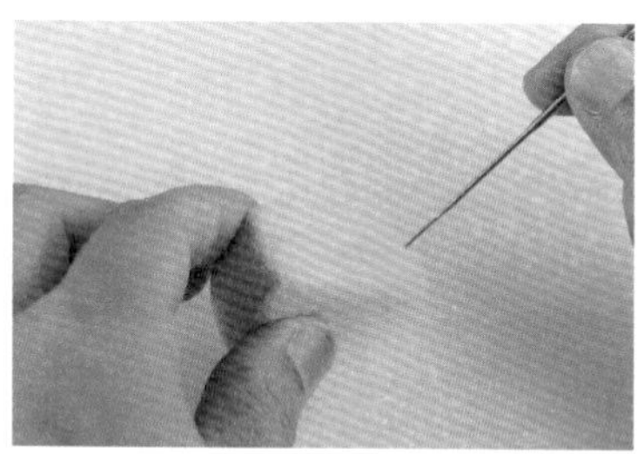

07 再加強戳刺側面的邊線，分別皆修飾平整。

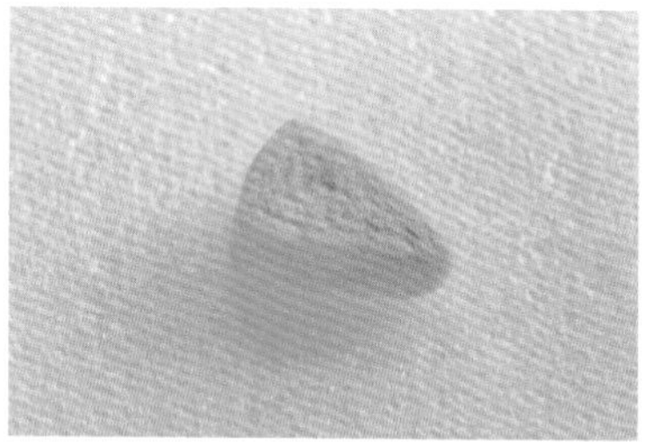

08 完成三角形。

◆ 漸層混色的技巧

真實食物通常不是單一顏色，而是像漸層般循序漸進變化的色澤。例如麵包上的烤痕，不太可能突然一整塊比較深，通常是離熱源遠的地方偏白，然後慢慢變得越來越深。如果用市售的羊毛色直接戳刺，每個顏色間的差異會很明顯，感覺不融合，看起來較不自然。所以為了符合真實色彩，我會用不同深淺的羊毛混合出漸層的色系。大家可以想像調顏料的感覺，用混合不同比例調和深色和淺色，做出非常相近但深淺不同的顏色變化。接下來示範的是如何混出麵包常用的漸層色。

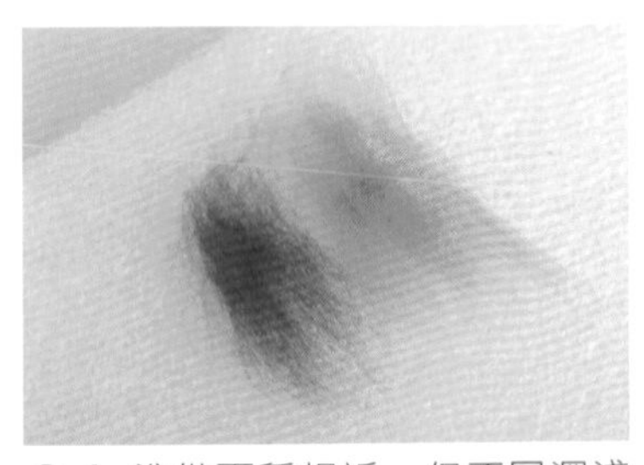

01 準備兩種相近、但不同深淺的咖啡色羊毛。例如黃棕色和紅棕色。

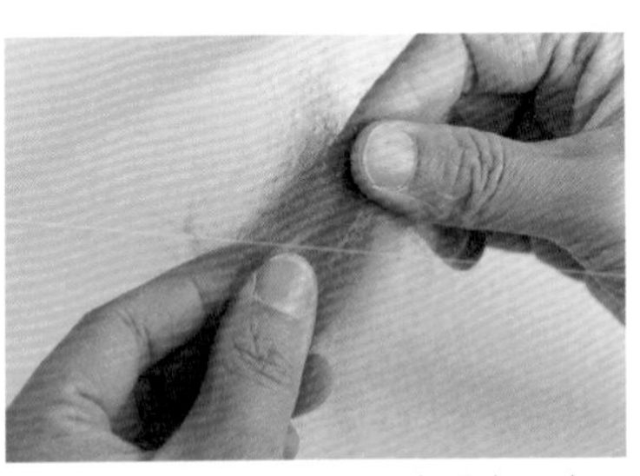

02 各撕取一點羊毛後疊在一起。
TIP 想要深一點時深色羊毛比例就高一點，反之則少。

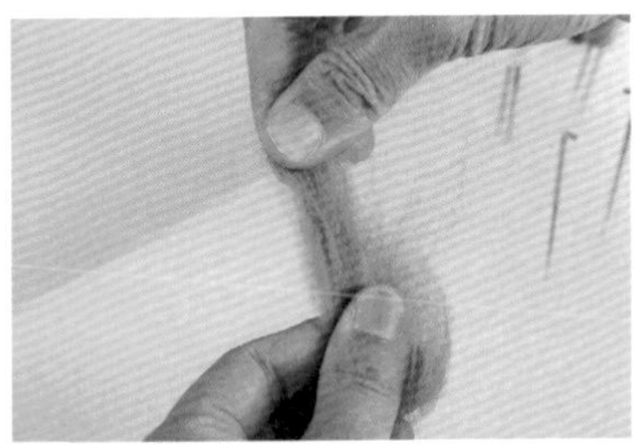

03 重複交疊、撕毛的動作，直到將兩種顏色混合，即完成最深的第一層顏色。

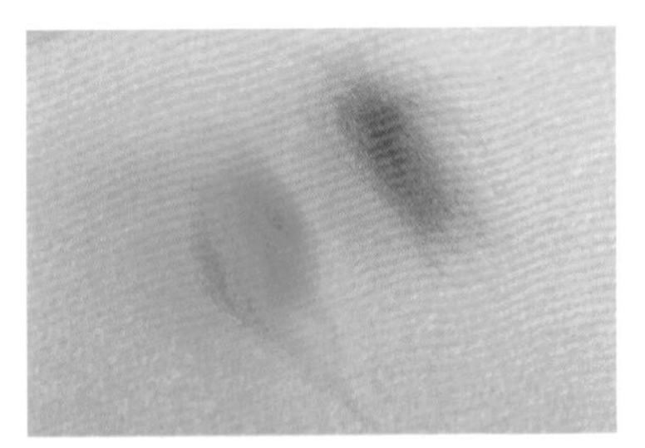

04 接著準備混第二層的顏色。先取少許混好色的第一層羊毛，還有顏色更淺的如橙黃色加黃棕色羊毛。

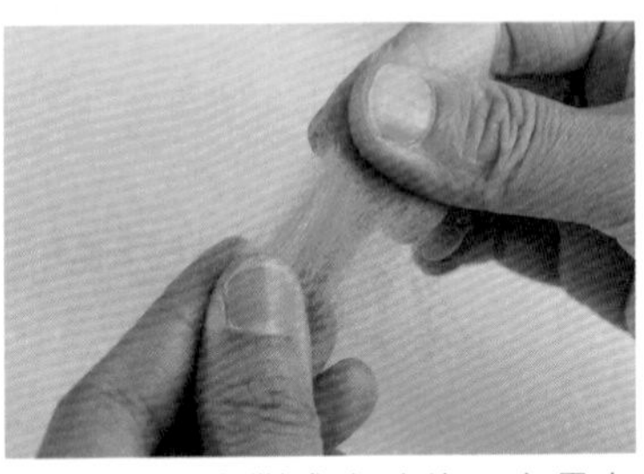

05 一樣先撕成小片後，交疊在一起反覆撕毛混色。

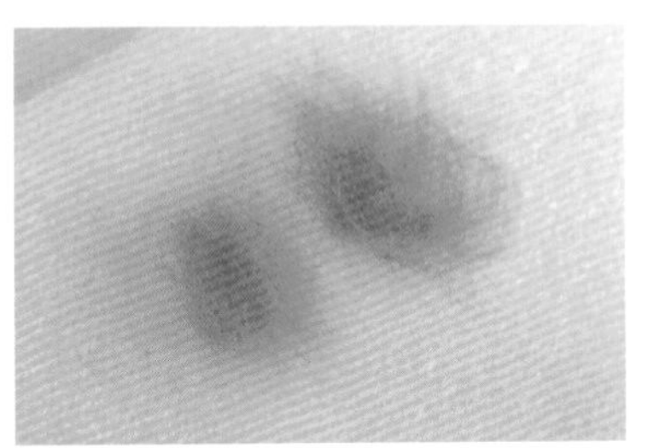

06 右邊為第一層顏色的羊毛，左邊為第二層顏色。

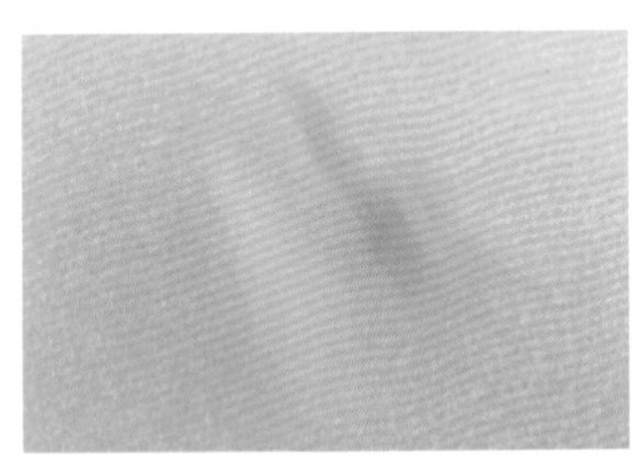

07 接著再取橙黃色羊毛，還有少許淺黃色羊毛，準備混最淺的第三層顏色。

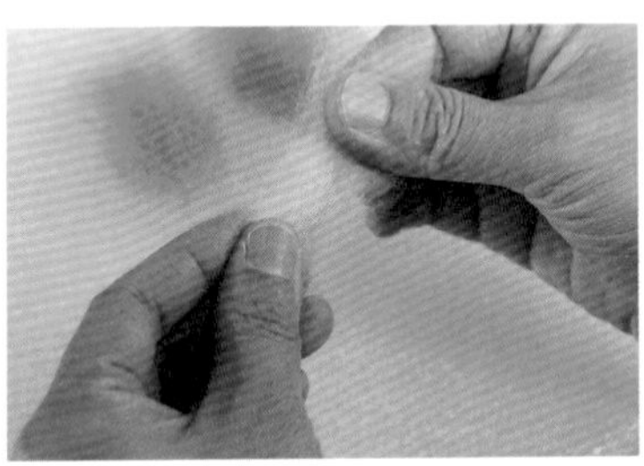

08 各自撕成小片後，重複交疊在一起反覆撕毛的動作。

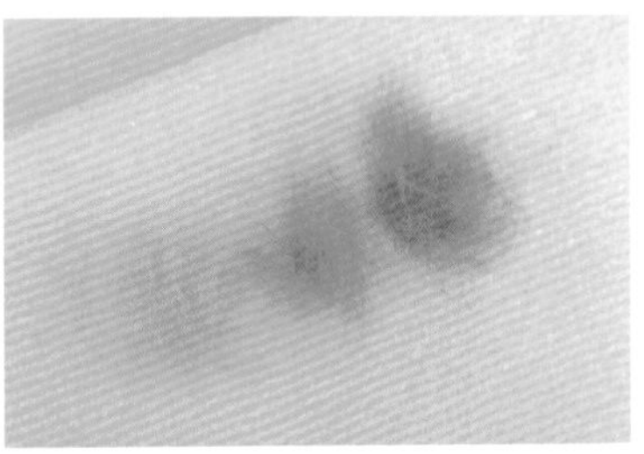

09 完成第三層顏色。上圖由右到左分別為由深到淺的三層顏色。

◆ 熨燙

羊毛的表面有很多細小的毛絮，用熨斗燙過後會比較平整。我喜歡表面光滑的感覺，所以習慣在製作過程中隨時用熨斗熨燙表面，製作完羊毛片後先燙平再使用，也比較好操作。但熨燙的效果不持久，若是完成的成品，我通常會先燙過後再上膠，以維持平整的感覺。

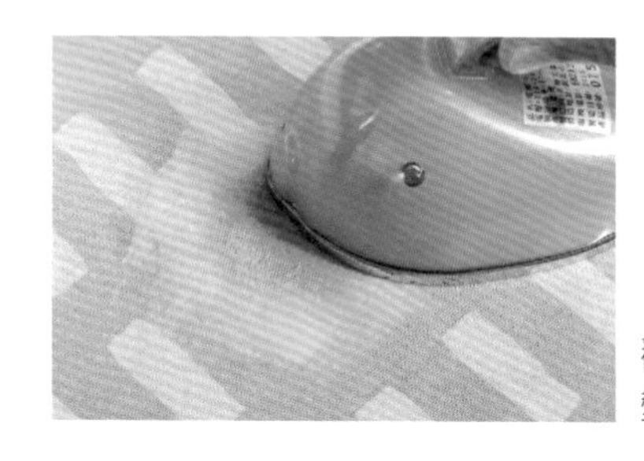

戳好羊毛片後用熨斗燙過，就會變得很平整。

◆ 上保護膠

一般來說，羊毛氈表層有很多細毛，隨著摩擦難免會變得毛躁，而且不能碰水，用久了也容易髒。所以我會在作品完成後上一層保護膠延長使用期限，因為有隔絕的作用，稍微淋雨或碰水也沒有關係。做法非常簡單，只要準備書局都有賣的白膠和水就可以了。如果想要增加光澤感，也可以先上一層白膠水，全乾後再塗抹一層透明指甲油，保護力會更強。建議定期重新上膠，可以用得更久。

01 準備好白膠、水、盛裝的容器，以及一枝水彩筆。

02 以約 5:1 的比例混合水和白膠，比例原則上只要不會太黏稠即可。

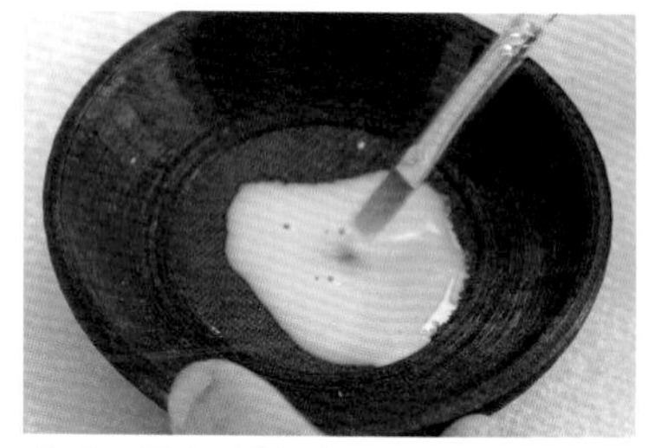

03 用水彩筆將白膠和水均勻地混合。

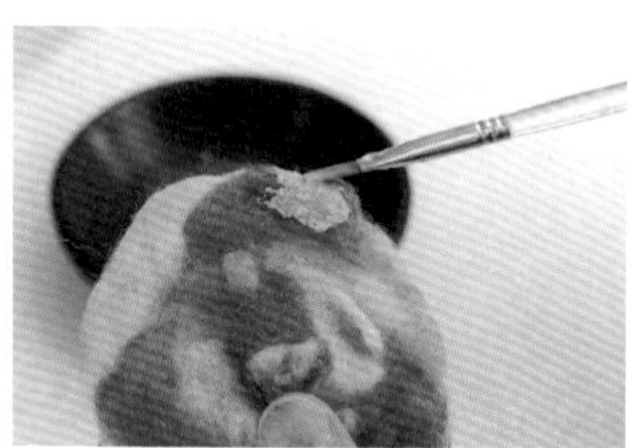

04 用水彩筆沾取後塗在成品的表面，塗的時候要順著羊毛的紋路刷。

TIP 注意不要逆毛刷，看起來會很粗糙。

05 均勻塗抹到表面後，靜置在室溫下陰乾，或是用電風扇吹到全乾即可。

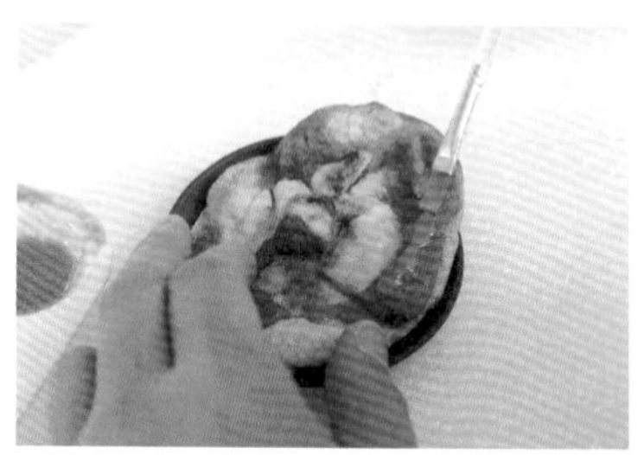

06 如果需要加上顏色，可在白膠水中加入仿醬汁拌勻，先刷一層白膠水，乾了之後再刷上加上仿醬汁的白膠水。

手作羊毛氈

經典台式麵包 × 傳統糕點

CHAPTER 02

試煉，體現香味與古早味——

一切都從波蘿麵包開始

「食物羊毛氈」的起點，一顆菠蘿麵包。

大家對我的認識，多半都是食物羊毛氈。但一開始我也是從常見的羊毛氈做起，戳圓戳方啊，小貓小狗啊，跟一般外面看到的羊毛氈一樣。羊毛氈的原理很簡單，羊毛跟頭髮一樣，上面有很多毛鱗片，你用針一直戳它，原本柔軟的質地就會變得粗糙、緊實，利用這個過程塑形做出想要的形狀。往常的羊毛氈做法習慣戳得很硬，需要花費很長的時間，特別是在做貓貓狗狗這種體積比較大的作品時，光一隻腳就要戳大半天，而且一隻貓還有四隻腳！像我這種耐性差的人，有時候就會做得比較痛苦。

我開始做食物羊毛氈的契機，是有一次我參加的師資培訓課程要舉辦結業展。佈展的時候，我為了搭配我的羊毛氈作品，買了食物模型回來。結果培訓班老師看到後很納悶，皺著眉頭問我：「為什麼不直接用羊毛氈做食物？」我當時有點訝異，用羊毛氈做食物？我從來沒想過。不過我一直都是個「食物雷達」特別敏銳的人，所以雖然心裡也是有一點點覺得麻煩，但還是認命地拿起戳針，開始嘗試用羊毛氈做食物。當時的作品，就是我最愛的菠蘿麵包。

想也知道，事情不可能這麼順利。我怎麼戳就是不像，顏色分明、表面粗糙的羊毛做成食物後，看起來又硬又死板，完全沒有麵包那種蓬鬆柔軟、讓人流口水的樣子。為了做出更像真實食物的感覺，我開始花很多時間去觀察、研究麵包的色澤、口感、外觀。在逛麵包店的時候，努力用眼睛記住它呈現的方式。可能對吃也有點天份，我越觀察越發現很多以前沒注意過的細微變化，像是蔥花麵包，蔥配著麵包的那一層就會是白一點的顏色，然後在旁邊會有深一點點的烤色，有漸層的感覺。蔥也不會是單一的綠色，深淺不同外還會帶一點烤過的咖啡色。

那段時間從早到晚，我的腦子裡都在想要怎麼突破羊毛氈的限制、怎麼做才會更像真的麵包。我試著用不同顏色的羊毛混色，讓麵包外層出現烤色的變化，越接近烤箱頂端的部位顏色越深。同時也試著改變一體成形的慣用做法，將麵包主體和外皮分開做再組合，讓麵包表面保持蓬鬆的感覺，還可以減少戳刺的時間，最後再用熨斗和白膠水改變表面的粗糙感，不斷做各式各樣的嘗試。

我常跟學生講，想要把東西做得逼真沒有別的，就是不斷地練習。就像我現在回去看 5 年前的作品，也會覺得怎麼這麼粗糙，但那都是一個必經的過程。因為剛開始你只看得到物品的形狀，到了下一個階段後，你開始看到它的顏色，那看到顏色之後，你會再接著看到皺褶，慢慢看到越來越多以前你看不到的東西，然後作品就會一直進步。以前大家不是都說，當興趣變成工作就會失去樂趣。但我反倒認為，當你真心喜歡一件事，一定能夠感受到其中的樂趣。有壓力當然是真的，但也因為有興趣，你才會一直很本能地去觀察、去學習，讓自己不斷往前進步。

終於，第一顆菠蘿麵包出爐，我的羊毛氈麵包店，準備要開張了。

還沒開始做食物羊毛氈前的作品

早期的食物作品，現在看起來都很粗糙

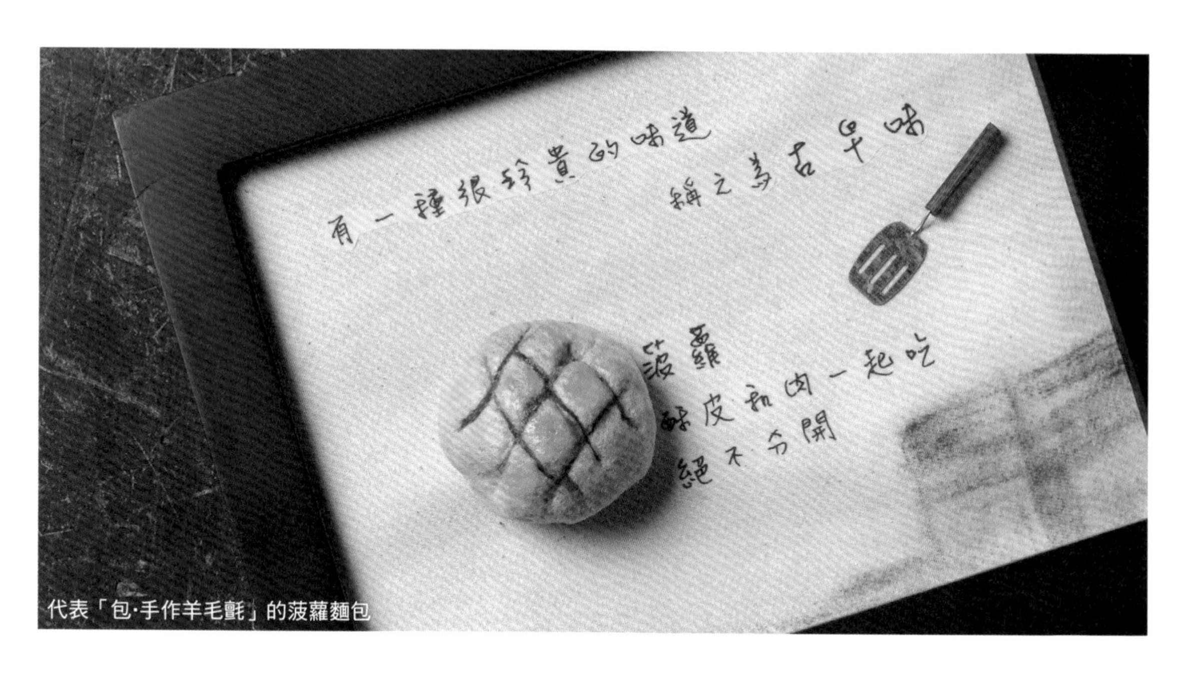

代表「包·手作羊毛氈」的菠蘿麵包

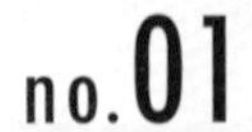

平凡卻耐人尋味

菠蘿麵包

菠蘿麵包是我第一個受到大眾關注的產品，
對我來說它不僅是麵包，更代表「包手作」的起點。
這款小朋友最喜歡的甜麵包，同時也是我的最愛，
尤其是表面烤得一格一格的奶酥，油油亮亮，酥脆甜香，
吃的時候一定要先從皮開始剝來吃！
圓圓胖胖的菠蘿，是貫穿各世代台灣囡仔的共同回憶。

第二章　經典台式麵包×傳統糕點

【準備材料】

①〈**麵包主體**〉基底麵糰毛 1.5g
②〈**烤痕**〉紅棕色羊毛
黃棕色羊毛
③〈**烤皮**〉淺黃色羊毛
橙黃色羊毛
奶黃色羊毛
紅棕色羊毛
黃棕色羊毛

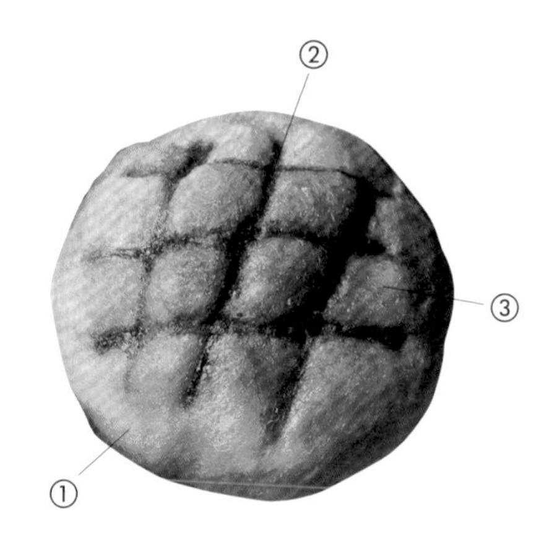

【製作步驟】

壹・製作麵包主體

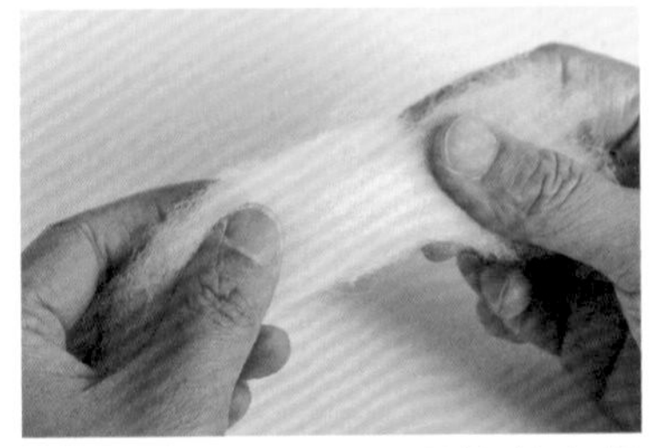

01 取一段 1.5g 長條基底麵糰毛，平整地拉開。

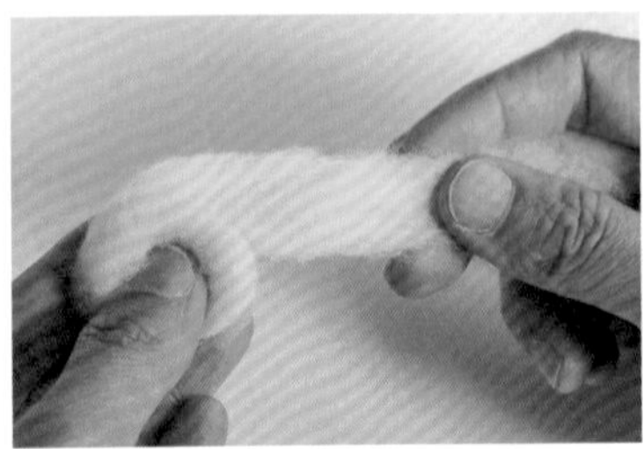

02 羊毛的其中一端向內摺，用大拇指壓住折口。

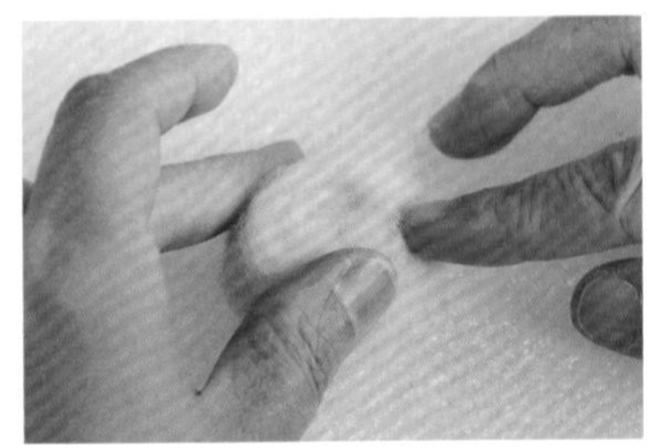

03 將摺好的羊毛順著往另外一端捲過去。捲成直徑約 3.5cm 的圓形。

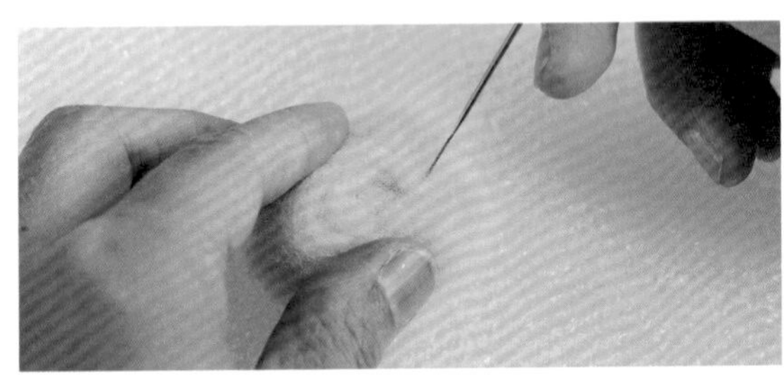

04 戳刺接合處，固定羊毛。

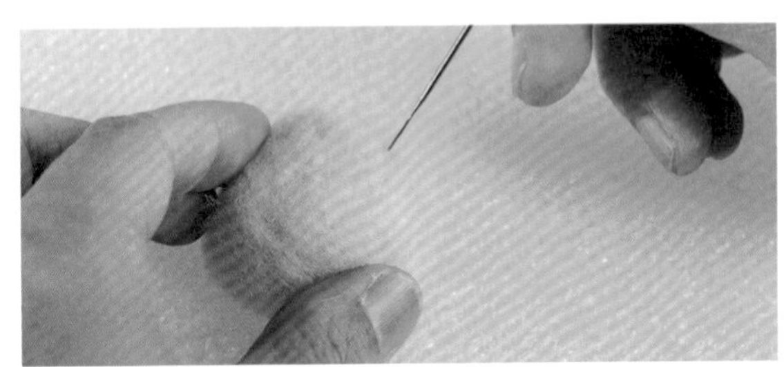

05 拉起外層羊毛，往下包覆住繞圈的摺線，戳刺固定。

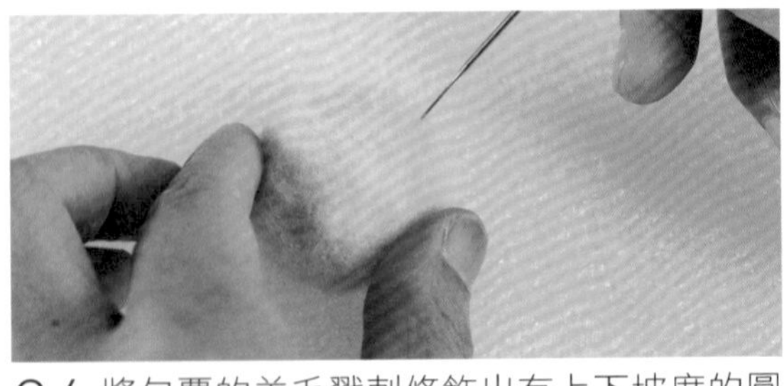

06 將包覆的羊毛戳刺修飾出有上下坡度的圓弧形。另一面戳刺氈化成平面。

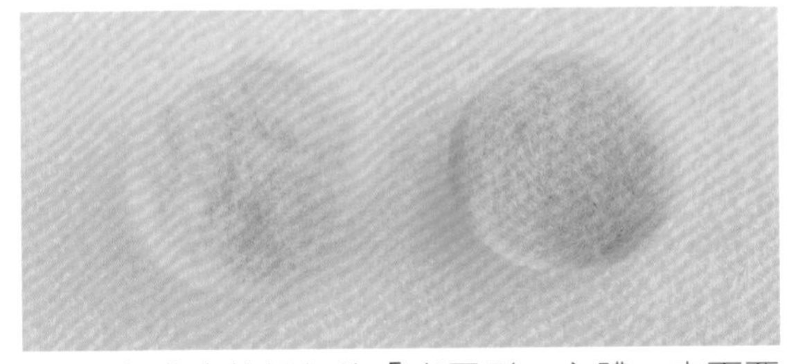

07 完成波蘿麵包的「半圓形」主體。表面要氈化成圖右平整的樣子。

貳·製作麵包烤皮

01 取少許淺黃色和微量奶黃色羊毛，疊合在一起反覆撕毛混色成淺色。

02 將混色羊毛撕碎並左右、上下堆放在工作墊上，中間留一圓形的洞，洞的大小不宜大於麵包主體。

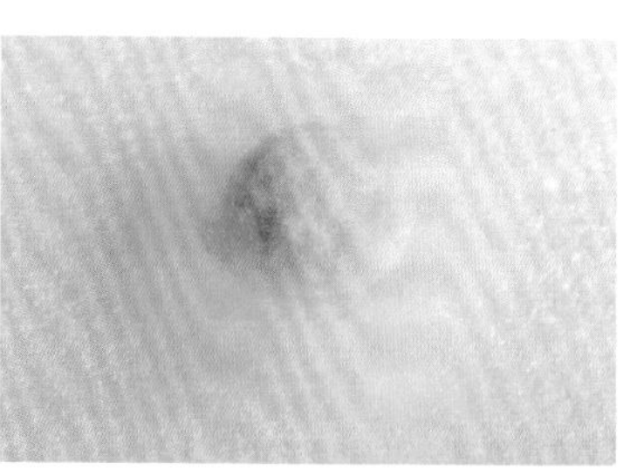

03 淺色混色羊毛範圍為整張烤皮尺寸，要能完整包覆住麵包。可以將主體試放在上面確認大小。

04 取少許橙黃色和微量淺黃色、奶黃色羊毛，混好色後堆疊在淺色羊毛中間。

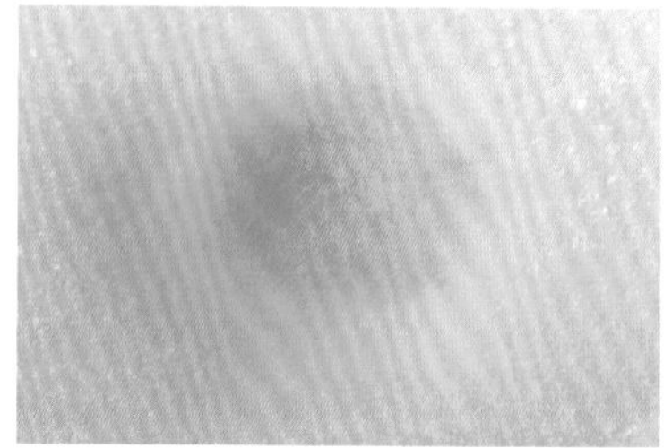

05 再調整羊毛顏色比例，混出深一點點的顏色，放到羊毛片的中間。

06 再加一點點橙黃色羊毛在片狀羊毛的中間。

TIP 若喜歡烤皮焦一點，可再加微量紅棕色和黃棕色混色。

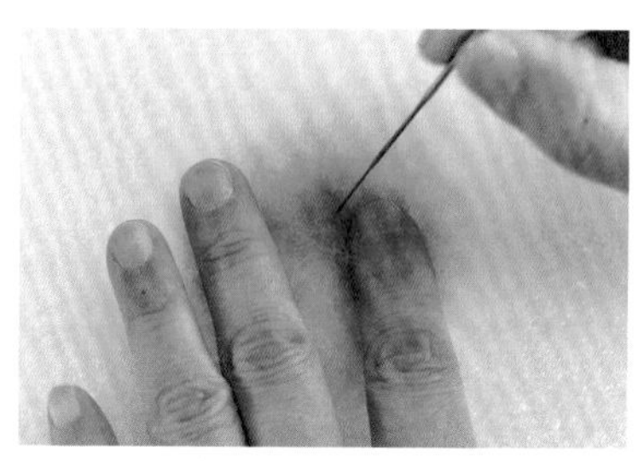

07 取戳針輕戳，將混有 3～4 色的片狀羊毛戳刺平整。

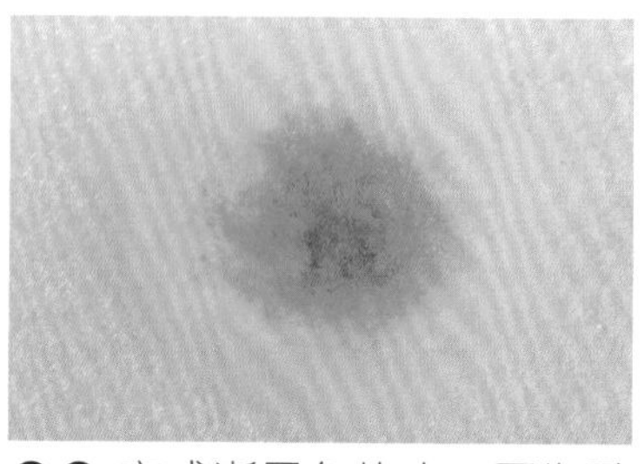

08 完成漸層色烤皮。圖為戳刺平整的樣子。

09 可以再用熨斗熨燙，讓表面不會毛燥。

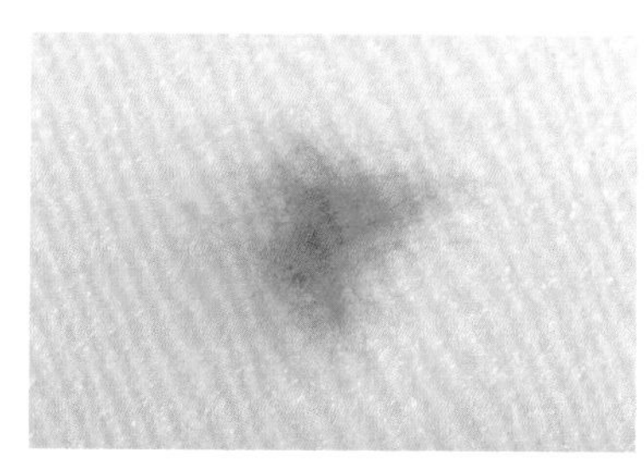

10 取少許紅棕色和黃棕色羊毛，撕毛混色後再撕成一片一堆疊在工作墊上。

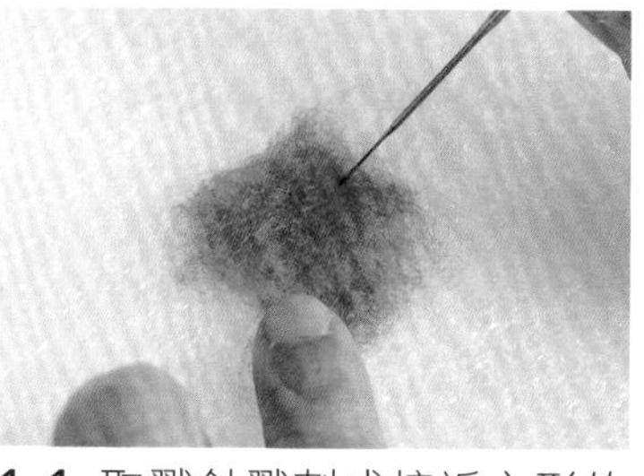

11 取戳針戳刺成接近方形的平面備用，粗略即可，接下來要撕成條狀使用。

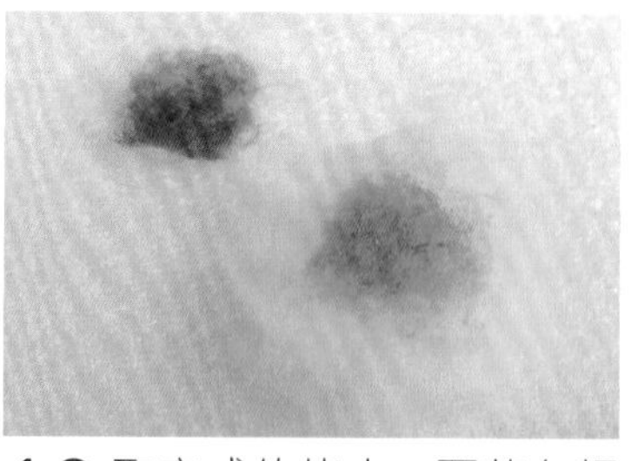

12 取完成的烤皮，覆蓋在麵包主體圓弧的那一面。

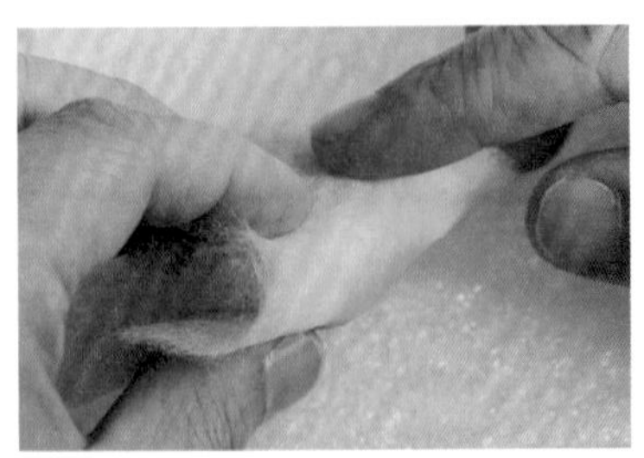

13 將烤皮延伸拉至背面，包覆住麵包主體。

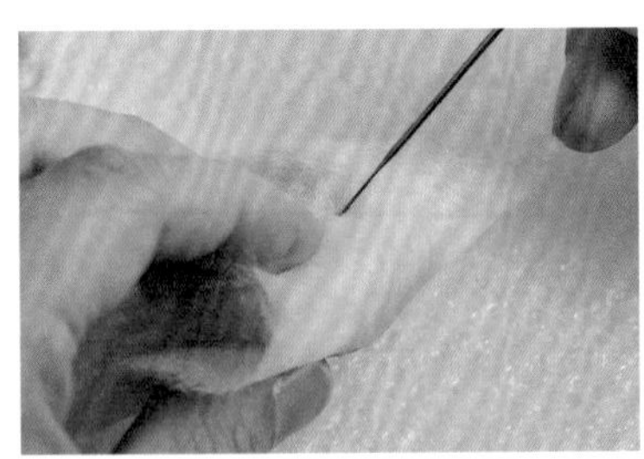

14 先在背部烤皮的兩側，大略戳刺固定。

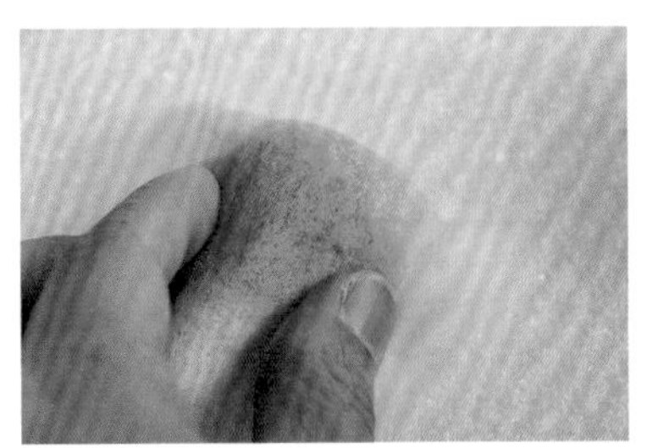

15 烤皮不要固定得太死，正面要有可以用手指擠捏出高低紋路的空間。

參・製作麵包烤痕

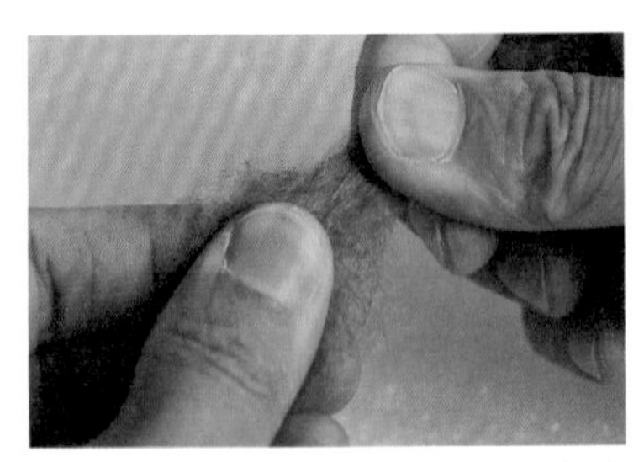

01 取第貳階段方形片狀的羊毛，大略撕成條狀。

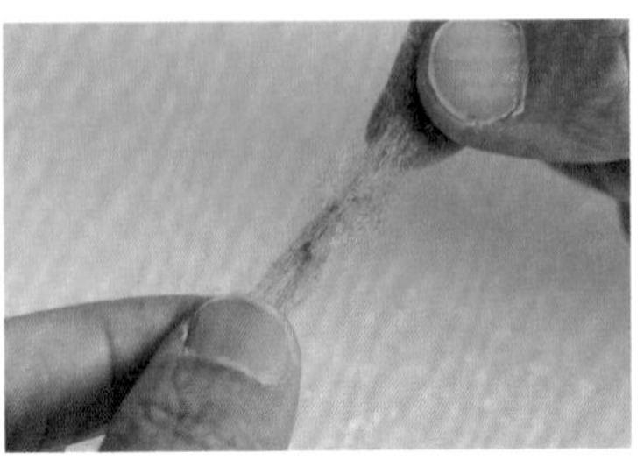

02 用手指搓捻成 4～7 條細細的烤痕，長度約可跨過麵包主體的正面圓弧。

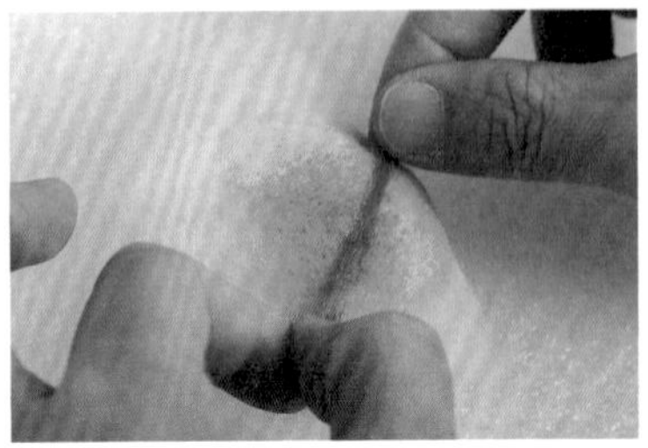

03 取一條烤痕放在烤皮的中間，並確認長度。

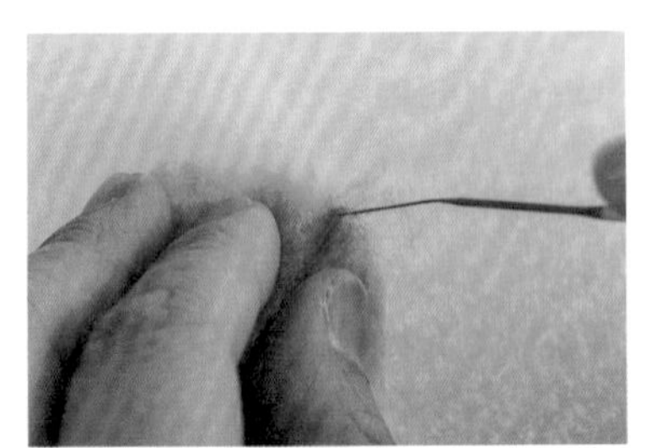

04 擠壓烤痕兩側的烤皮，讓兩側膨起來後，用戳針向下戳刺在烤痕上。

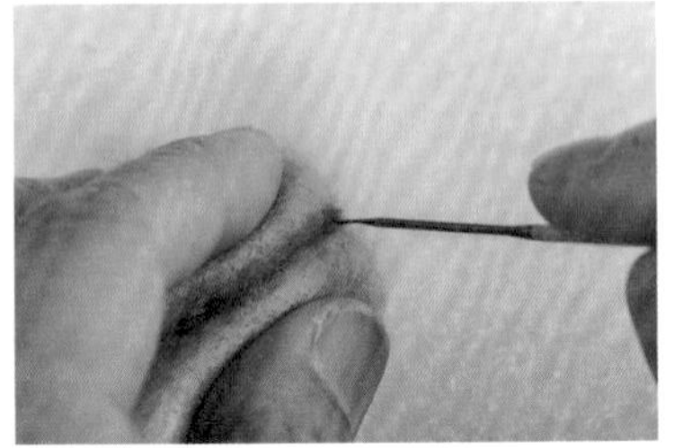

05 利用戳刺烤痕固定烤皮和主體，並做出凹陷紋理。烤痕邊緣不要戳太工整，保留自然暈開的感覺。

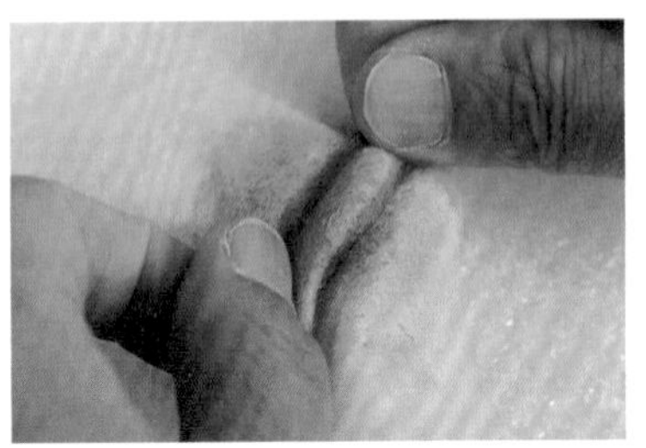

06 保持一點距離，在平行位置放上第二條烤痕。

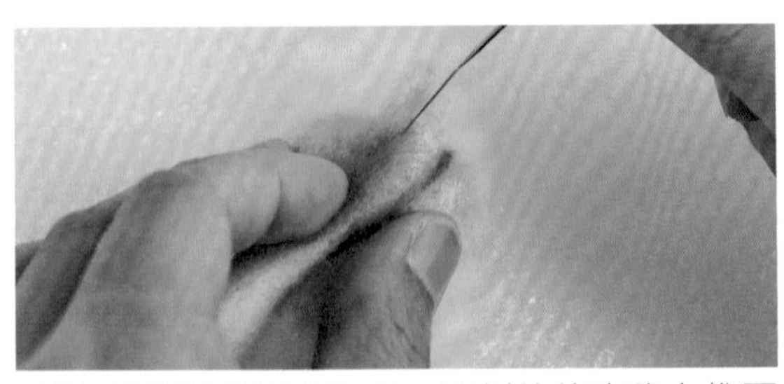

07 烤痕的位置向下壓，兩側的烤皮往上推再固定。做出蓬鬆的烤皮和明顯的紋路。

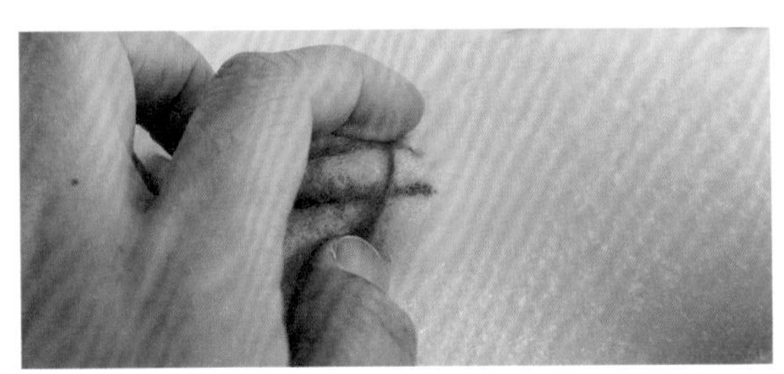

08 在垂直的位置放上烤痕。再重複前面步驟完成烤痕，並戳刺固定。

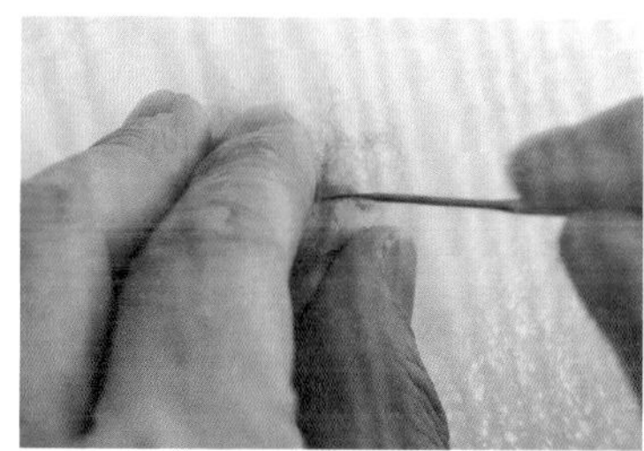

09 可依喜好安排烤痕的位置及數量。示範成品為橫向四條，垂直三條。

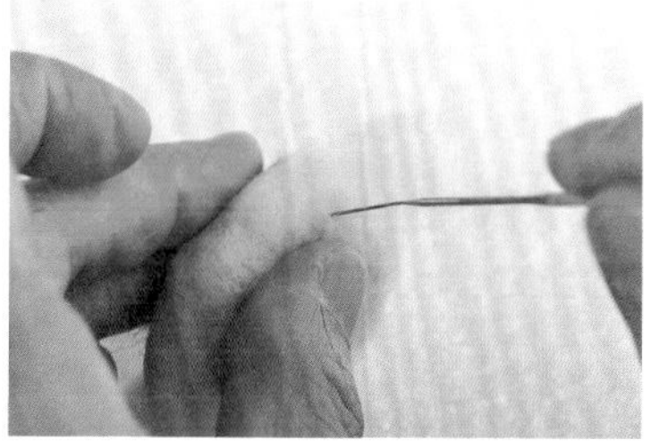

10 完成烤痕後翻到背面，將烤皮往下拉，包覆住整個麵包主體並戳刺固定。

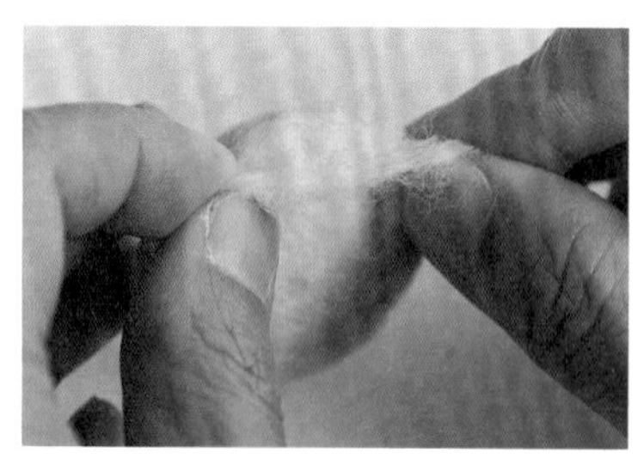

11 如果烤皮無法服貼包住麵包主體，可以先將烤皮拉開、鬆一鬆。

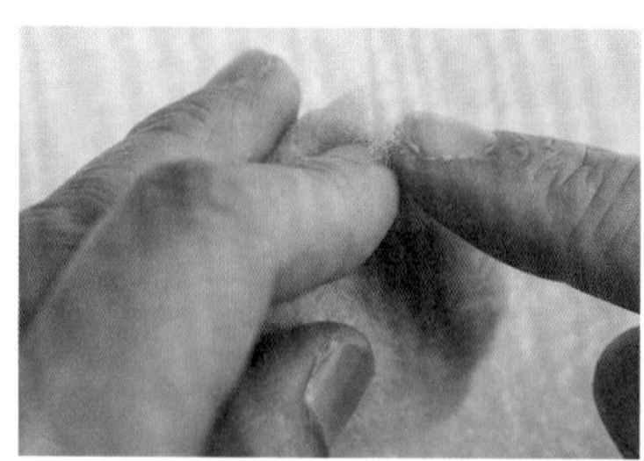

12 再將拉開的烤皮往內摺疊後，再順順地向下摺。

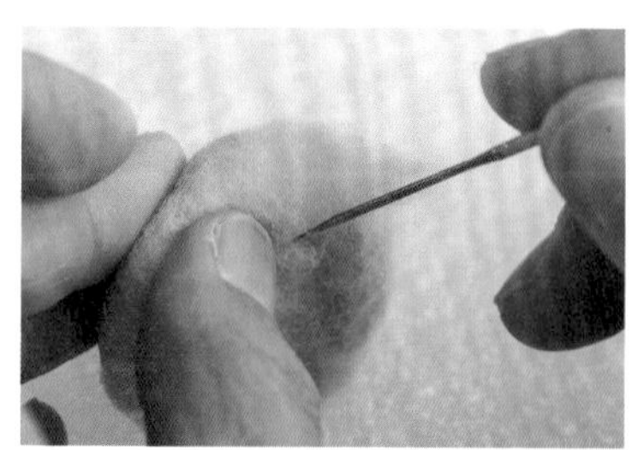

13 戳刺固定向下摺的部分。

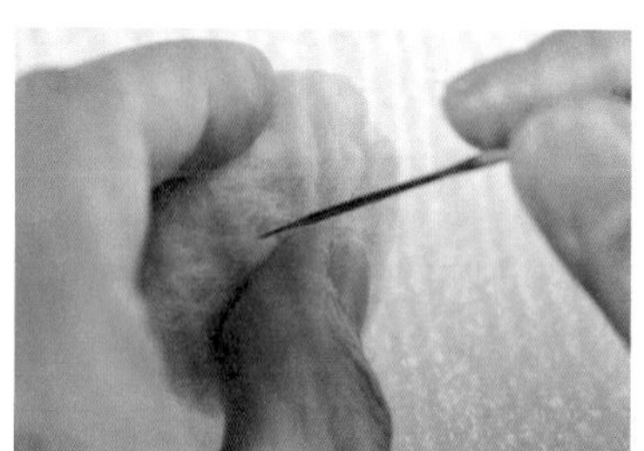

14 將烤皮繞著圓形整圈包覆主體並戳刺固定。

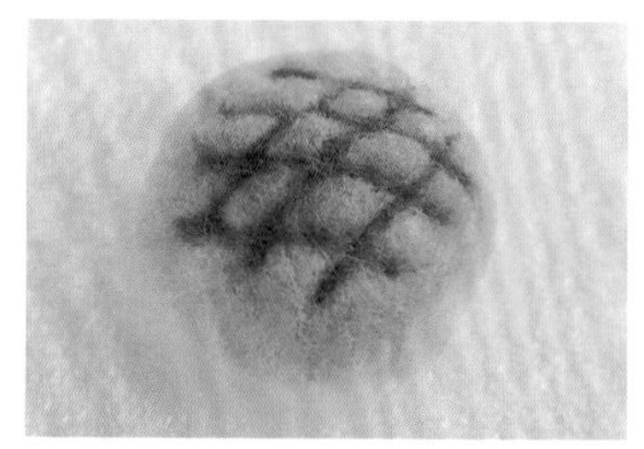

15 烤得酥脆的波蘿麵包，熱騰騰出爐！

no.02

小貨車兜售的

肉鬆麵包

記得小時候，每到下午 4 點半，總有一台小貨車準時出現在眷村口，賣著肉鬆麵包等台式麵包。喜歡麵包上鋪滿肉鬆，鹹鹹甜甜的口感，也喜歡記憶中的那台麵包車，是我對賣店最初的印象。

【準備材料】

①〈**麵包主體**〉基底麵糰毛1.3g
②〈**表皮**〉黃棕色羊毛、淺黃色羊毛、白色羊毛
③〈**肉鬆**〉紅棕色羊毛
黃棕色羊毛
橙黃色羊毛
淺咖啡羊毛

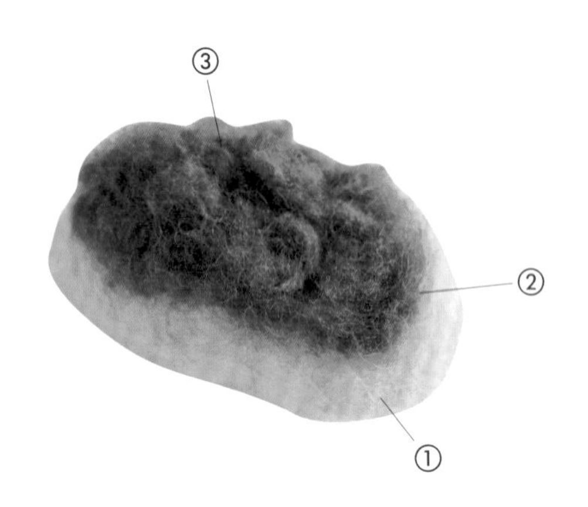

【製作步驟】

壹・製作麵包主體

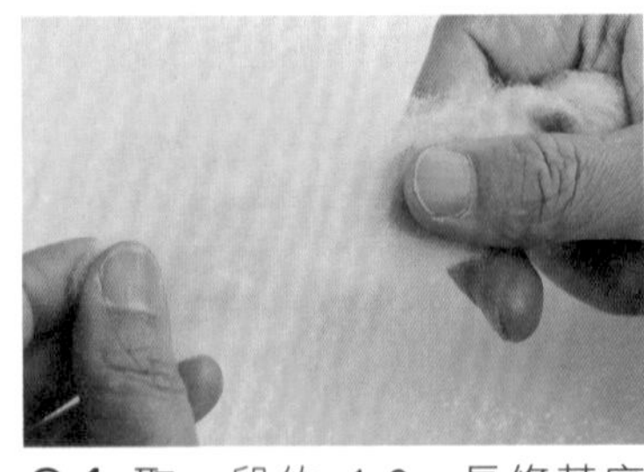

01 取一段約 1.3g 長條基底麵糰毛，平整地拉開。

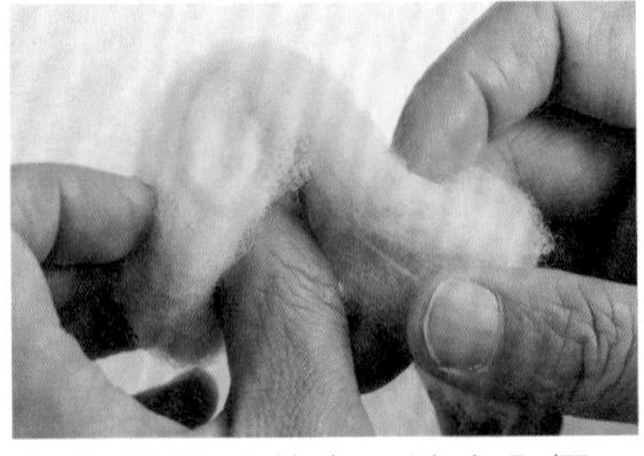

02 將羊毛其中一端向內摺，再一段一段往另一端摺。
TIP 捲毛詳細步驟請參考第 20 頁「橢圓形」。

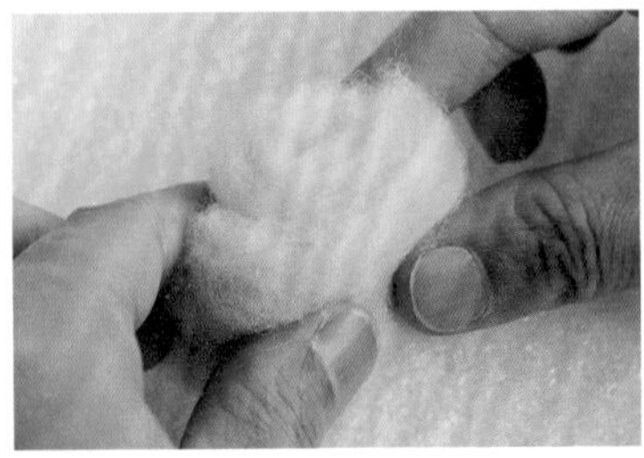

03 摺成 1.5×3 cm 的長方體。

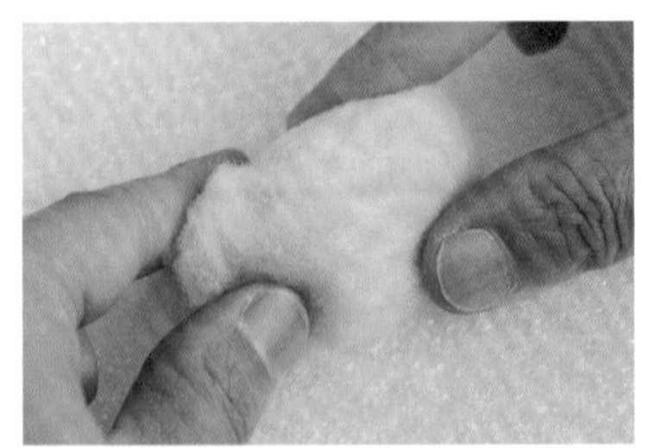

04 拉起兩側最外層的羊毛，覆蓋住有摺線的地方，讓表面變得平整。

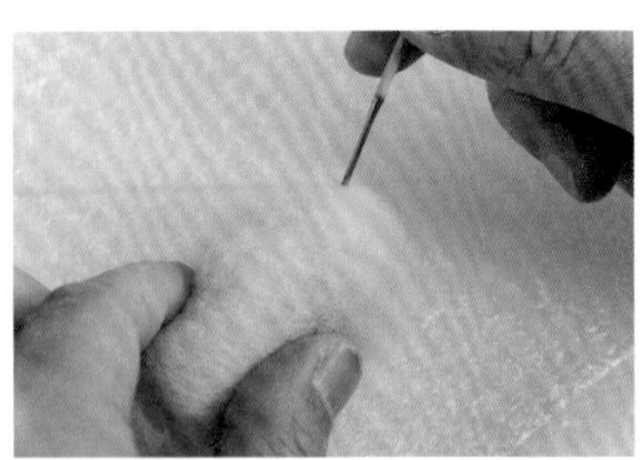

05 開始輕戳羊毛表面，修飾成橢圓形的樣子。

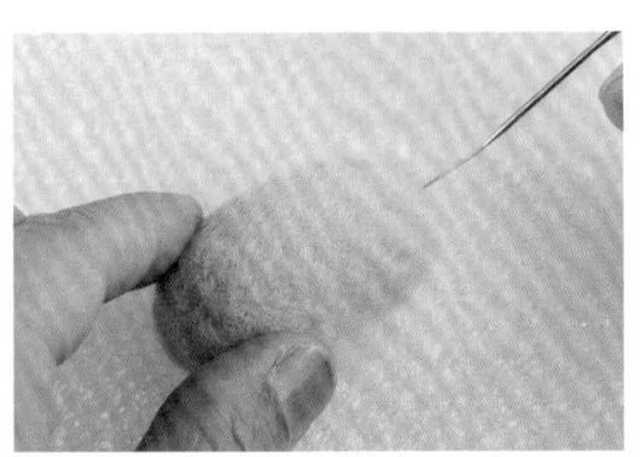

06 將表面氈化平整，完成麵包主體。多餘的羊毛可收入底部，再用針戳平整。

貳·製作麵包表皮

01 準備少許黃棕色、淺黃色和白色羊毛。

02 將羊毛重疊在一起撕毛，參考第 24 頁「漸層混色的技巧」，混出表皮的顏色。

03 把混色羊毛撕成片，左右、上下疊放在工作墊上。

TIP 利用堆疊羊毛營造出麵包表皮自然的色差感，模擬真實食物的顏色。

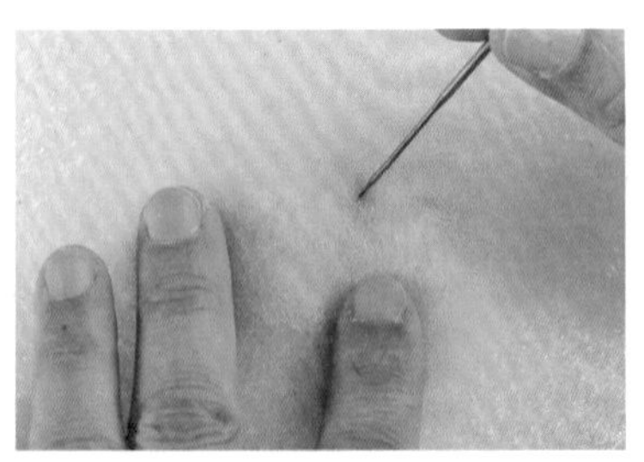

04 鋪平後開始輕戳混色羊毛表面，使其氈化成片狀，完成麵包表皮。

05 可再以熨斗熨燙表皮，讓表面平整。

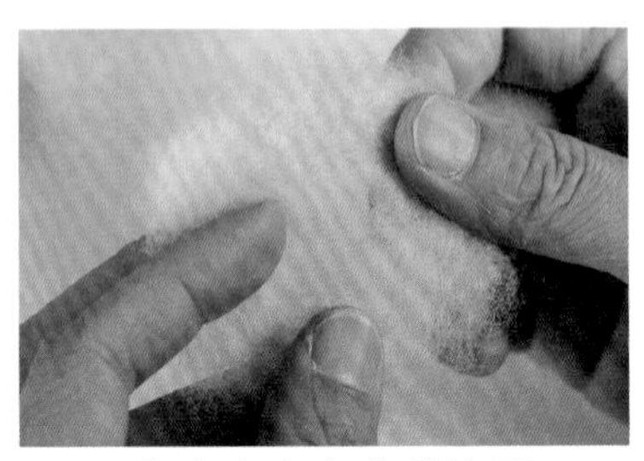

06 將表皮左右向外拉開。

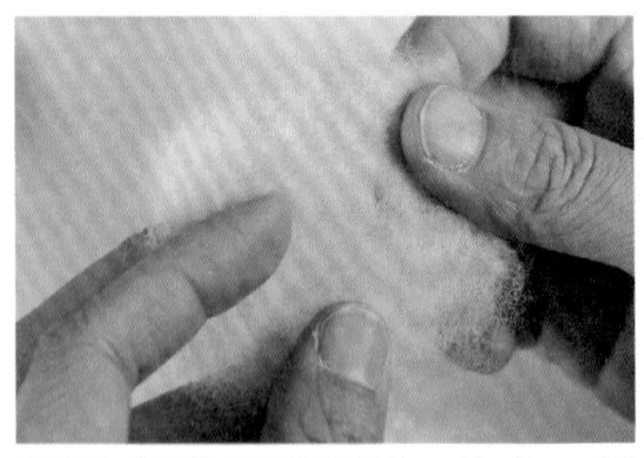

07 稍微調整形狀，拉出一個橢圓形的洞。

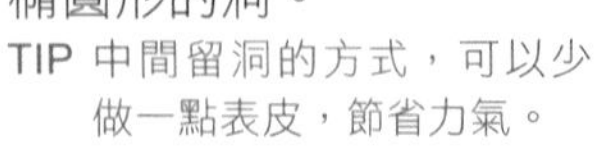

TIP 中間留洞的方式，可以少做一點表皮，節省力氣。

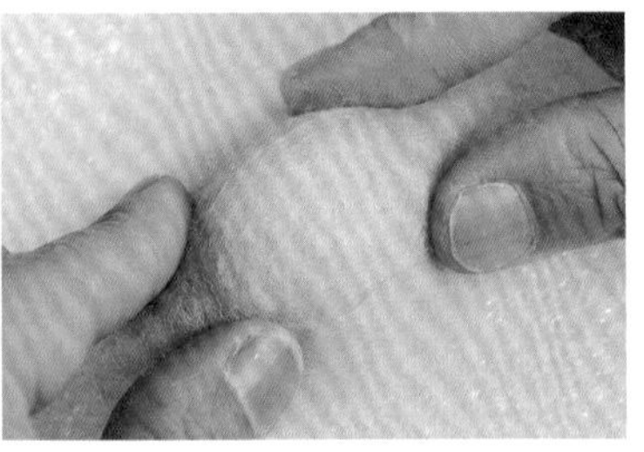

08 將表皮套在麵包主體上，橢圓形洞的大小不要大於之後肉鬆要置放的面積。

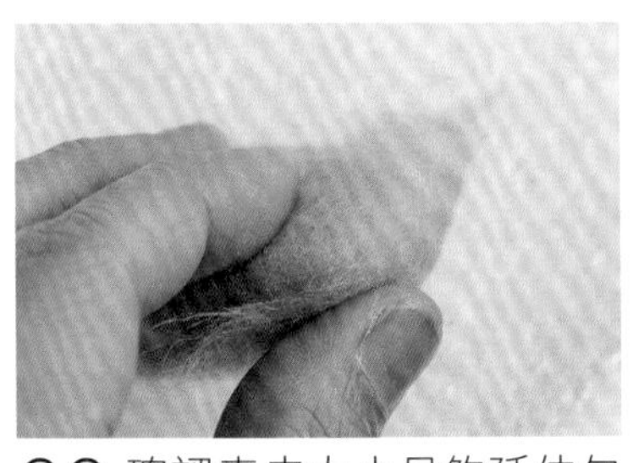

09 確認表皮大小足夠延伸包覆住整個麵包主體。

TIP 羊毛具有延展性，若大小不夠時，可稍微拉開。

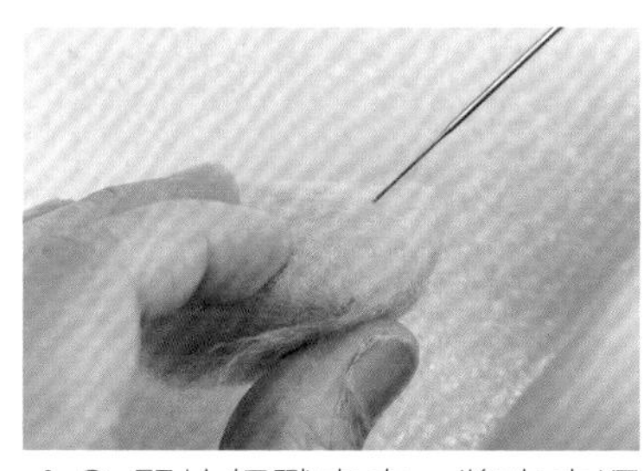

10 開始輕戳表皮，將表皮順著橢圓形形狀蓋住麵包主體，並固定邊緣。

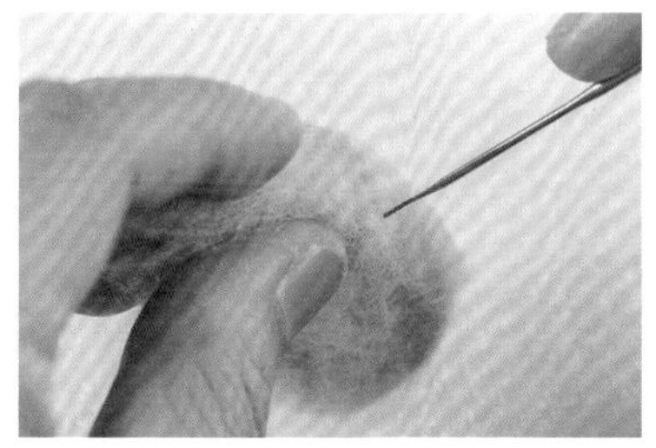

11 不需要戳得很紮實，讓表皮確實包覆住主體即可，保留麵包鬆軟的感覺。

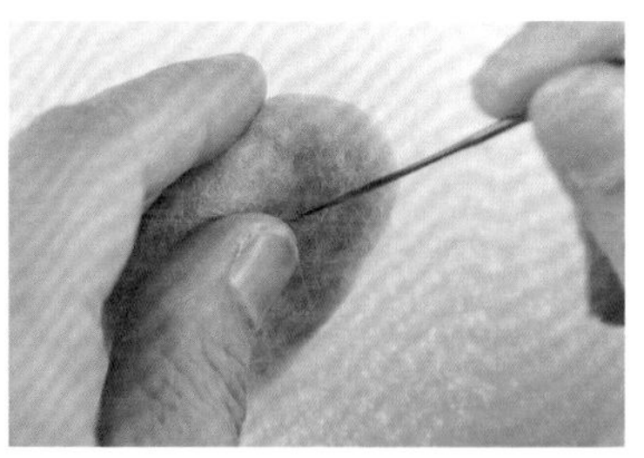

12 背面戳刺完成的樣子。

參·製作麵包表層的肉鬆

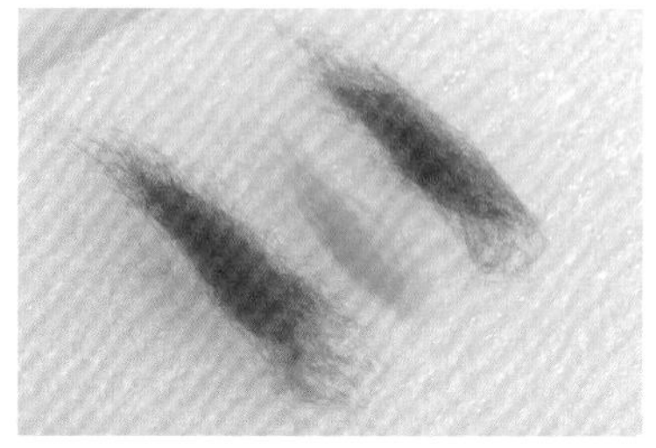

01 以紅棕色為主色，橙黃色和淺咖啡色各準備微量。

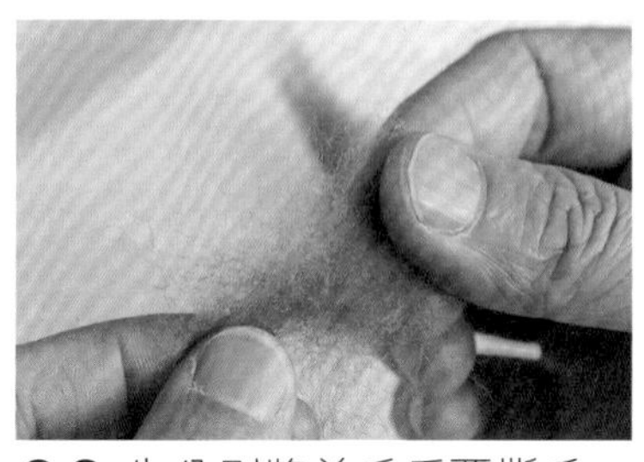

02 先分別將羊毛反覆撕毛、進行混色。

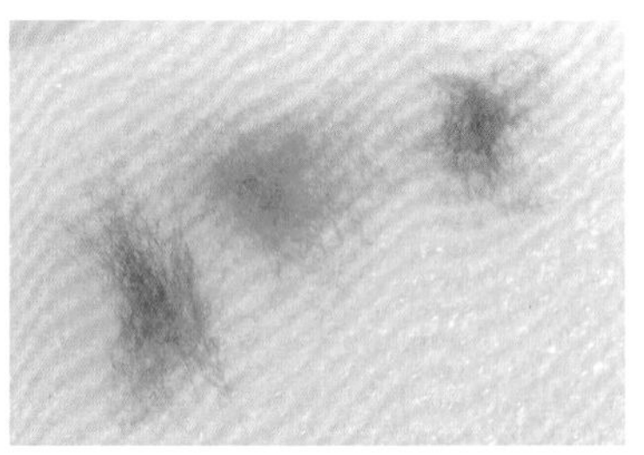

03 可再加微量黃棕色羊毛，混出肉鬆的三種漸層色。

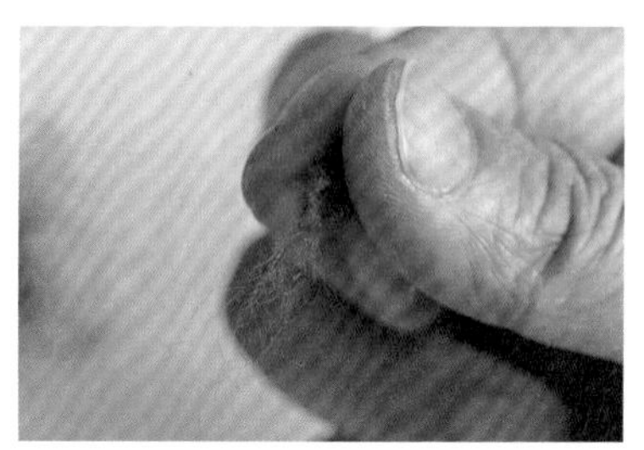

04 將三種顏色的羊毛，用手搓捻成一條一條的條狀。顏色有深有淺，表現出真實肉鬆的層次感。

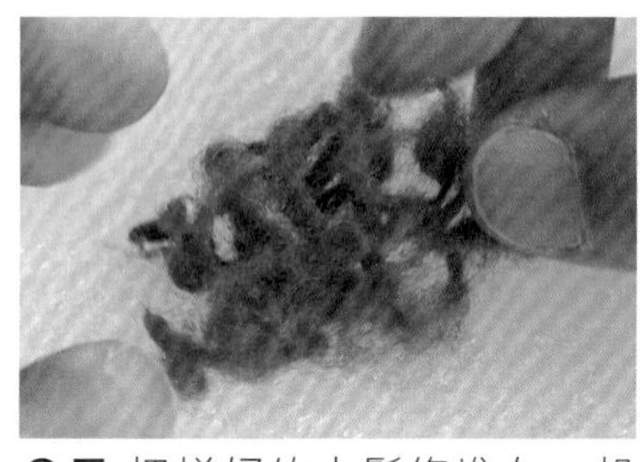

05 把搓好的肉鬆條堆在一起觀察整體顏色。若想要深一點就再補深色肉鬆條，調整到喜歡的色系。

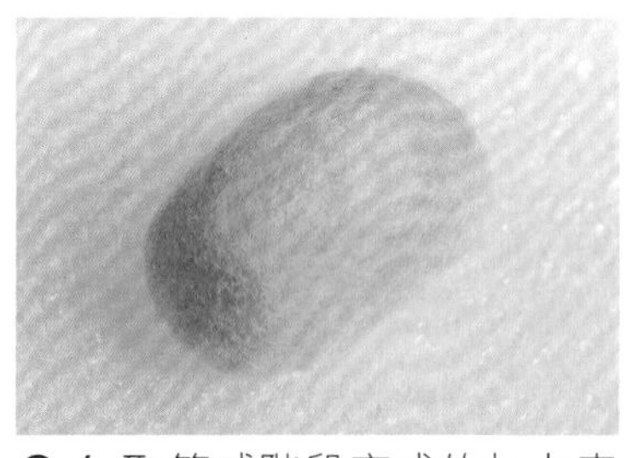

06 取第貳階段完成的加上表皮的麵包主體。

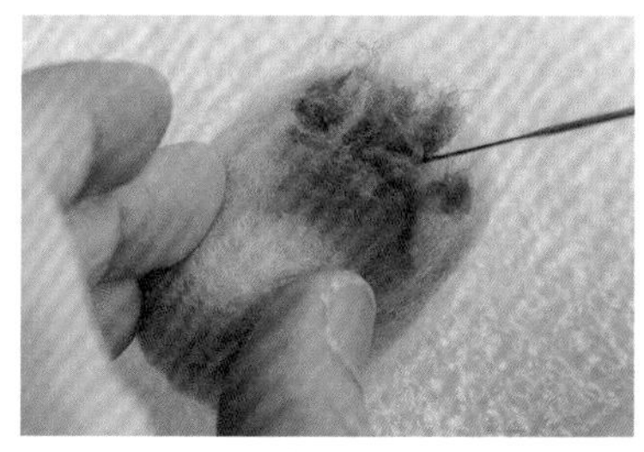

07 分次取少量肉鬆條戳刺在麵包表面的橢圓形洞上。

08 戳刺固定肉鬆條來填滿表面的橢圓形洞。

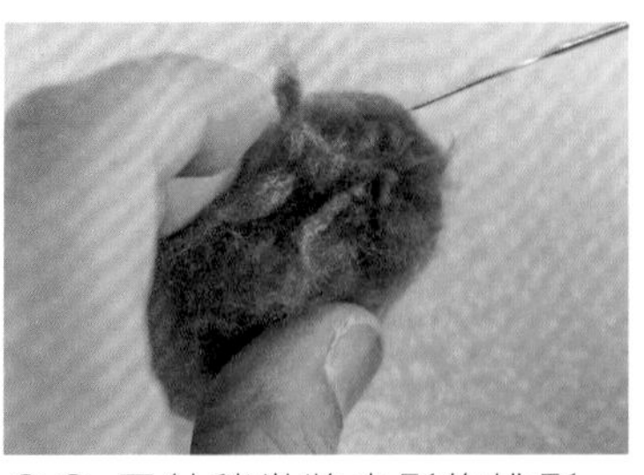

09 用針稍微將肉鬆條挑鬆，再戳刺到麵包表面，做出更像真實肉鬆的蓬鬆感。

no.03

扎實的古早味

炸彈麵包

炸彈麵包的名字來自於外型，
記得小時候每次拿到炸彈麵包都很苦惱，
這麼大一顆到底要吃多久！？
但現在不知道是食量大了還是物價漲了，
麵包架上的炸彈麵包看起來平易近人許多，
滿嘴的奶酥香，讓人想到就流口水。

【準備材料】

①〈**麵包主體**〉基底麵糰毛 1.3g
②〈**烤痕**〉紅棕色羊毛
黃棕色羊毛
③〈**烤皮**〉淺黃色羊毛
黃棕色羊毛
橙黃色羊毛
紅棕色羊毛

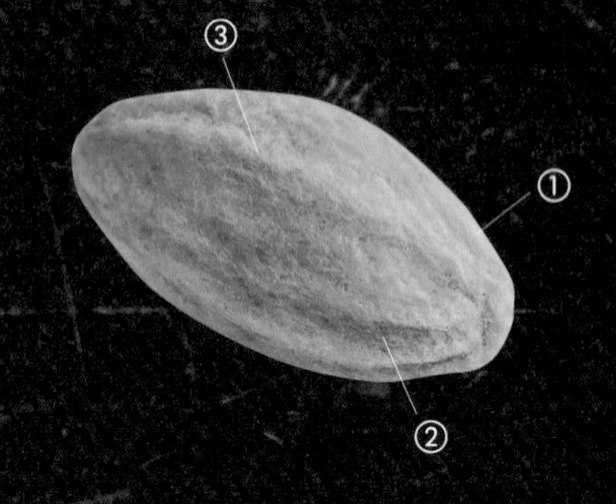

【製作步驟】

壹・製作麵包主體

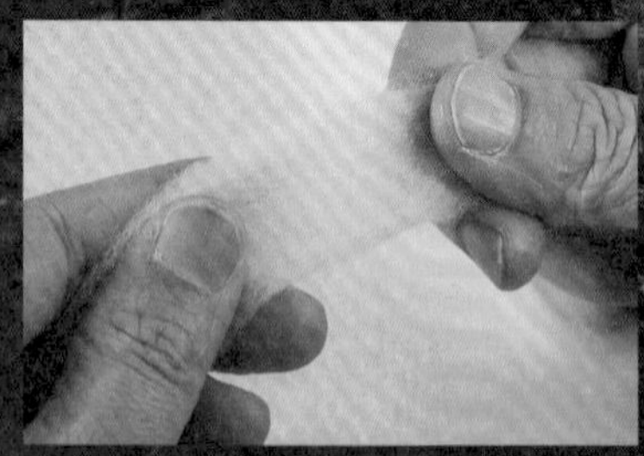

01 取一段 1.3g 長條基底麵糰毛，平整地拉開。

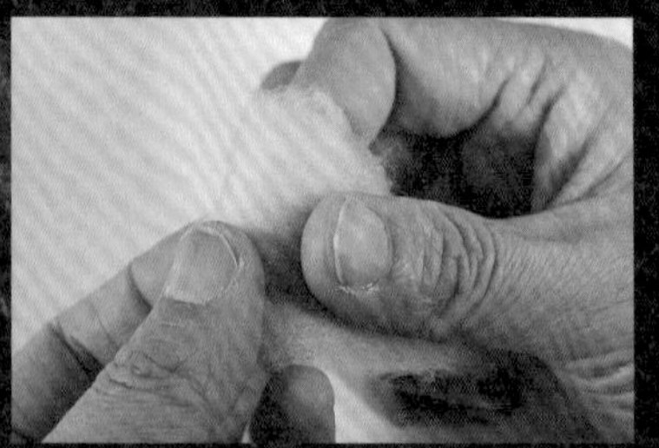

02 大拇指捏住其中一端，往另一端捲。捲的時候想像炸彈麵包的模樣，捲成兩端細中間胖的橄欖形狀。

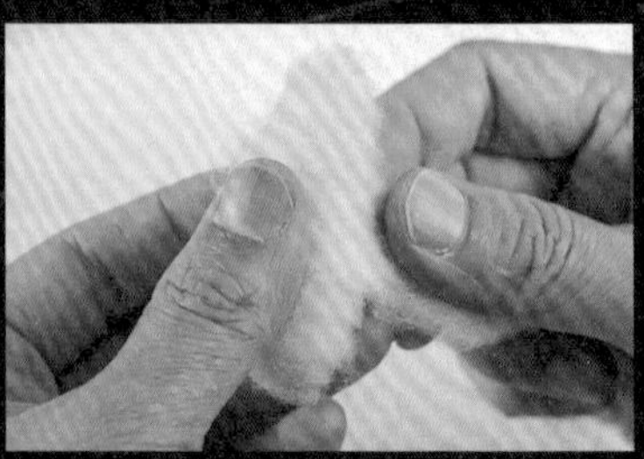

03 整條羊毛捲完後的模樣，長度約為 3cm。

MARCH
1930
RINGS&
THIN

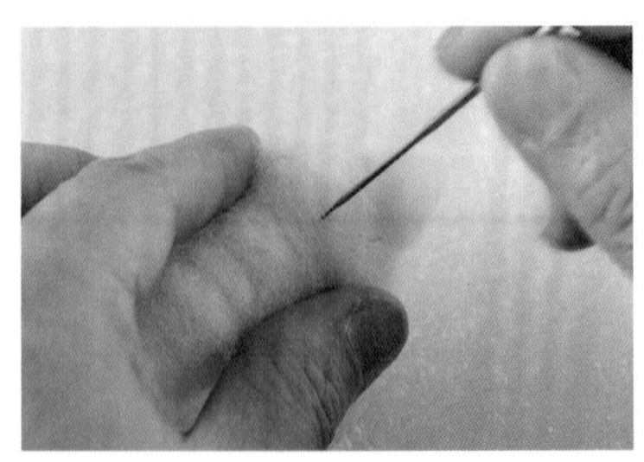

04 取戳針戳刺固定接合處。

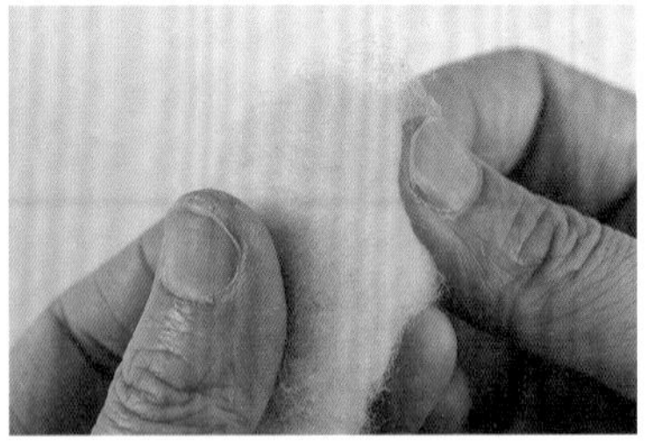

05 薄薄拉起兩端最外層的羊毛，包覆住捲繞的紋路。

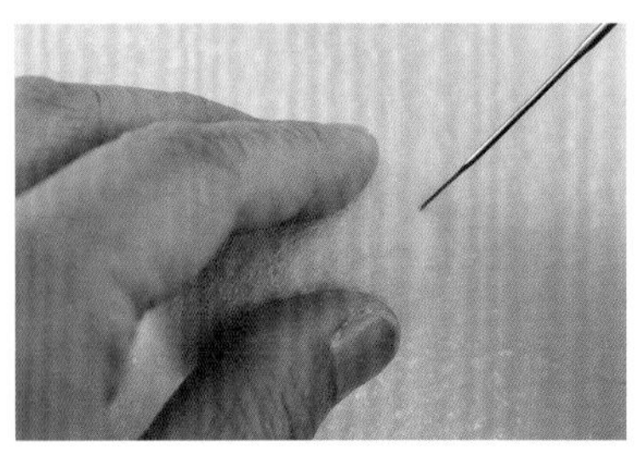

06 將包覆好的羊毛戳刺氈化成表面平整、接近橄欖形狀的樣子。

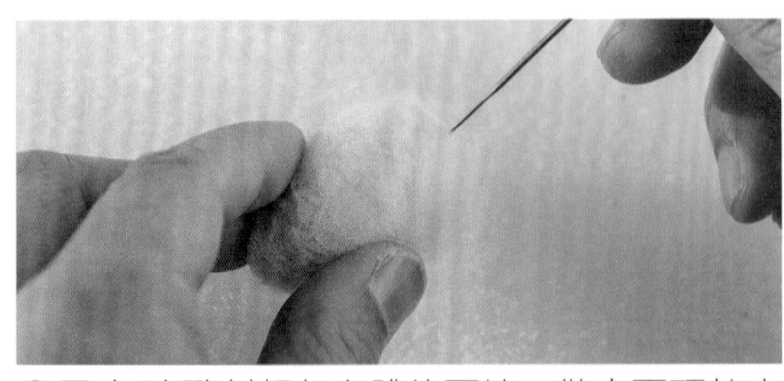

07 加強戳刺麵包主體的兩端，做出兩頭較尖的炸彈樣貌。

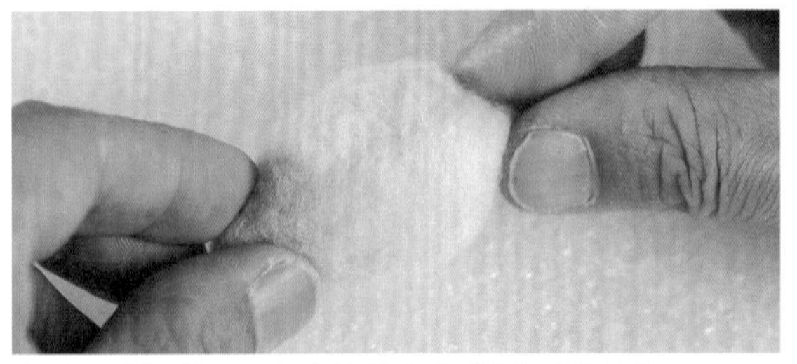

08 戳好後可用手稍微把兩端捏得更尖。

貳·製作麵包烤皮

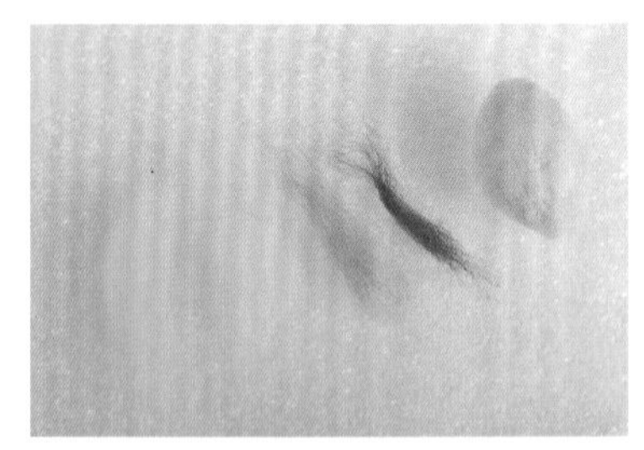

01 取少量淺黃色、黃棕色、橙黃色和微量紅棕色羊毛，分別反覆撕毛。

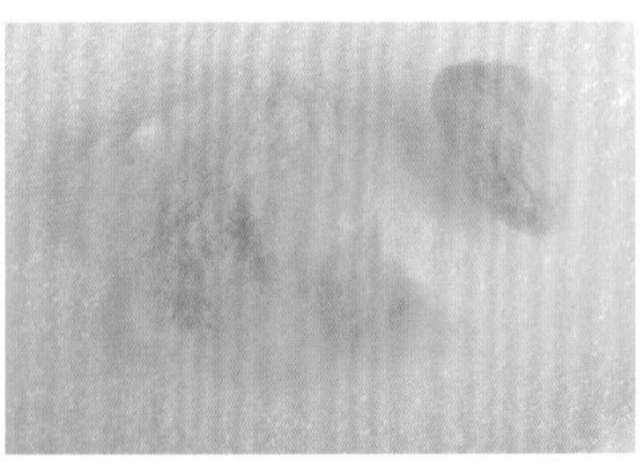

02 疊合在一起撕毛混色後撕成多片放在工作墊上，戳刺氈化成片狀表皮。

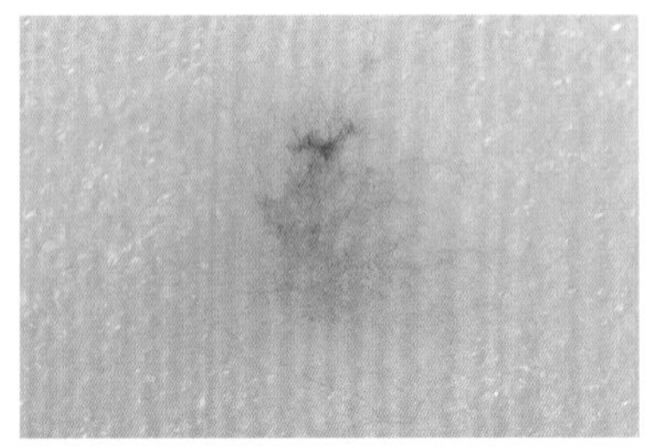

03 取少量黃棕色和紅棕色羊毛，反覆撕毛混色，完成烤皮烤痕的深色。

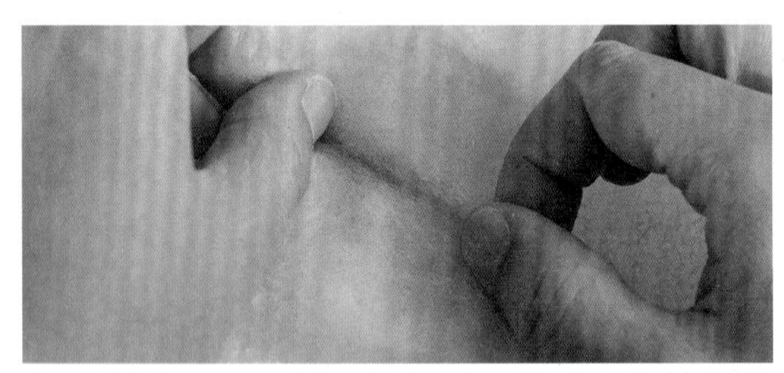

04 抽出 3～5 撮深色羊毛，搓成長條狀後戳刺氈化定型，拉平放在淺色烤皮中間。

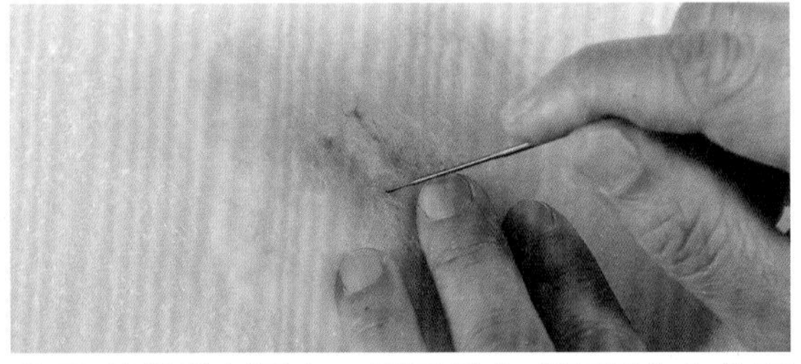

05 稍微戳刺固定，以同樣方式再製作多條深色長條狀羊毛，拉平並固定在平行位置。

TIP 炸彈麵包的烤痕不會是明顯的一條線，而是由深到淺的一片烤色。所以固定前要先將烤痕的羊毛拉平，做出漸層的效果。

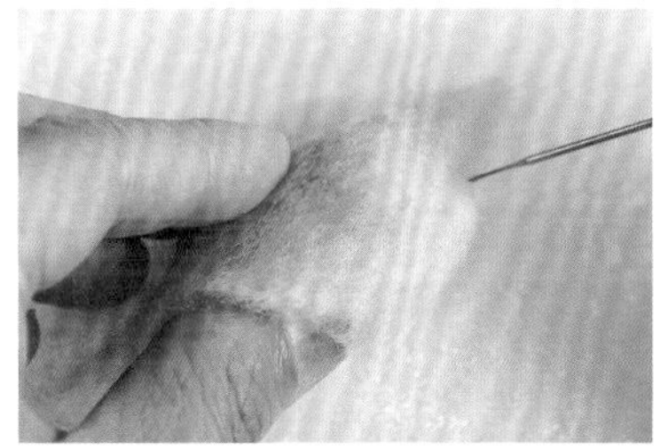

06 將烤皮包覆住麵包主體，從其中一側的側邊開始戳刺固定。

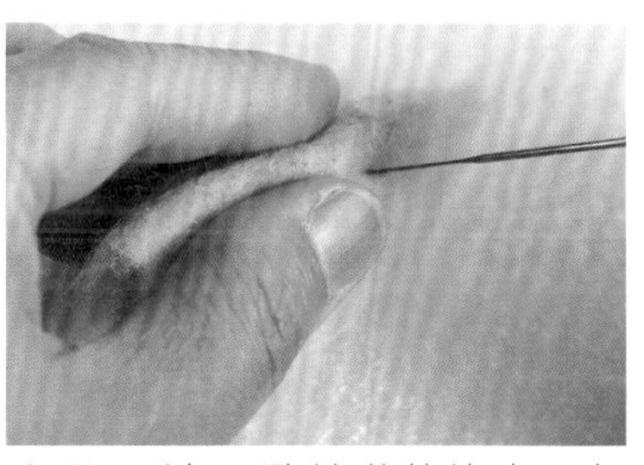

07 一邊用戳針沿著烤皮深色線條戳刺，一邊用手把淺色部分推出蓬蓬的高度。

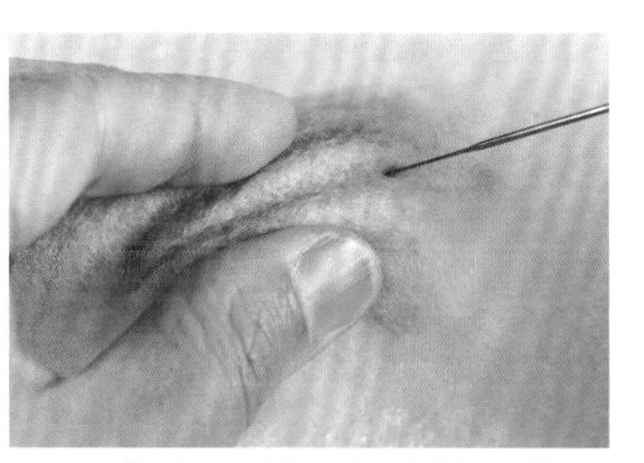

08 依序戳刺深色線條固定，同時做出蓬鬆的烤皮。

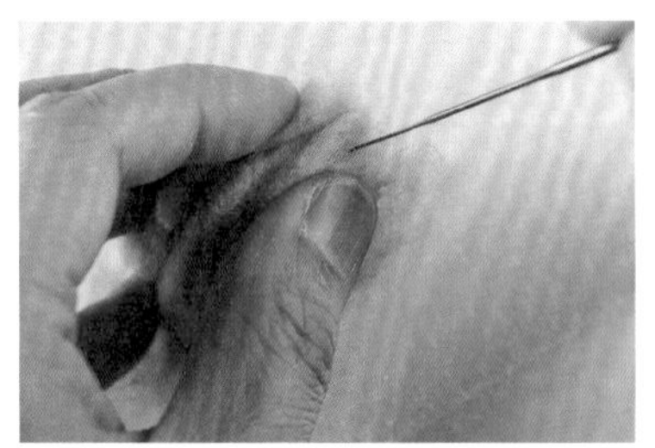

09 將烤皮兩端順著炸彈的尖端包覆，並戳刺固定。

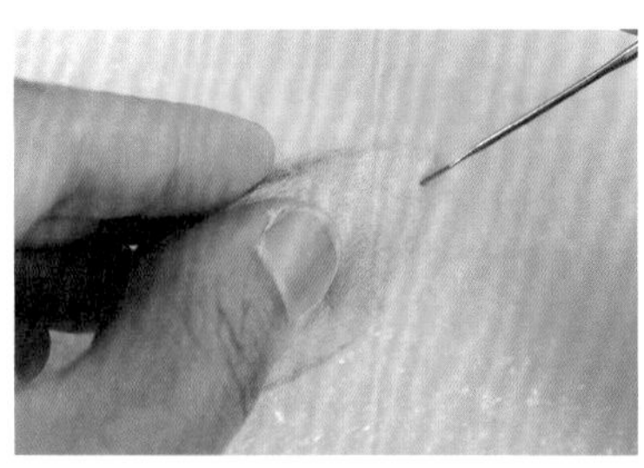

10 延伸烤皮到背面，戳刺固定在麵包主體上。

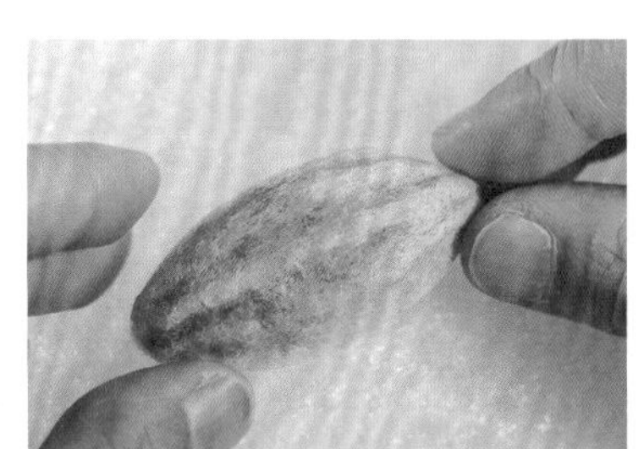

11 全部包覆完整，並戳刺出凹凸的紋路，即完成。

no.04

大口咬下

古早味三明治

在吐司上疊上一塊蛋皮、一片火腿，古早味三明治就完成了。
曾經想過這麼簡單的料理，為什麼滋味卻這麼美味，
甚至時常會懷念起這個味道，而奔走各個麵包店找尋。
大概就像從前在眷村認識的那些人，
沒有太浮華的外表、太深厚的學識，
但來到都市工作後才發現，與他們的相處雋永且刻骨銘心。

【準備材料】

①〈**麵包主體**〉基底麵糰毛 1.5g
②〈**火腿**〉莓果色羊毛
粉紅色羊毛
③〈**蛋皮**〉橙黃色羊毛
淺黃色羊毛

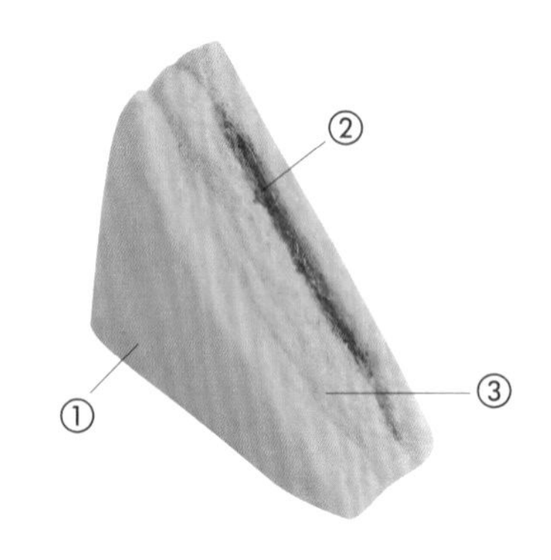

【製作步驟】

壹·製作吐司片

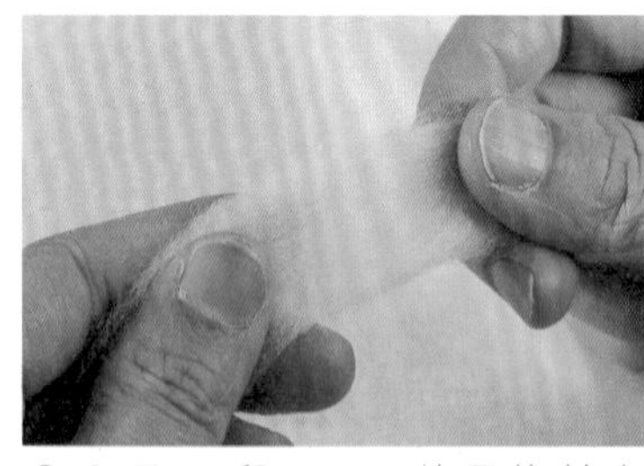

01 取一段 0.5g 的長條基底麵糰毛，平整地拉開。
TIP 因三明治有 3 片吐司，需將基底羊毛分成 3 份。

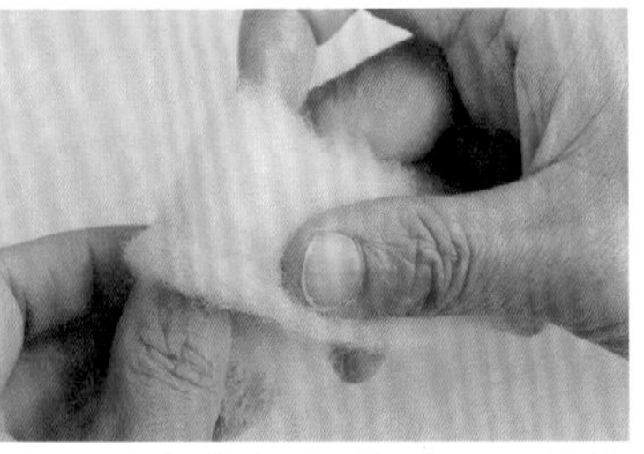

02 大拇指捏住羊毛 1/3 的位置並往下摺出三角形的一個斜邊。

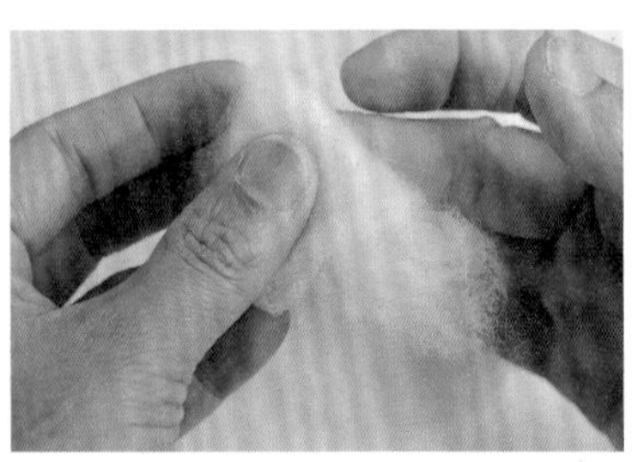

03 再將另一端羊毛往後摺出另一個斜邊，大略完成 3cm 正三角形。
TIP 只要可以摺出三角形即可，摺法不限。

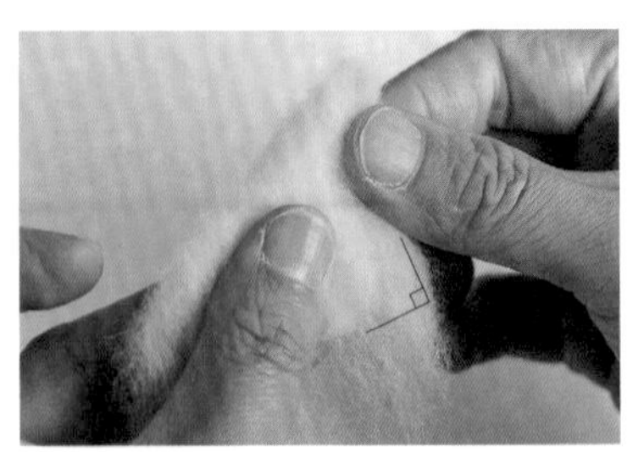

04 捏住接合處並調整形狀，讓右下角度接近直角。

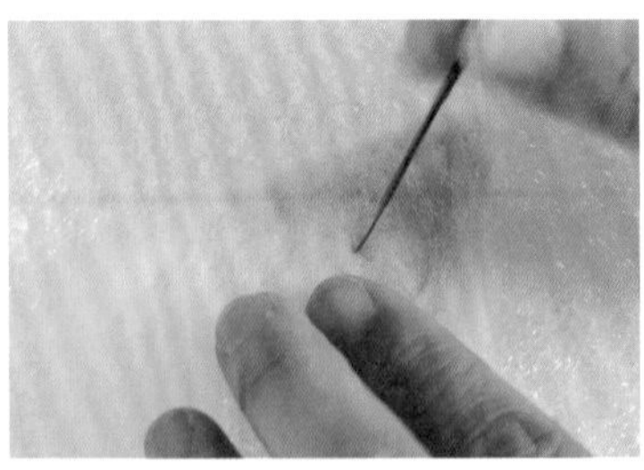

05 開始戳刺固定，並將表面氈化到平整的狀態。

06 修飾三角形的三個角，向外延伸戳刺出角度。

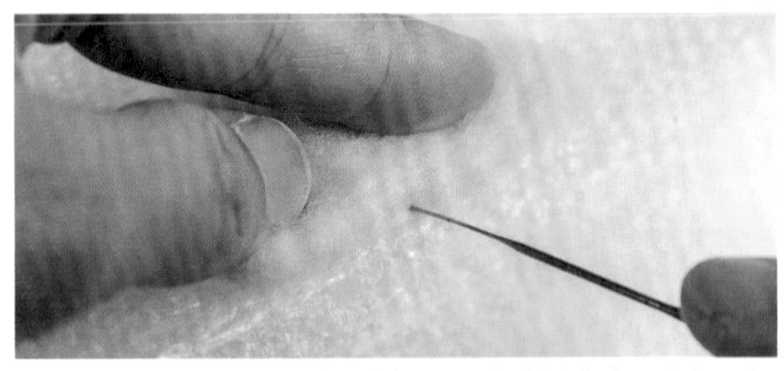

07 將三角形的側面對齊工作墊側邊，以平行針將側面戳刺平整。

TIP 用這個方法較容易戳出平整的側面，也比較不會戳到手。

08 完成一片吐司。用上述相同方法再製作出兩片吐司。

貳·製作內餡

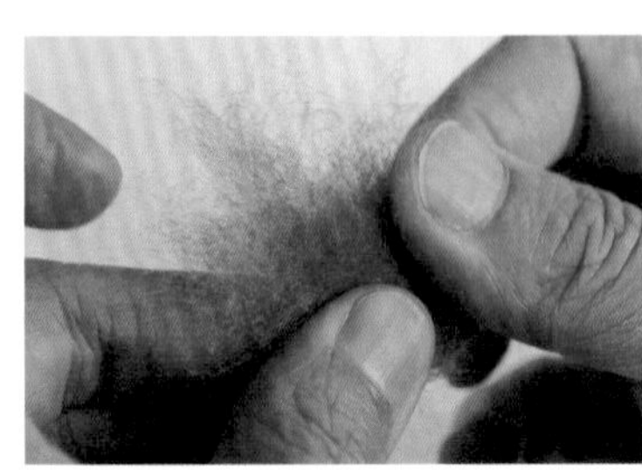

01 製作內餡中的火腿。取少量莓果色和微量粉紅色羊毛，反覆撕毛混色。

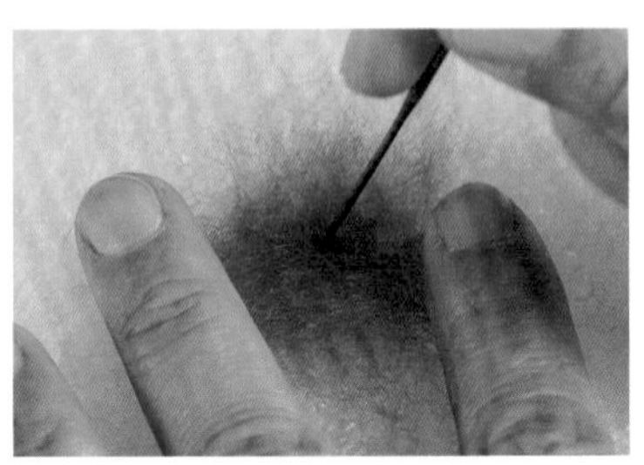

02 將撕開的羊毛一片片隨意疊放到工作墊上，再戳刺氈化成片狀的平面。

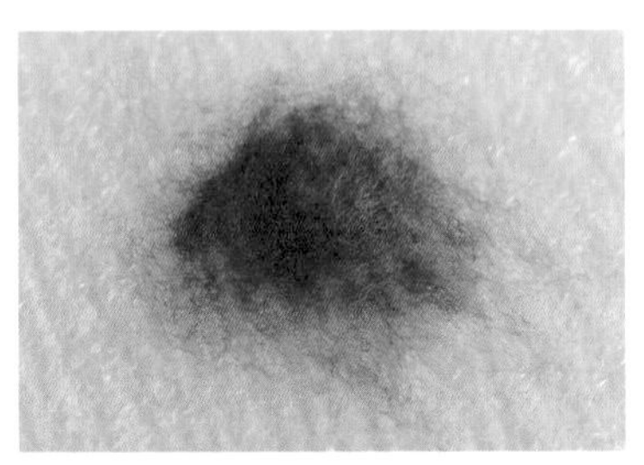

03 大約戳刺氈化至這個程度即可，備著製作火腿。

04 製作內餡中的蛋皮。準備少量橙黃色和微量淺黃色羊毛。

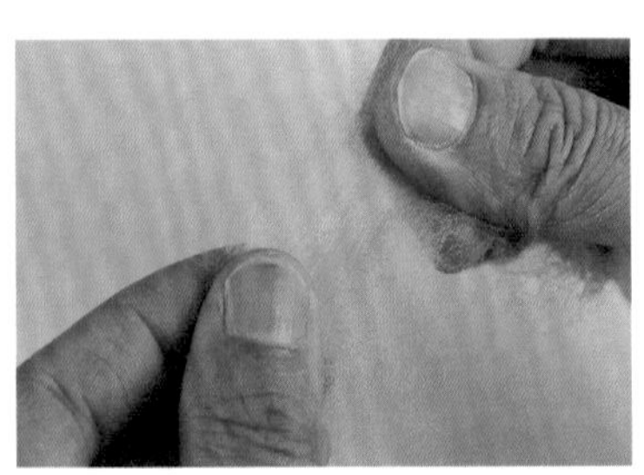

05 分別將羊毛反覆撕毛後，再重疊在一起反覆撕毛，混合成蛋皮的顏色。

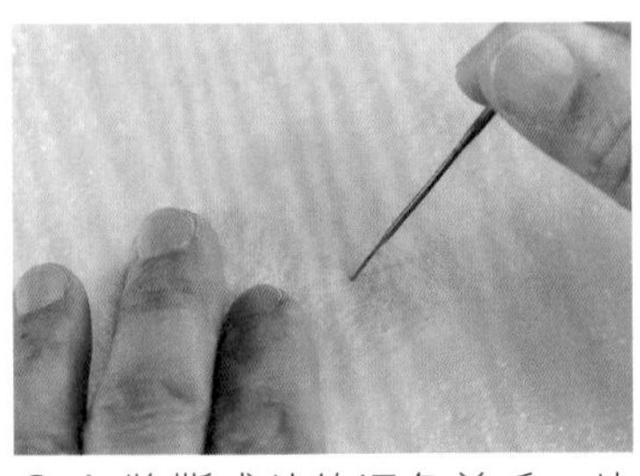

06 將撕成片的混色羊毛一片片隨意疊放到工作墊上，再戳刺氈化成片狀。

07 大約戳刺氈化至這個程度即可，先放著備用。

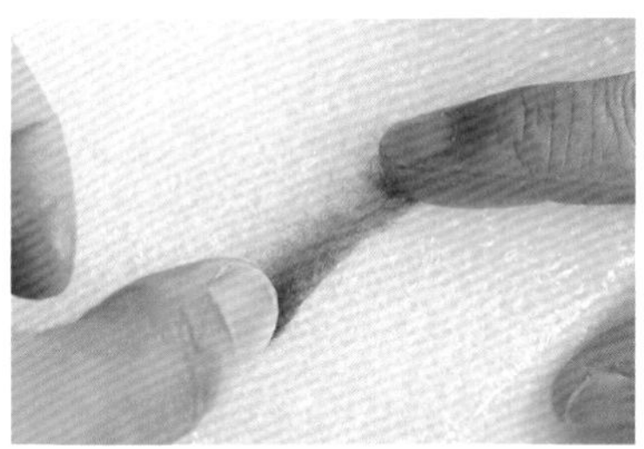

08 取火腿半成品，對摺後戳刺氈化，做出長度約等同吐司長邊的粗略三角形。

TIP 火腿片被吐司夾起來後只會露出側邊，所以面積不用太大。

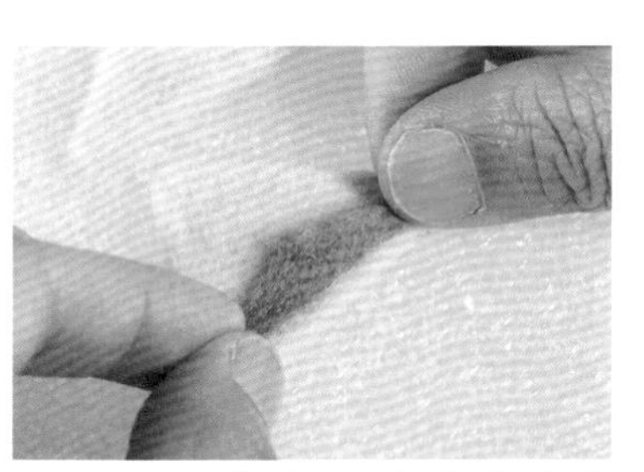

09 取一片吐司，將氈化完成的火腿試放在吐司上，確認長度和位置。

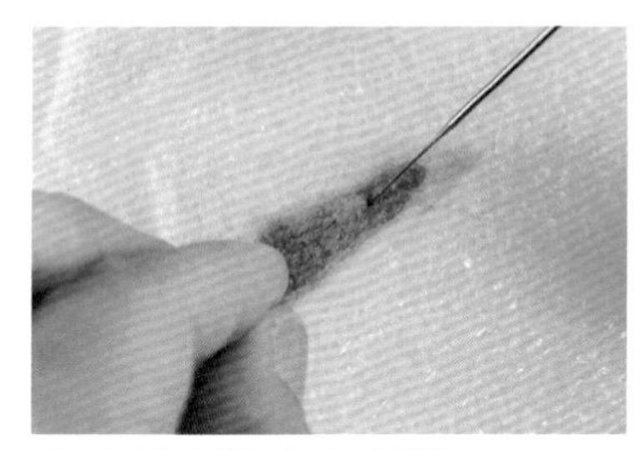

10 戳刺固定上火腿。

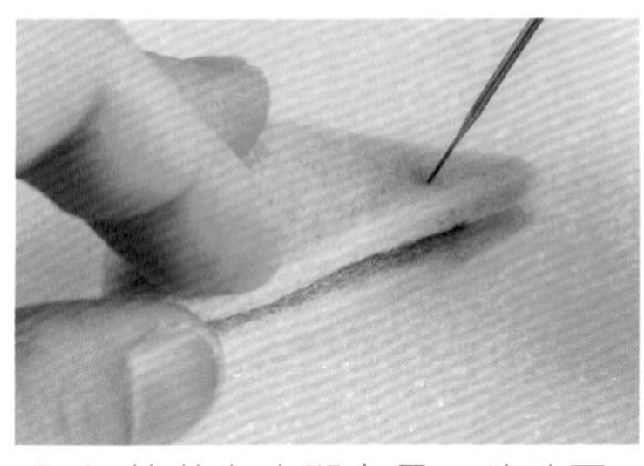

11 接著在火腿上疊一片吐司，戳刺固定。

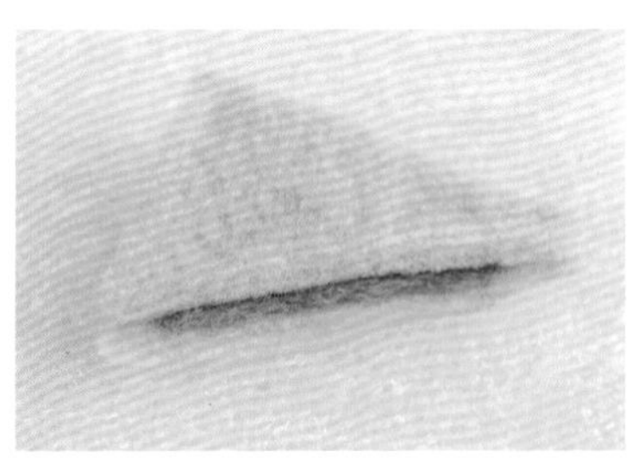

12 完成火腿吐司的樣子。

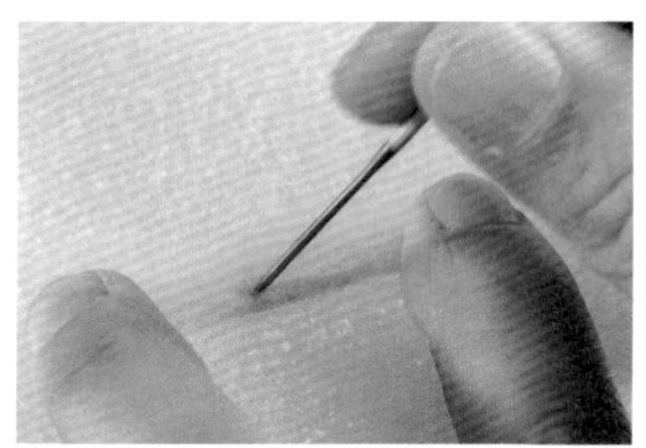

13 取蛋皮半成品，戳刺氈化成長條狀的蛋皮。長度約和吐司的長邊相同。

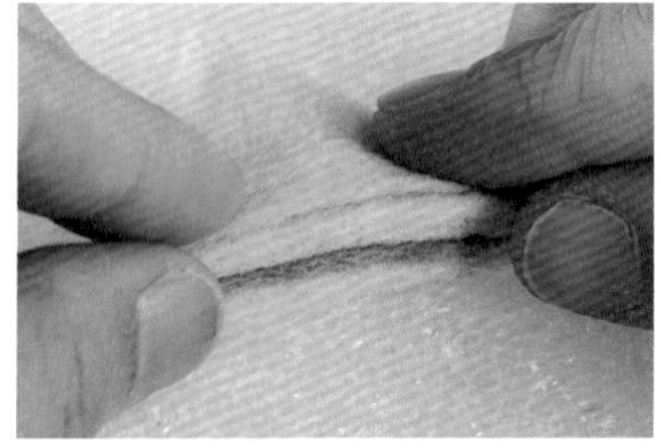

14 將蛋皮放在火腿吐司上，並確認長度和位置。

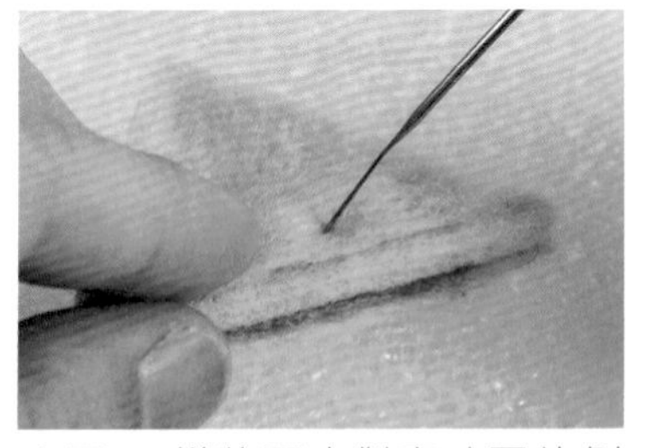

15 一樣將蛋皮對齊吐司的側邊，戳刺固定在吐司上。

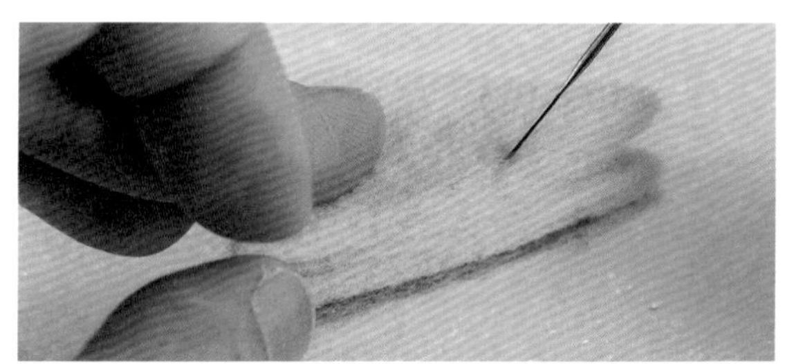

16 疊上最後一片吐司，並戳刺固定。

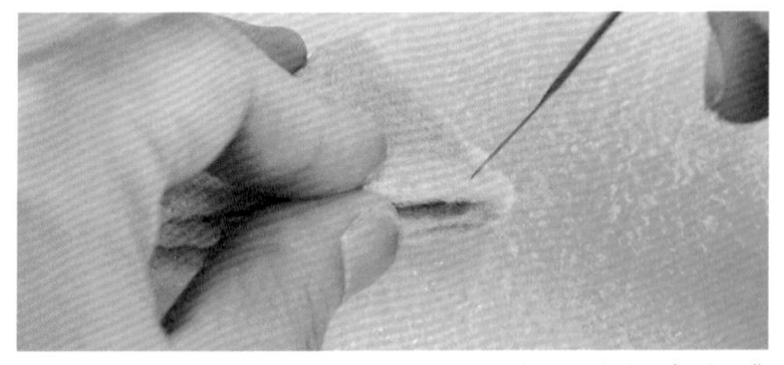

17 最後再加強戳刺三角形的角，修飾出立體的角度。

TIP 若想要在吐司中多夾一塊肉片，可以用淺咖啡色和深咖啡色混色，同樣氈化成長條狀後疊在火腿片上，戳刺固定即可。

no.05

簡單最對味

山形吐司

我小時候覺得包有內餡的山形吐司是小小奢侈的享受。
鬆軟的麵包裡包著綿綿的芋泥或紅豆泥，
吃的時候很像在玩抽獎遊戲，剛好咬到餡料多的地方超開心，
但如果只空咬到吐司，簡直空虛寂寞覺得冷……
這些關於麵包的小樂趣，似乎是每個大街小巷共同的回憶。

【準備材料】

①〈**吐司主體**〉基底麵糰毛 10g
白色羊毛
淺黃色羊毛
長方體泡棉墊 15cm×10cm×3cm
②〈**吐司邊**〉紅棕色羊毛、黃棕色羊毛
③〈**芋頭餡**〉紫丁香羊毛、葡萄紫羊毛、淺駝色羊毛、
胚芽色羊毛、橙黃色羊毛、淺咖啡色羊毛
④〈**芝麻**〉芝麻 適量

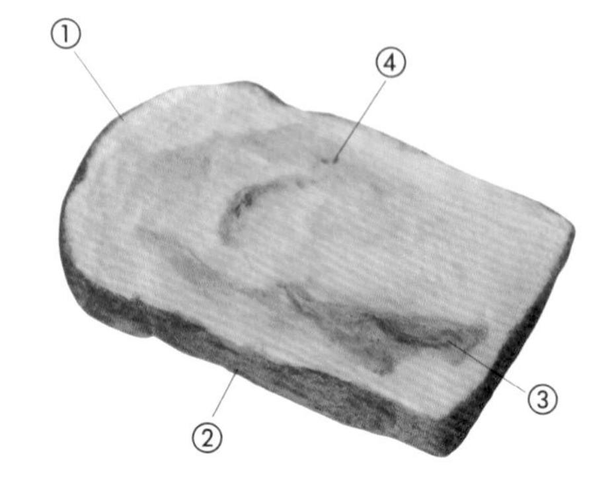

【製作步驟】

壹・製作麵包主體

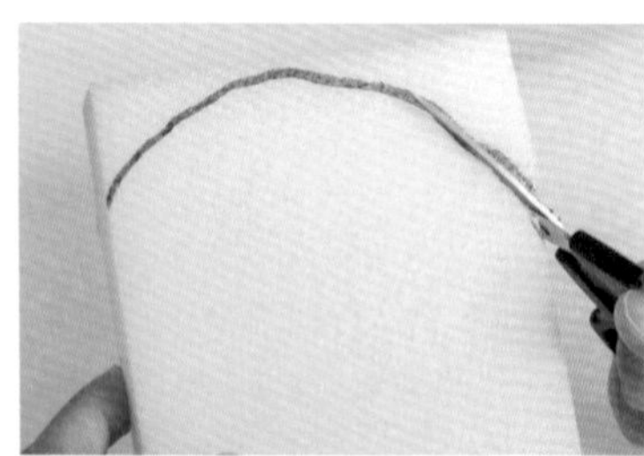

01 用奇異筆在長方體泡棉墊最上端畫圓弧線條，再用剪刀剪去，完成山形吐司的形狀。

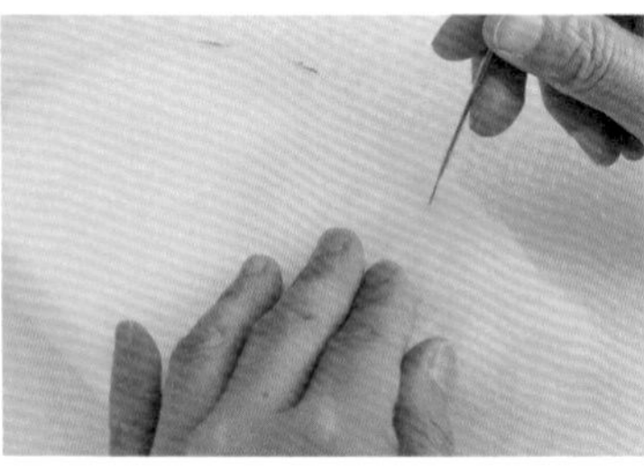

02 先取部分基底麵糰毛，戳刺氈化成片狀後，包覆在保麗龍上並固定。

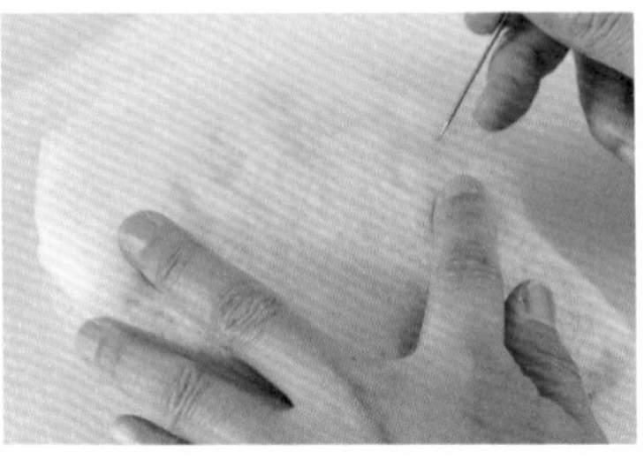

03 接下來重複用氈化成片狀的米色羊毛，將保麗龍整個包裹起來並戳刺固定。

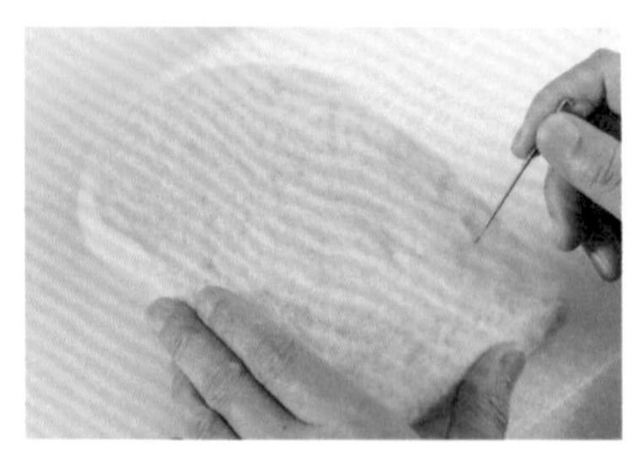

04 完成第一層加上米色羊毛的吐司主體。

05 取白色和淺黃色羊毛，分別撕毛後再疊合在一起，反覆撕毛混色。

06 將混色羊毛鋪在工作墊上並戳刺氈化成片狀。

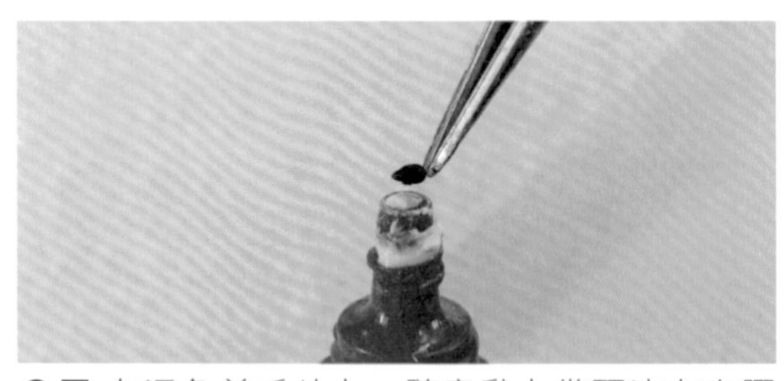

07 在混色羊毛片上，隨意黏上幾顆沾有白膠的黑芝麻。

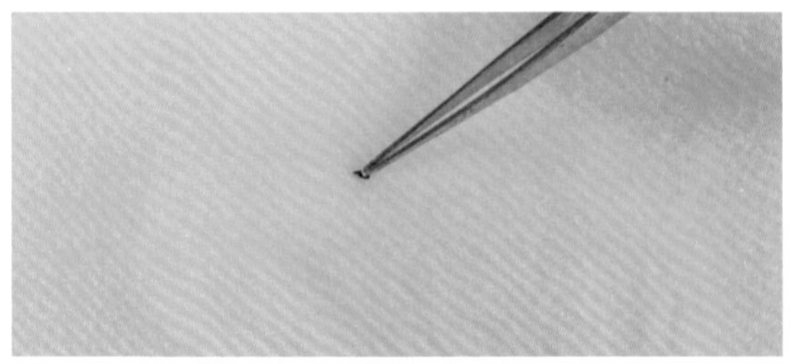

08 芝麻的位置隨意即可，以前曾試過用黏土捏假芝麻，但後來覺得太累了，不如直接用真芝麻省事，效果也比較好。

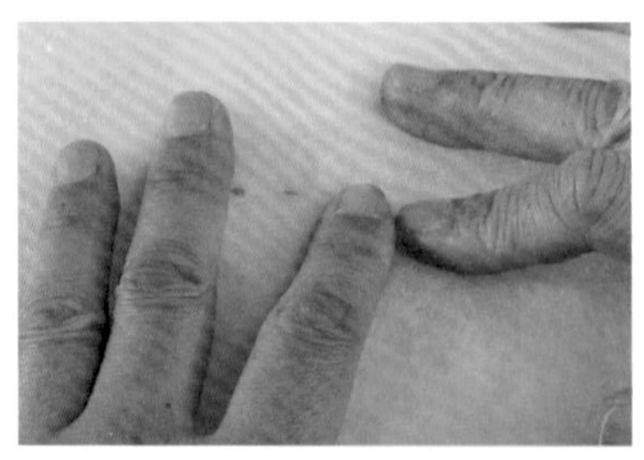

09 黏好芝麻後，再蓋上一層同樣以白色和淡黃色混色的片狀羊毛。

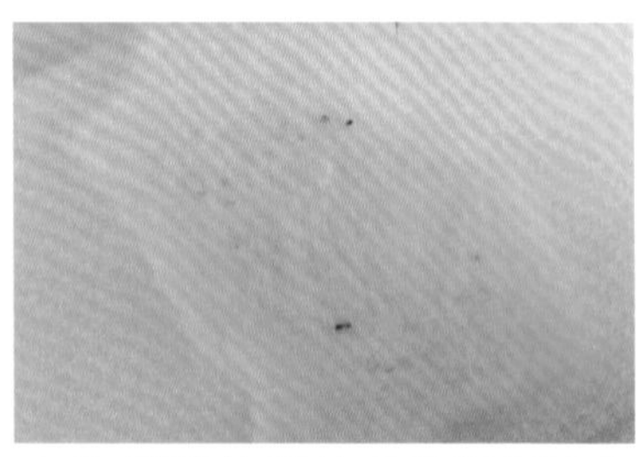

10 薄薄地將羊毛片戳刺固定上去，芝麻看起來才會像自然混合在吐司裡。

11 完成大小約和吐司相同的芝麻吐司片，若尺寸不夠就再加混色羊毛片延伸。

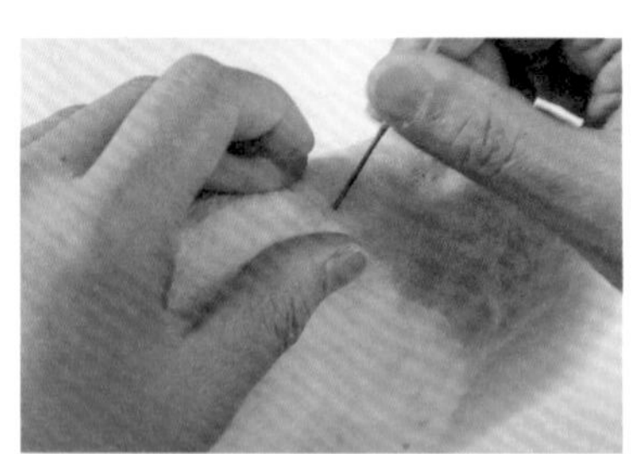

12 將完成的芝麻吐司片戳刺固定到保麗龍上。

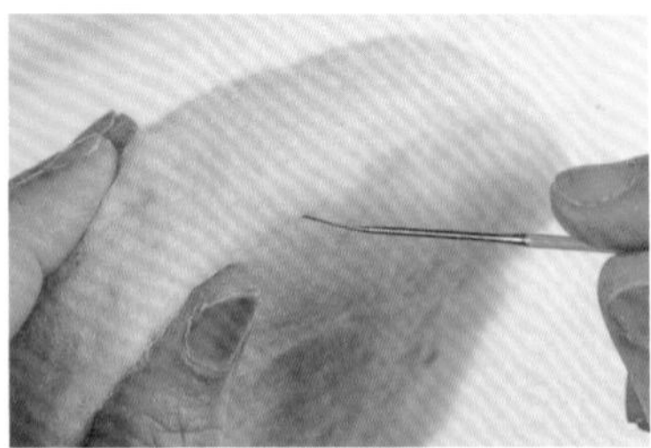

13 用戳針加強修飾吐司邊角的形狀。

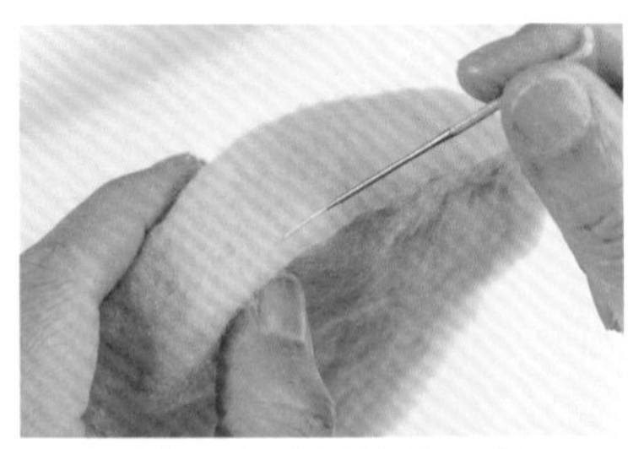

14 側面也戳刺修飾平整。完成吐司麵包的主體。

貳‧製作吐司邊

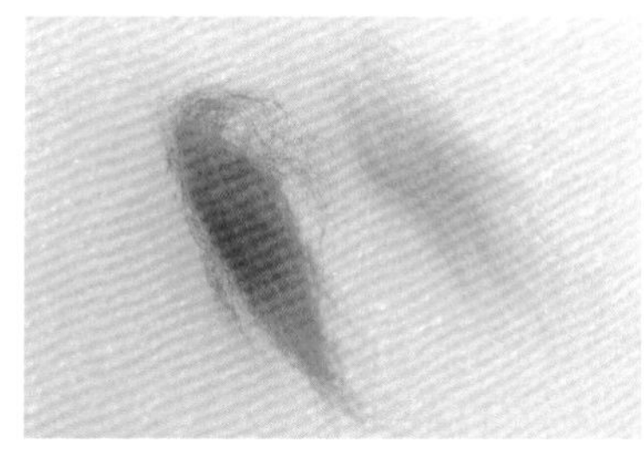

01 取部分紅棕色和黃棕色羊毛，分別反覆撕毛。

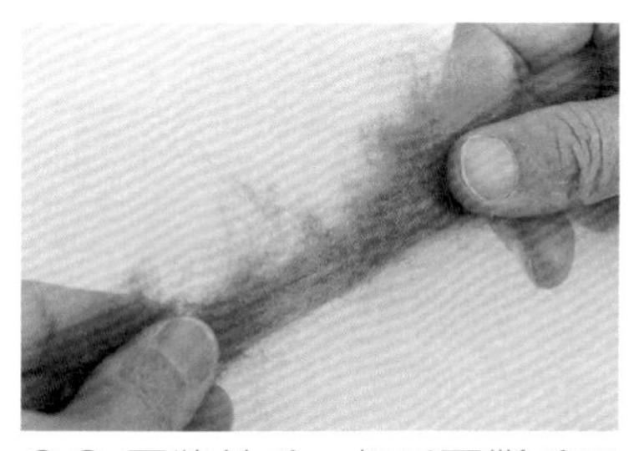

02 再將羊毛一起反覆撕毛混色，完成吐司邊的顏色。

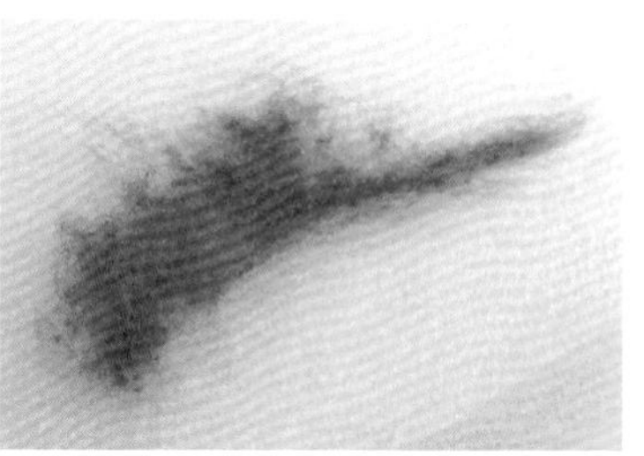

03 將混色羊毛撕成一片一片疊放在工作墊上，戳刺氈化成長條狀，寬度約和保麗龍側邊相同。

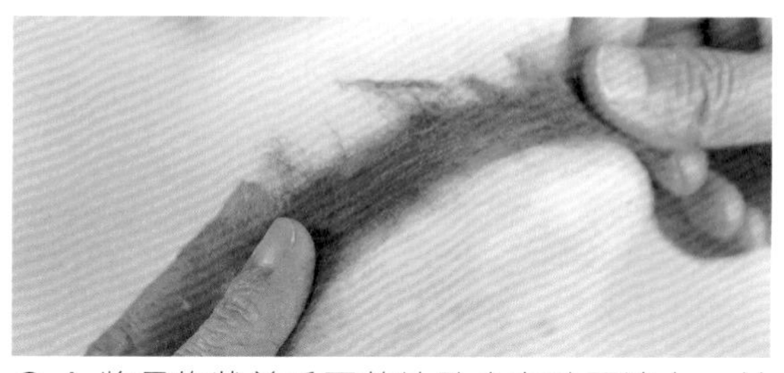

04 將長條狀羊毛平整地貼合在吐司邊上，並戳刺固定。

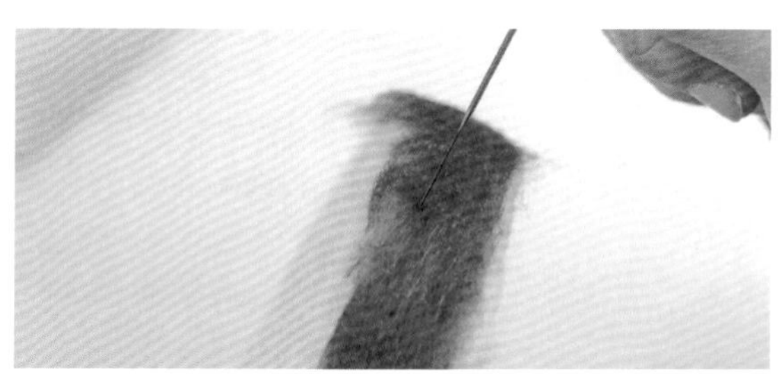

05 重複相同步驟製作混色長條狀羊毛，將混色羊毛沿著吐司麵包側邊繞圈並戳刺固定。

參‧製作芋頭餡

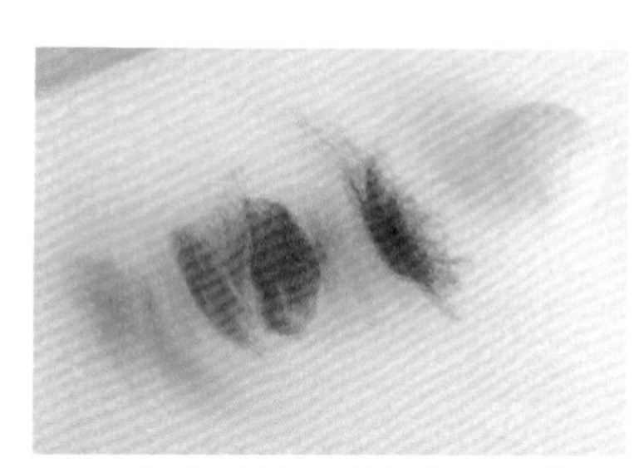

01 取胚芽色、淺駝色、紫丁香色、葡萄紫色、橙黃色、淺咖啡色羊毛，分別反覆抽拉毛混色。

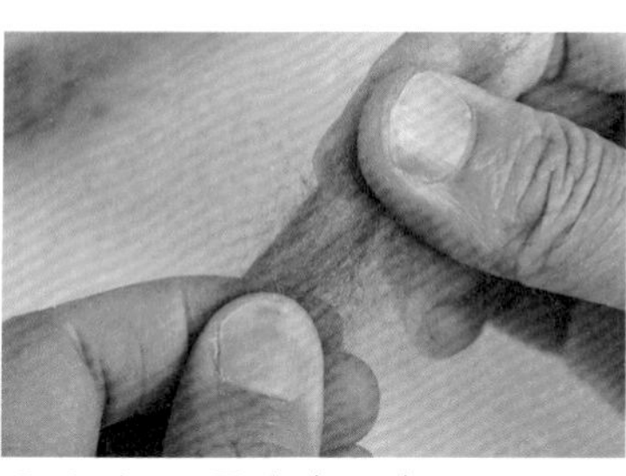

02 相互疊合在一起，再反覆撕毛混色。

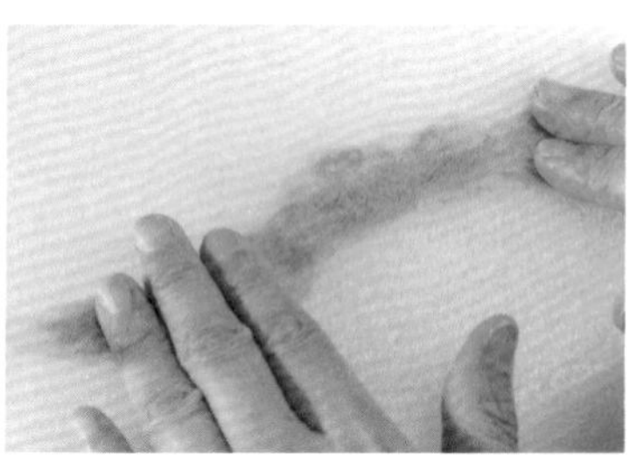

03 將混好色的羊毛撕成一片一片疊放在工作墊上，戳刺氈化成長條狀。

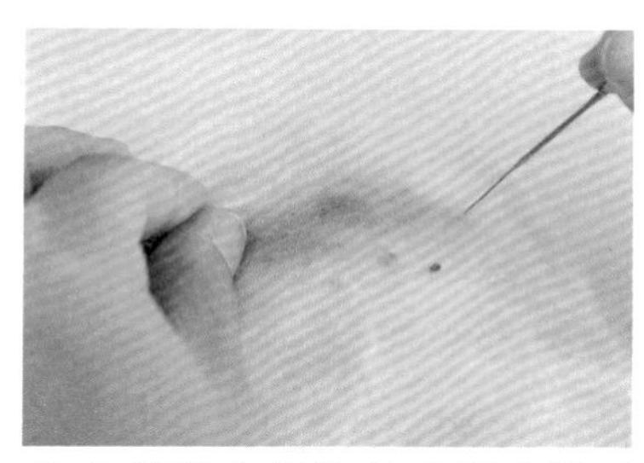

04 將氈化好的羊毛撕成細長條狀，鋪到吐司上，並任意繞成圓弧或斜線後，再戳刺固定。

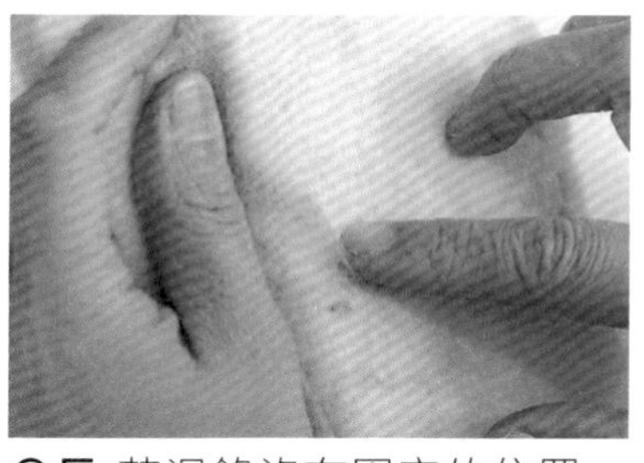

05 芋泥餡沒有固定的位置，製作時可以找張真實照片對照，模擬照片上餡料的擺放方式。

06 將芋頭餡都戳刺固定到吐司上，即完成。

no.06

流傳百年的好味道

芋頭酥

用淡紫、深紫的漸層羊毛，呈現皮薄如紗的芋泥酥皮表面。
早期台灣的食物常常帶有深厚的色彩，
像是紅龜粿、紅蛋，吃的時候沾得滿嘴滿手紅。
現在為了健康取向，大多不喜歡參雜色素，
就連芋頭酥也很難找到這麼深的紫色。
但我喜歡在羊毛氈中紀錄那個年代的大紅大紫，
就像眷村裡吆喝的姥姥般，毫不遮掩的豪放情感。

【準備材料】

①〈**芋頭酥主體**〉基底麵糰毛 2.5g
②〈**芋泥酥皮**〉紫丁香色羊毛、葡萄紫色羊毛、
黃棕色羊毛、淺咖啡色羊毛、
胚芽色羊毛、淺駝色羊毛

【製作步驟】

壹·製作芋頭酥主體

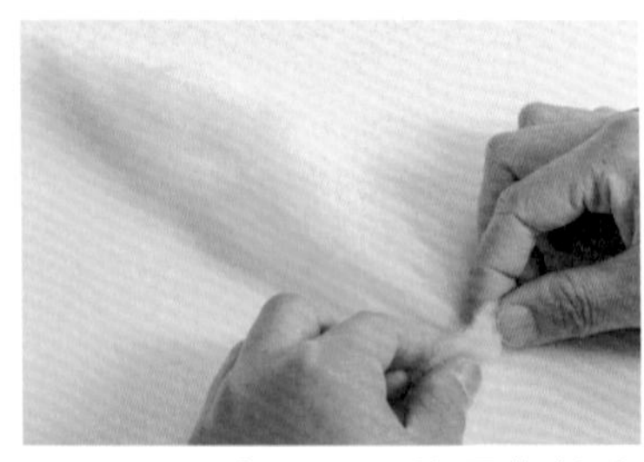

01 取一段 2.5g 的長條基底麵糰毛，平整攤開後雙手捏起其中一端。

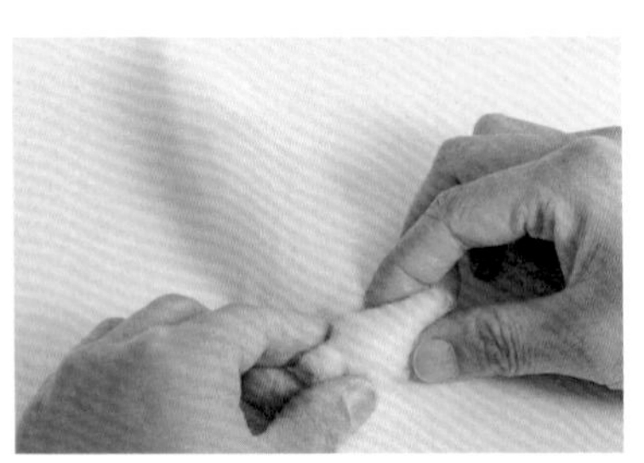

02 將捏起的羊毛滾動捲向另一端。

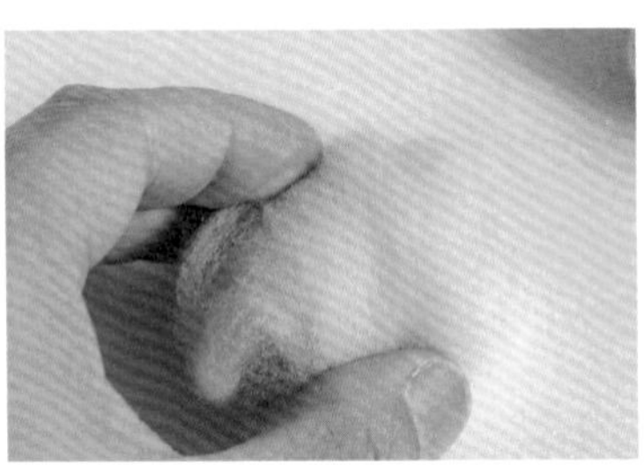

03 全部捲起後捏緊接合處。捲成直徑約 3.5cm 的圓形。

第二章　經典台式麵包×傳統糕點

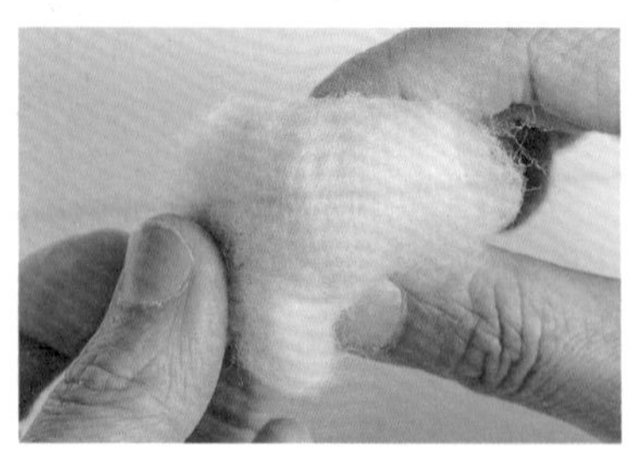

04 將外層的羊毛往兩側下拉，包覆住捲起的摺線，讓表面變得平整。

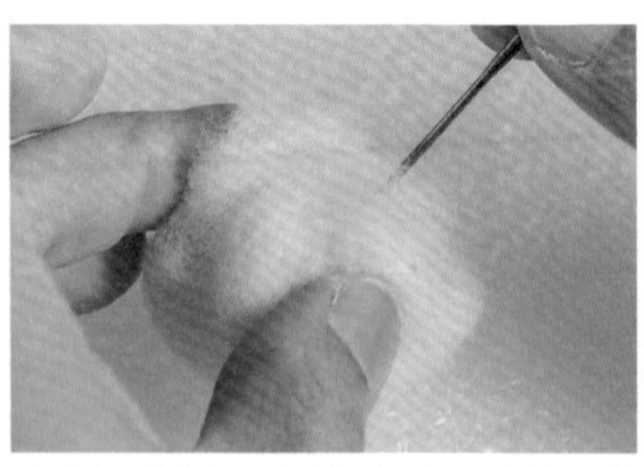

05 戳刺固定接合處，並逐漸氈化成球體。

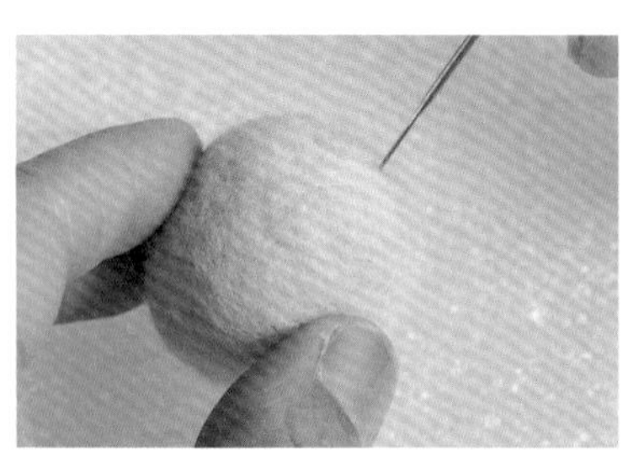

06 邊用另一手轉動球體，邊以淺針戳刺修飾表面，完成正圓形的芋頭酥主體。

貳・製作芋泥酥皮

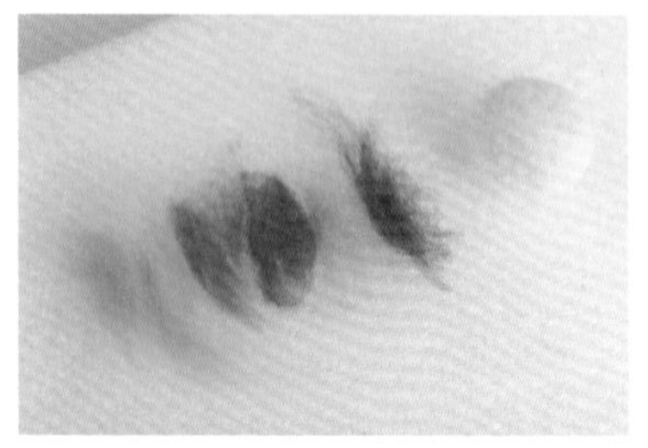

01 準備胚芽色、淺駝色、紫丁香色、葡萄紫色、黃棕色、淺咖啡色羊毛。

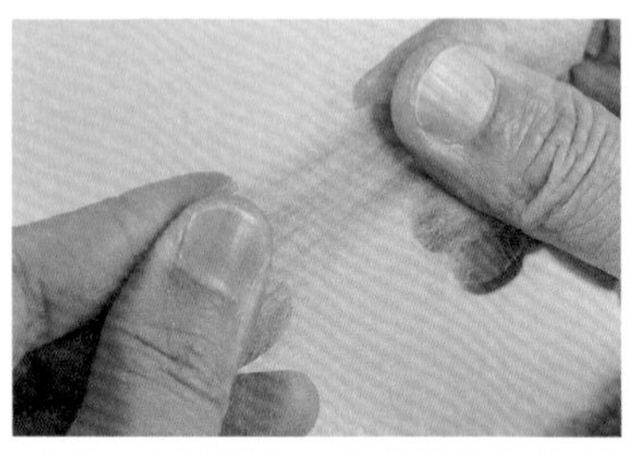

02 分別將這 6 種顏色的羊毛先撕開成片狀。

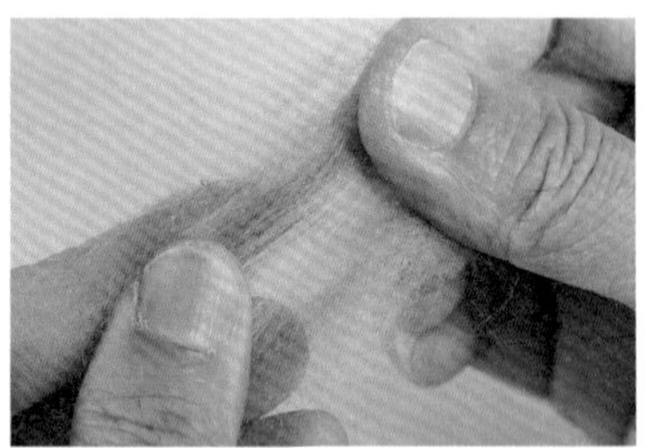

03 可以將紫丁香色和胚芽色的羊毛疊合後反覆撕毛混色，做出較淺的紫色。

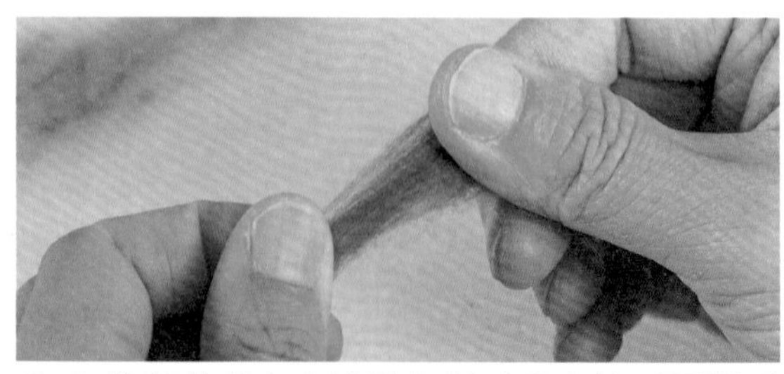

04 將葡萄紫色和淺駝色羊毛疊合後反覆撕毛混色，做出較深的紫色。

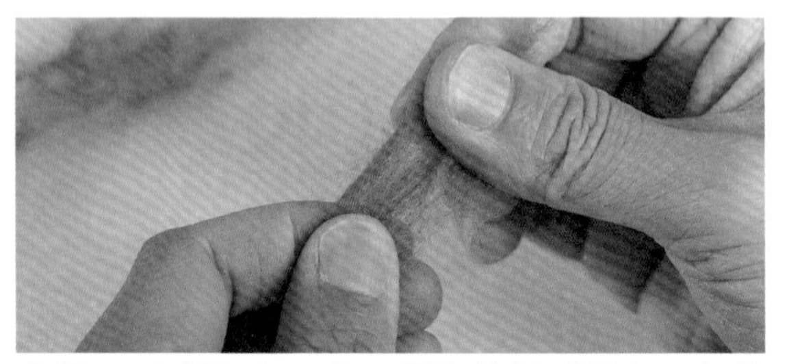

05 可自行配色，將不同色的羊毛疊在一起後撕毛混色。

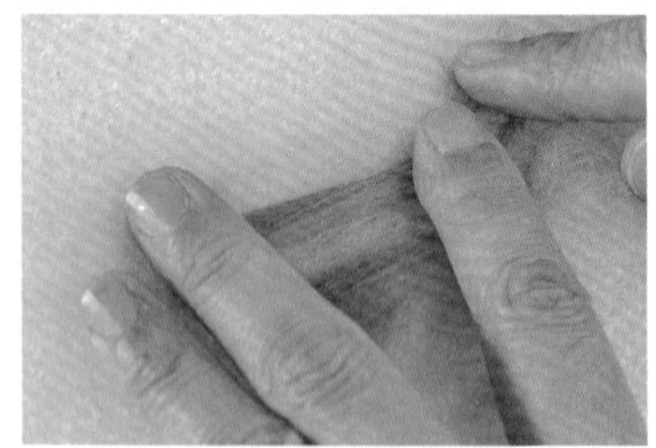

06 在不同區域放上深色或淺色的羊毛，氈化後會讓芋頭酥皮的顏色更自然。

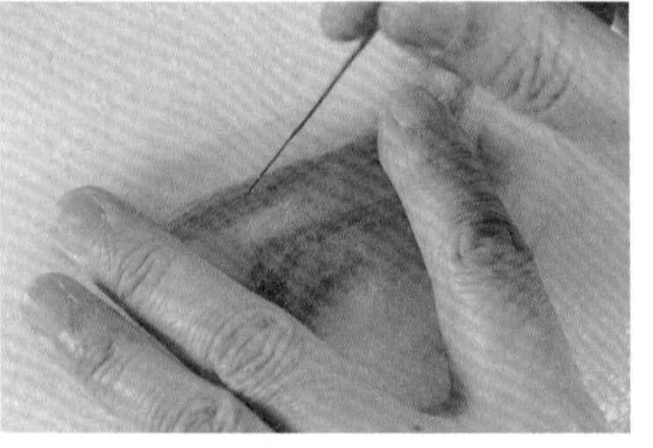

07 將混好色的羊毛鋪在工作墊上，戳刺氈化成片狀。

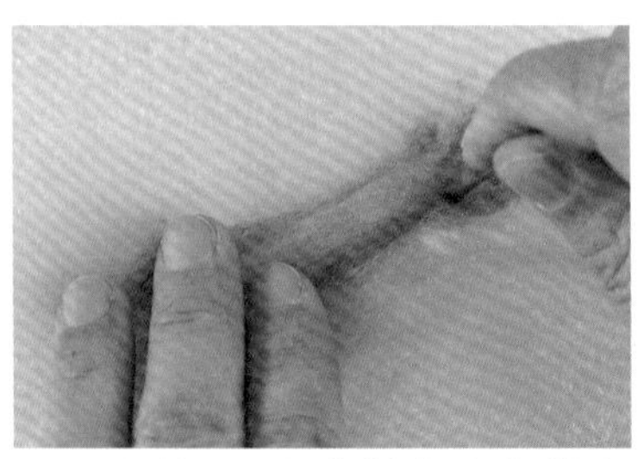

08 以相同方式製作多條帶有漸層紫色的片狀羊毛。

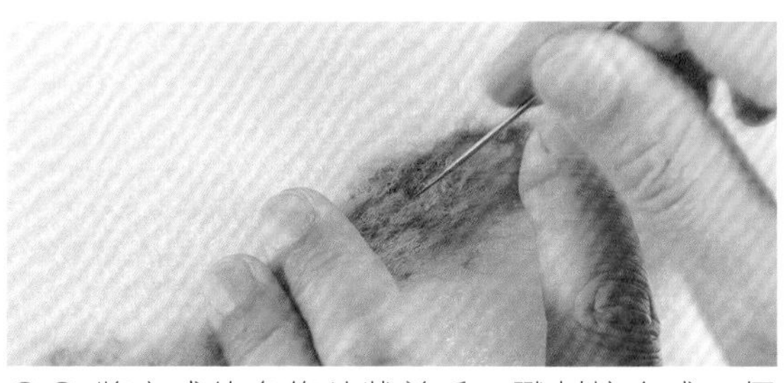

09 將完成的多條片狀羊毛，戳刺接合成一個長條的芋泥酥皮。

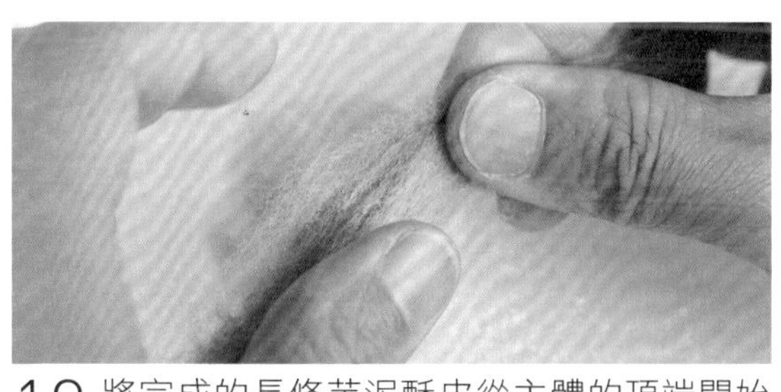

10 將完成的長條芋泥酥皮從主體的頂端開始往下順著球體纏繞。

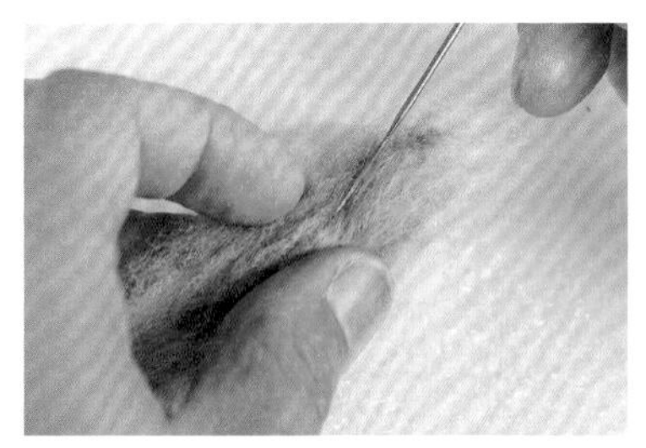

11 邊捲邊用戳針戳刺固定。

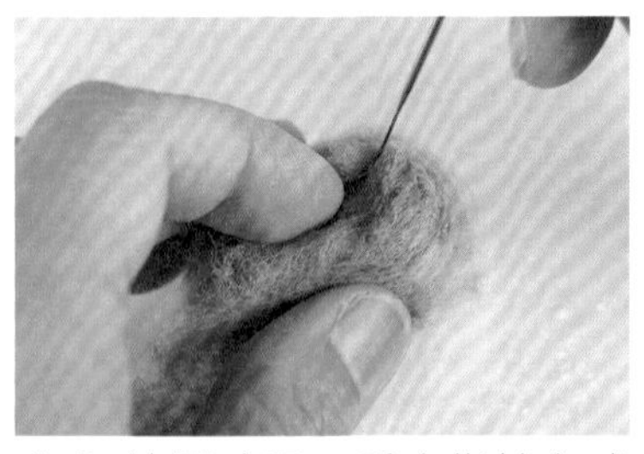

12 繞圈時用一手食指扶在球體的頂端，同時用戳針順一下芋泥酥皮的弧度。

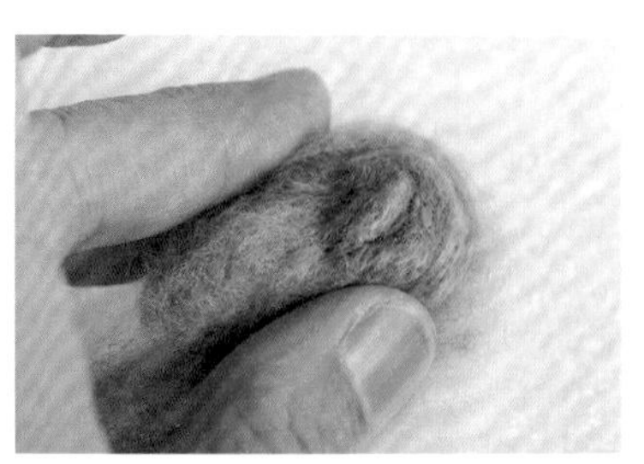

13 捲繞的時候如果不順暢，可以先用手指捏出摺痕再戳刺。

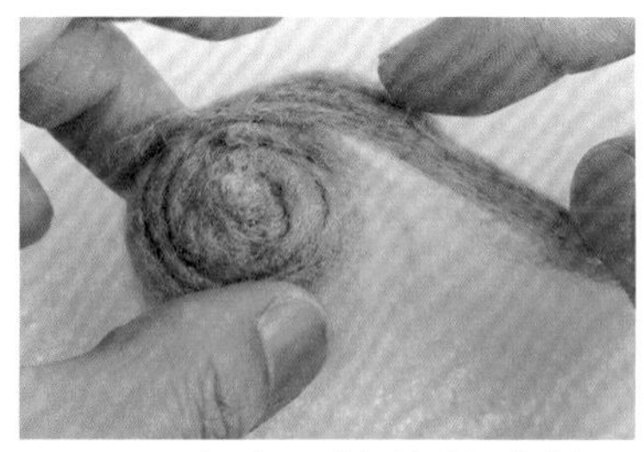

14 一路往下捲繞並戳刺固定，直到蓋住球體的 4 分之 3。

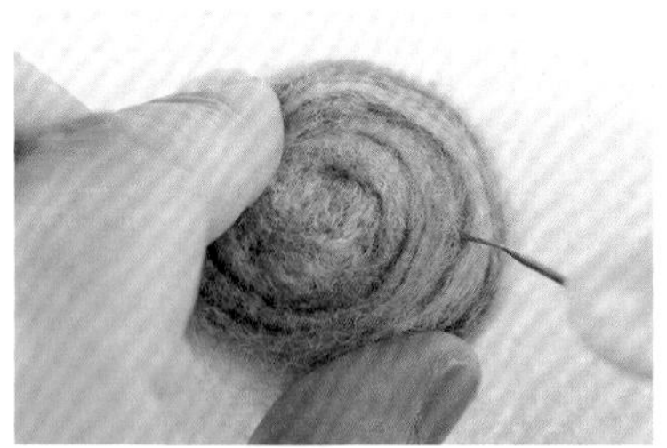

15 用深針加強戳刺一層一層羊毛的銜接處，做出酥皮的層次感。

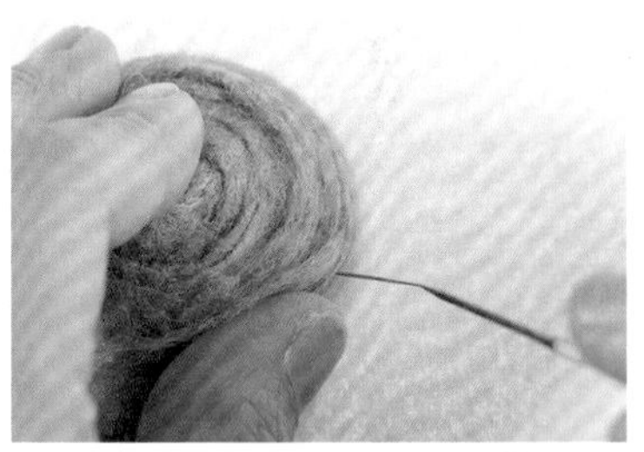

16 戳刺修飾外圍，讓芋泥酥皮的形狀更貼合主體。

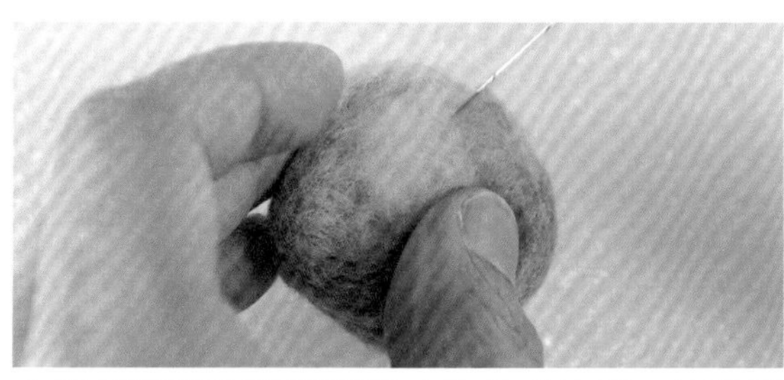

17 翻到背面將芋泥酥皮的羊毛拉鬆，往球體底部的中心戳刺固定。

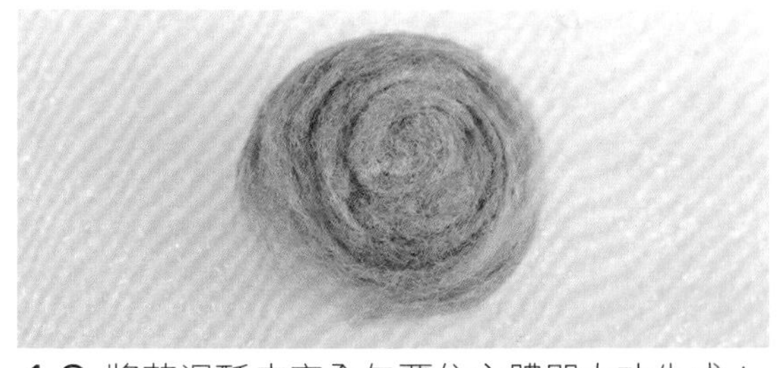

18 將芋泥酥皮完全包覆住主體即大功告成！

no.07

蛋黃酥

每年到中秋時期，蛋黃酥是一定不能少的。
看著圓潤的表面，仔細觀察細微的色差變化，
越接近頂端、刷有蛋黃液的地方，越帶有較深的烤色，
運用由淺到深的羊毛混色片，堆疊出外皮多重的酥脆層次感，
最後再刷上白膠液和指甲油增加亮度，光看就很療癒！

【準備材料】

①〈**蛋黃酥主體**〉基底麵糰毛 3g
②〈**蛋黃酥外皮**〉紅棕色羊毛、黃棕色羊毛、
淺黃色羊毛、橙黃色羊毛、
奶油黃羊毛、基底麵糰毛
③〈**芝麻**〉芝麻 適量

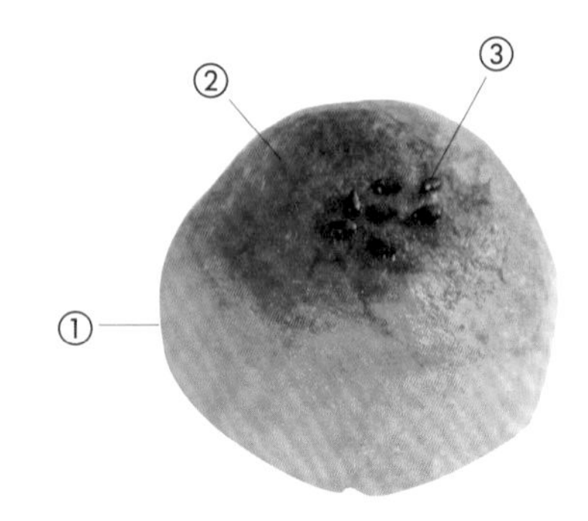

【製作步驟】

壹・製作蛋黃酥主體

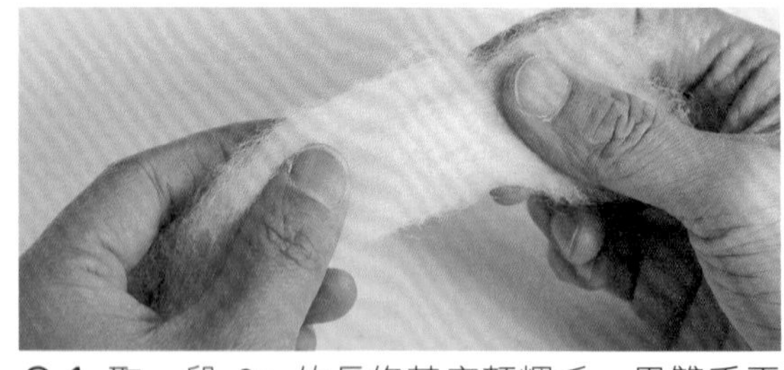

01 取一段 3g 的長條基底麵糰毛，用雙手平整地拉開。

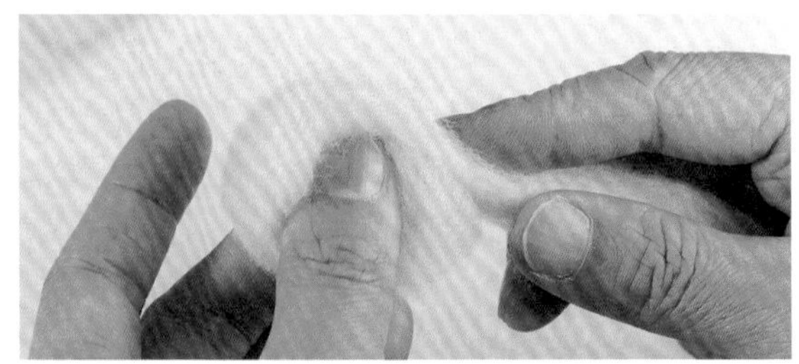

02 羊毛的一端向內摺，再往另一端捲過去。以手指捏住中間捲繞，完成直徑約 4cm 的扁平圓形。
TIP 捲毛的詳細步驟請參考第 19 頁「半圓形」。

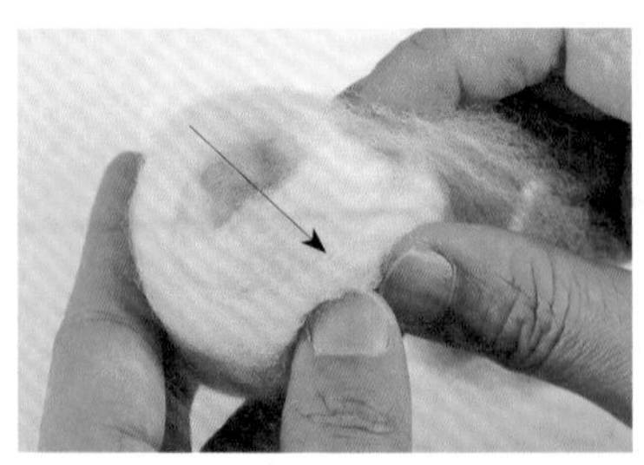

03 捲好後壓住尾端的接合處並輕戳固定，再將上方外層羊毛拉起往下覆蓋住繞圈的摺痕。

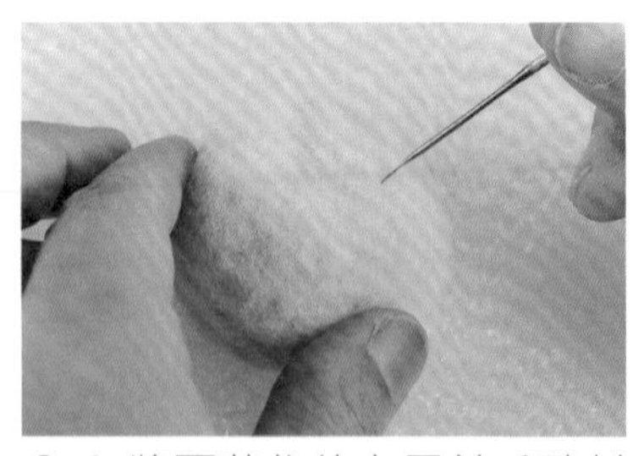

04 將覆蓋住的上層羊毛戳刺修飾成平整的圓弧狀。

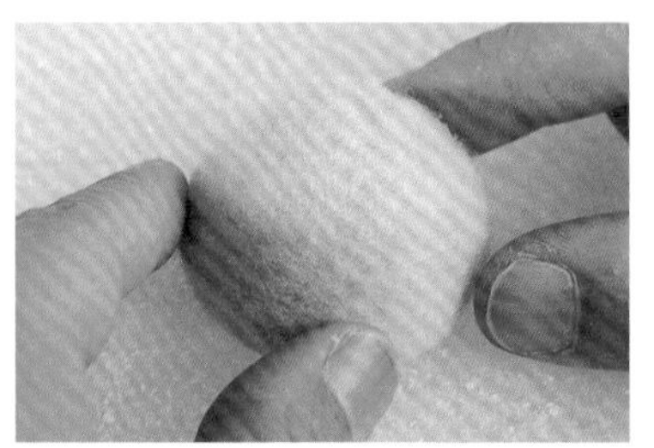

05 接著將底部戳刺修飾成平面，完成蛋黃酥主體的半圓形。

貳·製作蛋黃酥的外皮

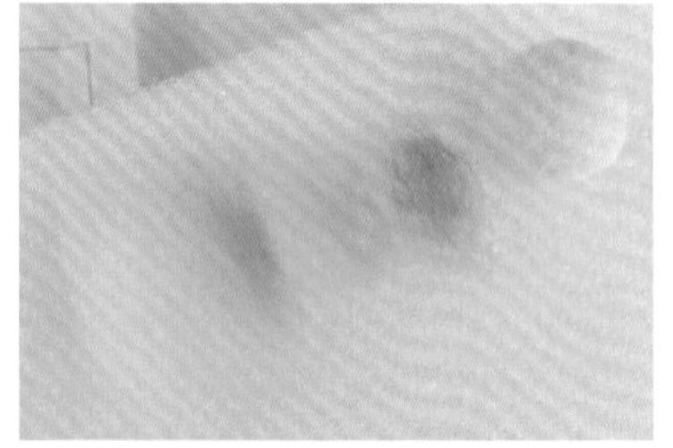

01 準備好淺黃、黃棕色、橙黃色和紅棕色的羊毛，製作蛋黃酥外皮

02 取淺黃色和黃棕色羊毛，分別撕成片狀後混色。

TIP 可多添加微量奶油黃和基底麵糰毛。

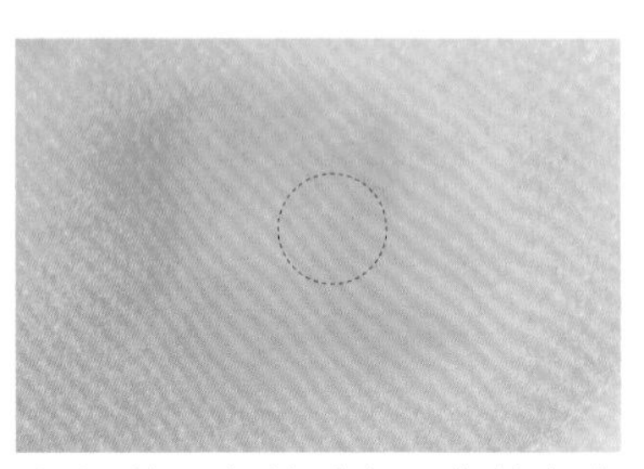

03 將混色羊毛在工作墊上堆疊成中空的圈，再大略氈化成平面。中間留空是為了放較深色的外皮。

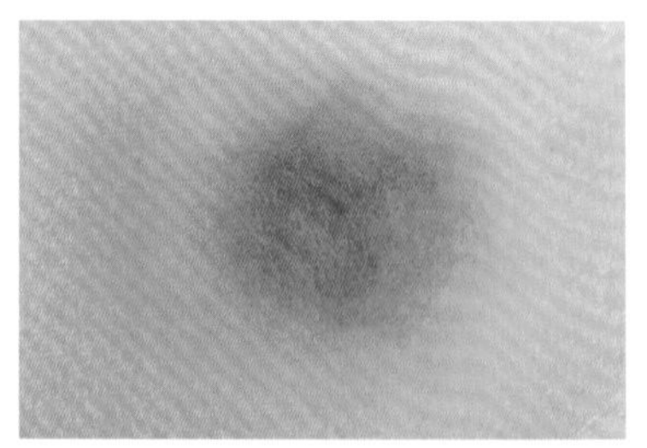

04 取橙黃色和奶油黃羊毛，分別撕開後混出烤色，鋪在外皮中空的地方並戳刺氈化成平面。

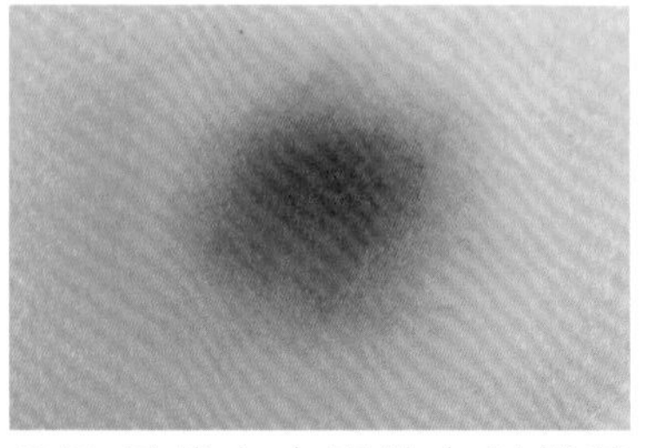

05 最後在中間放上以橙黃色、黃棕色、紅棕色混出的深烤色，做出層次感。

TIP 混色沒有固定的羊毛比例，最重要的是做出不同深淺的漸層色感。

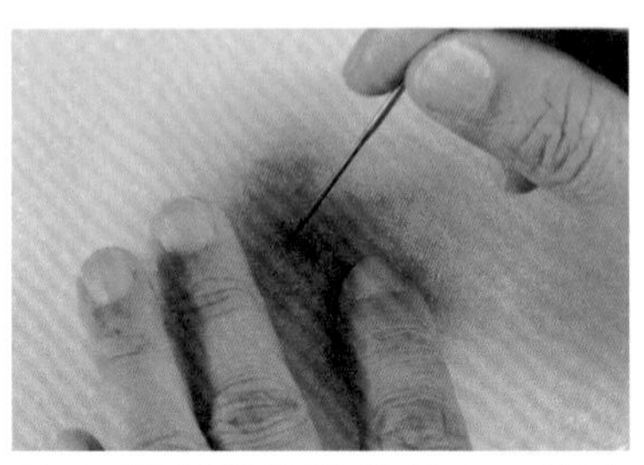

06 戳刺氈化整片外皮，讓表面呈現平整的狀態。

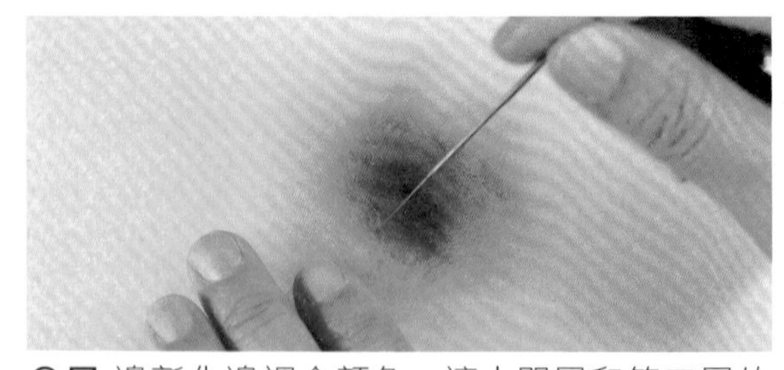

07 邊氈化邊調合顏色，讓中間層和第二層的羊毛界限不要太明顯。

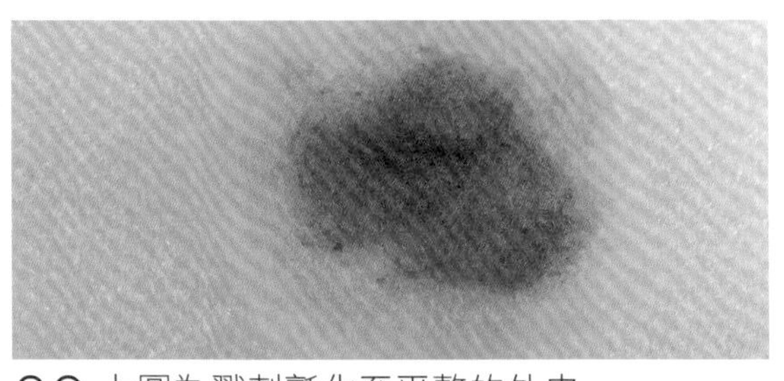

08 上圖為戳刺氈化至平整的外皮。

參・組裝蛋黃酥

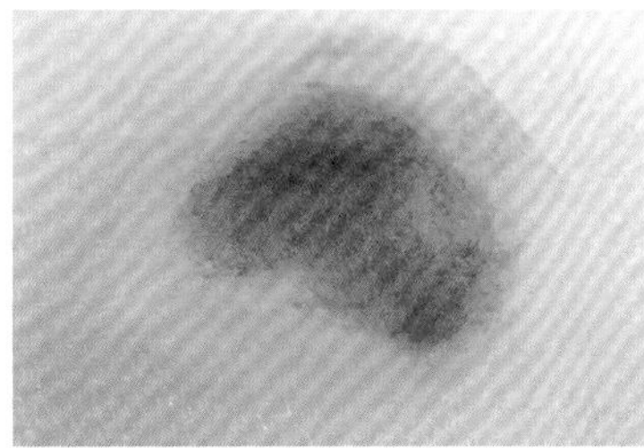

01 將外皮蓋在蛋黃酥主體的圓弧面，確認大小足以包覆住整個半圓形。

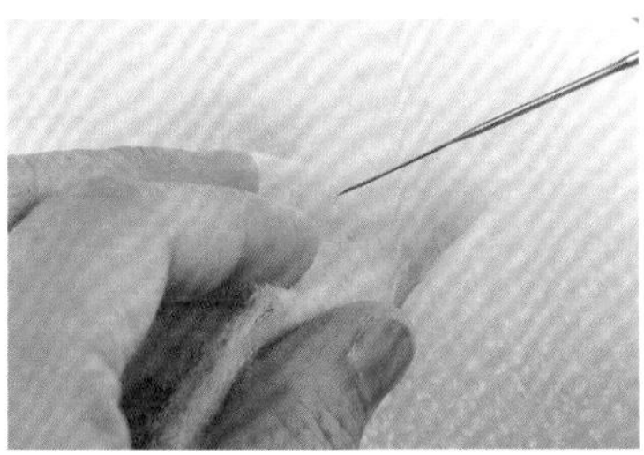

02 翻到背面，先輕戳固定其中一側與蛋黃酥主體接合在一起的外皮。

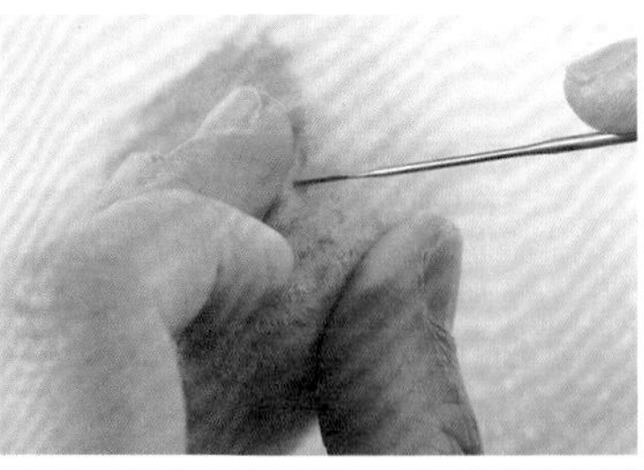

03 再翻到側面，同樣輕戳側邊的外皮以固定。

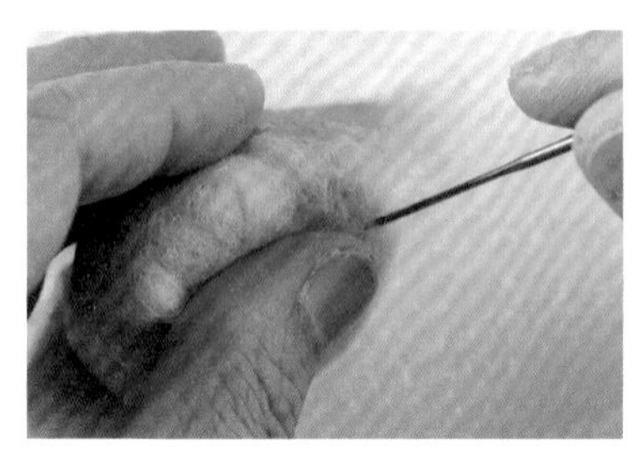

04 從正面順順地將外皮往下貼合，戳刺固定在底部。

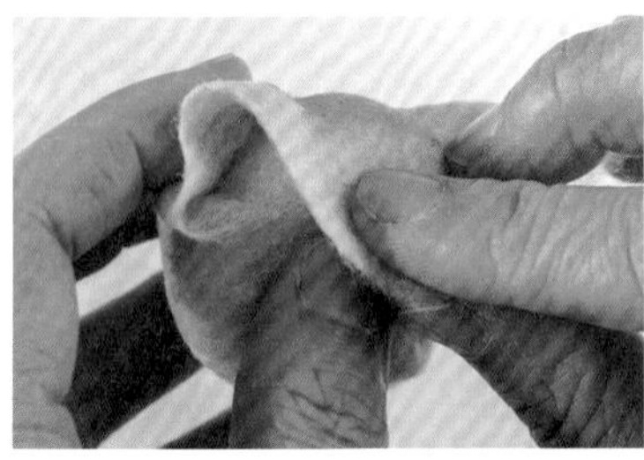

05 若外皮翹起、無法服貼地包住主體，可以先將邊緣拉開、鬆一鬆，再將多出的外皮對摺後往下壓。

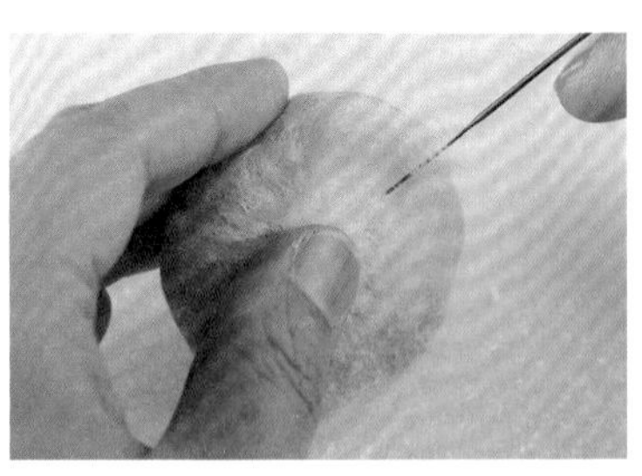

06 讓外皮沿著圓形，依序貼合在底部並戳刺固定。

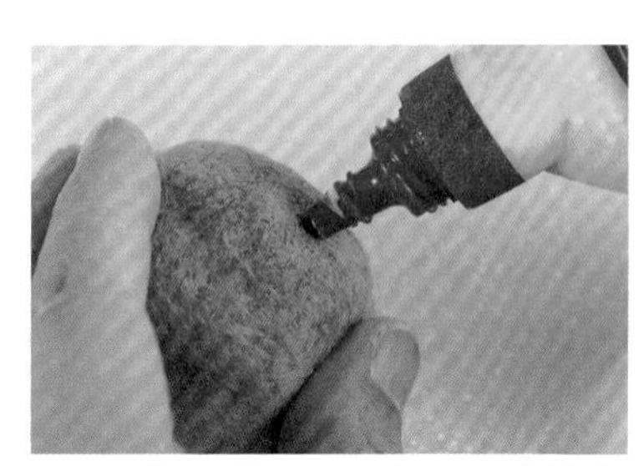

07 在蛋黃酥圓弧面頂端的中心點，擠少許白膠。

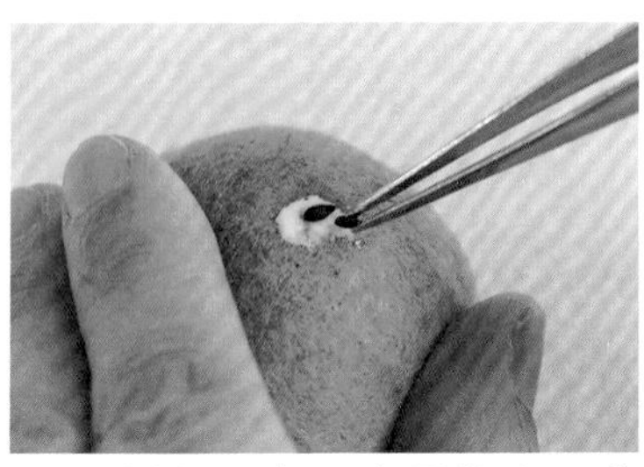

08 以鑷子夾取少量芝麻，黏貼在塗抹白膠的位置。

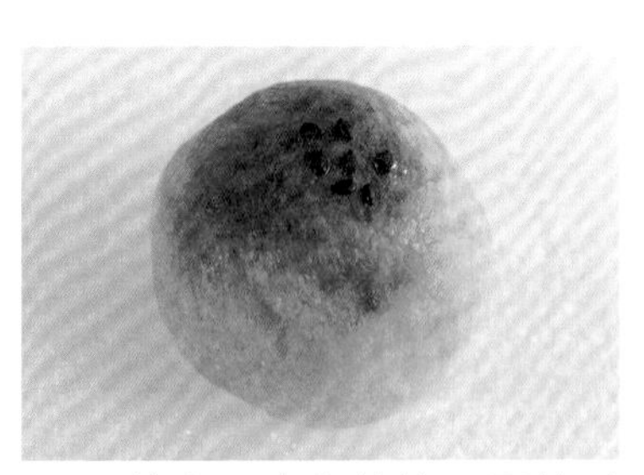

09 等白膠完全乾後，蛋黃酥就完成了。

手作羊毛氈

眷村好味道
×
眷村景物

CHAPTER
03

風格，生於最有感情的地方——

關於我記憶中的眷村

曾經有個客戶為了紀念一位對他來說意義非凡、教父級的法國廚師，找我幫他做這位大廚最經典的料理——一條長達 45 公分的起酥鱸魚，向他致敬。大家有興趣可以查查看照片，就知道為什麼這條魚陸陸續續花了我三個多月的時間才完成，光是表面一片片的魚鱗就令人崩潰。但是雖然過程辛苦，我其實很喜歡這樣充滿個人情感和故事的客製訂單。對我來說，羊毛氈就像作家的筆一樣，是我用來記錄故事的媒介。而我最想記錄的，就是我記憶裡小時候的台灣——關於眷村生活的故事。

我算是半個眷村的孩子。我們家以前住在中壢的雨後二村，爸爸是職業軍人，眷村外就是爸爸上班的地方，小時候要叫爸爸回家吃飯就是跑到大門口和阿兵哥說要找爸爸。眷村裡住的人都是爸爸的學長學姐、學弟學妹，整個區域就像是一個融洽的大家庭，左鄰右舍常常做很多料理分來分去，我媽媽是在做美髮師的，也很常幫大家剪頭髮。

當時台灣剛結束漫長的戒嚴時期，社會瀰漫著撥雲見日後的民主自由氛圍。雖然眷村裡的房子還是樸實的磚瓦小房，但不需要彩繪就很有生命力。印象深刻的，還有很多食物的味道。早餐常見的饅頭夾蛋、燒餅油條配豆漿，還有姥姥自己包的餃子鍋貼，手擀的麵皮吃起來特別 Q 彈。眷村裡沒有店家，我小時候唯一對外界賣店的印象，就是每天 4 點報到的麵包車。後廂門一打開，滿滿的麵包像珠寶盒讓人眼花撩亂。我好喜歡這些眷村的食物，還有人與人間的情感。村裡的人來自四面八方，有中國南方的，也有北方的，時代的悲歌讓他們沒有遠親只有近鄰，但也因為這樣，大家都像是真的兄弟姐妹一樣，感情特別濃厚。

小學後我們家就搬離了眷村，而這些眷村的日常生活，也都隨著眷改走入歷史。每個時代都有自己的景色，很多作家也好、畫家也好，都是用他們的方式在紀錄屬於他們的時代。如果說創作者或藝術家心裡都會有個使命，而我還可以稱得上一點點藝術家的話，我最想做的，就是紀錄這段台灣早期的古早味城市。我希望我可以把這些精神價值的東西，用羊毛氈的藝術創作方式保留下來，讓台灣下一代的孩子們或是國際上的人，更了解我們台灣深層的文化，還有很多人文的情懷，那些台灣人的善良，那些情感、鄰里之間的濃度，還有食物。食物源於製作的人，其中含有很多很多細微的情感，連結在每一個大街小巷。我覺得這些都是我們很棒的台灣在地故事，呈現出每個區域獨特的人文風景。當我們想要放眼國際的時候，要做的應該是先看看自己的家鄉，當我們把自己最美的土地文化保留下來了，外面的人自然會想要來找我們。

用羊毛氈重現眷村角落的時代記憶

no.01

饅頭夾蛋

雖然現在早餐的選擇越來越多，
但有時候，還是會突然很想來份白饅頭夾荷包蛋。
越嚼越香的饅頭，中間夾著一顆煎得恰恰的荷包蛋，
塞一份到肚子裡，幸福感和飽足感一路持續到中午。
分別用羊毛戳好饅頭和荷包蛋後，再將饅頭切開夾入蛋，
感覺就像真的在做菜一樣，療癒又有成就感。

【準備材料】

①〈**饅頭主體**〉基底麵糰毛 1.5g
②〈**荷包蛋**〉吐司白羊毛
　　　　　　橙黃色羊毛
　　　　　　紅棕色羊毛

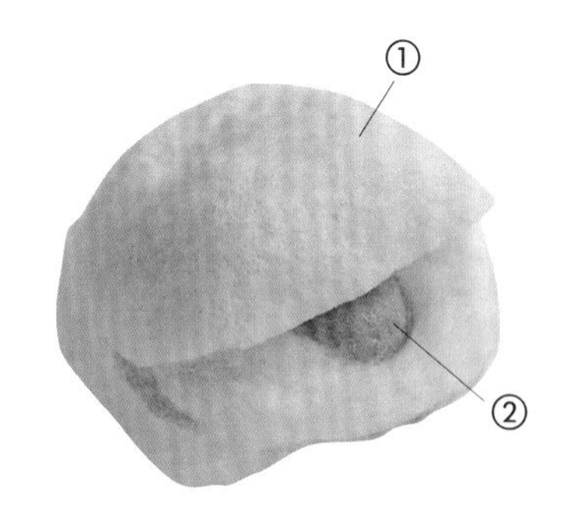

【製作步驟】

壹．製作饅頭主體

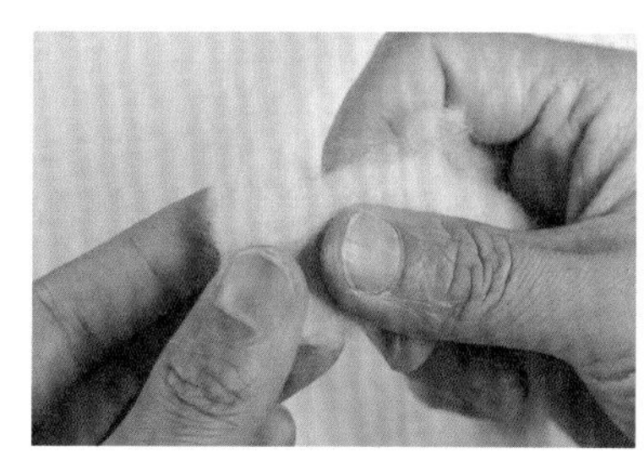

01 取一段 1.5g 的基底麵糰毛，將其中一端摺起後，再依序往下摺到底。

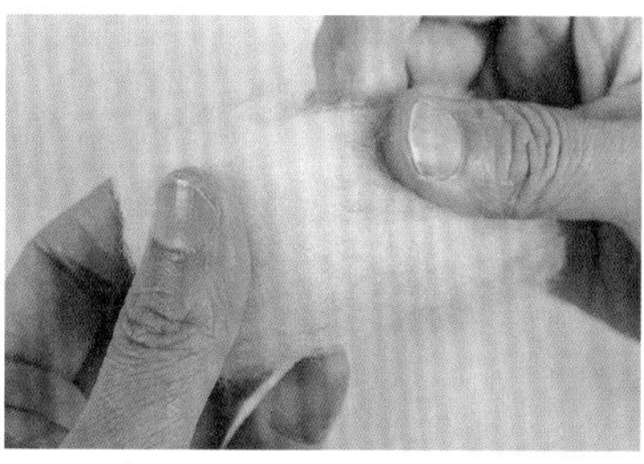

02 摺的時候想像一下饅頭的短胖形狀，每摺一段就稍微用手把表面壓平整。

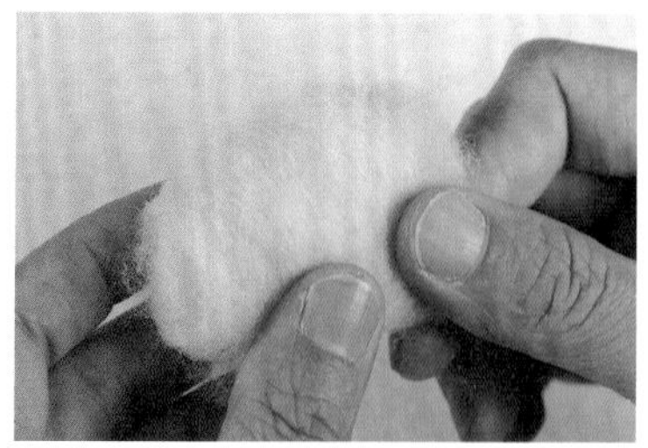

03 摺成約 3.5～4cm 的饅頭狀，壓住最後的接合處，用淺針輕戳表面稍微固定。

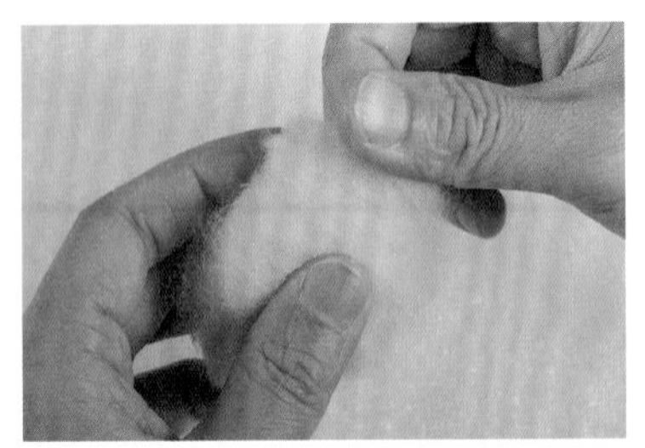

04 薄薄拉起短邊最外層的羊毛，蓋住側面繞圈的摺痕處，使其平整。

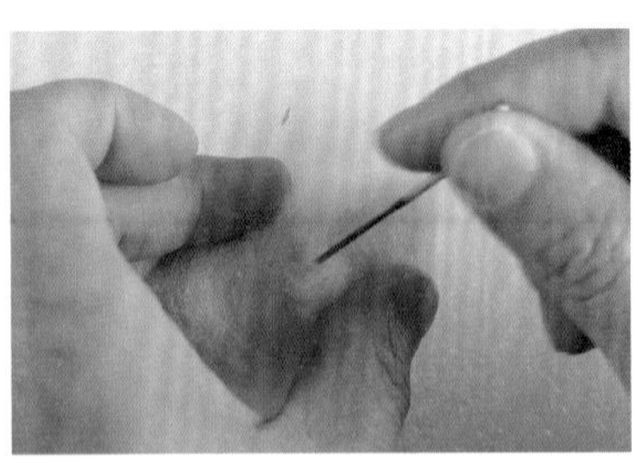

05 用手稍微捏成拱門般的扁半圓形後，戳刺固定。另一邊也以同樣方法完成。

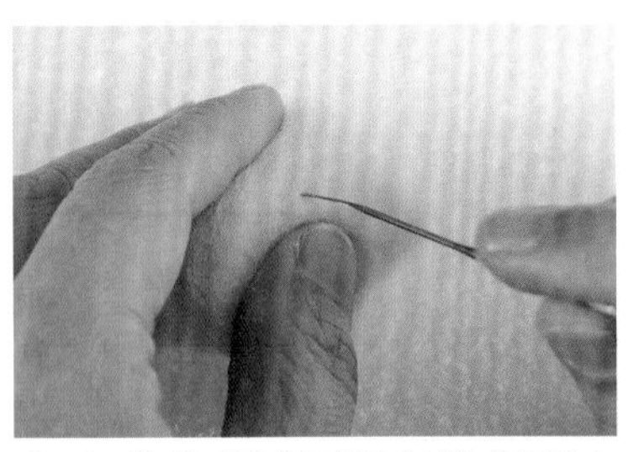

06 接著開始用戳針將饅頭表面戳刺氈化、修飾平整。

TIP 邊戳邊想著饅頭整體的形狀，以免做好才發現歪了。

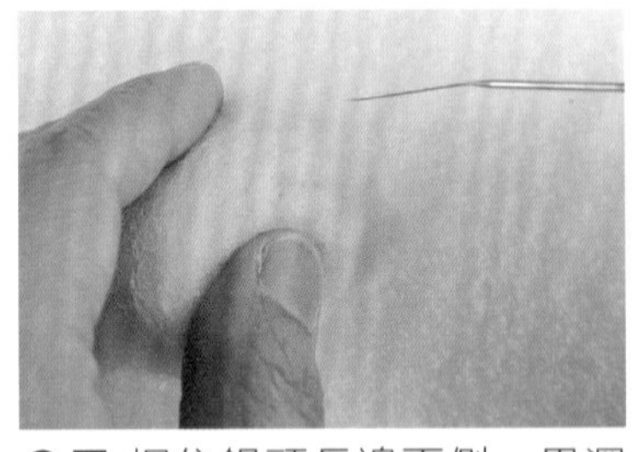

07 捏住饅頭長邊兩側，用深針將饅頭前後修飾出傾斜的弧度。

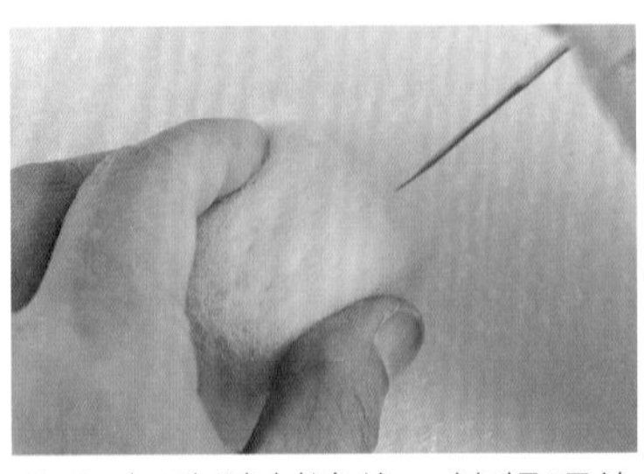

08 加強戳刺邊緣，讓饅頭的線條更為明顯。

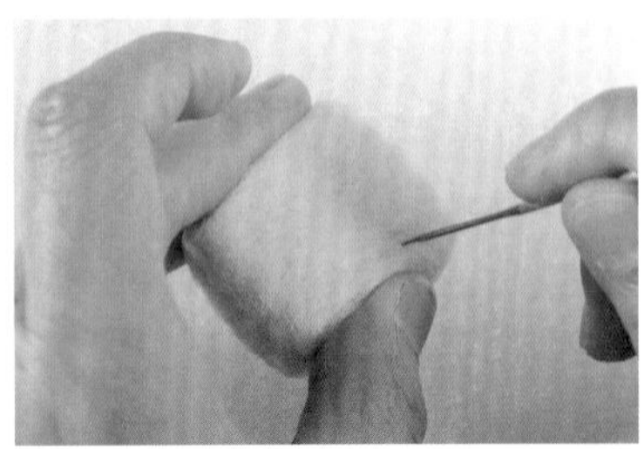

09 最後以淺針修飾饅頭的整體，讓表面平整即完成。

貳‧製作荷包蛋

01 準備好吐司白和橙黃色的羊毛。

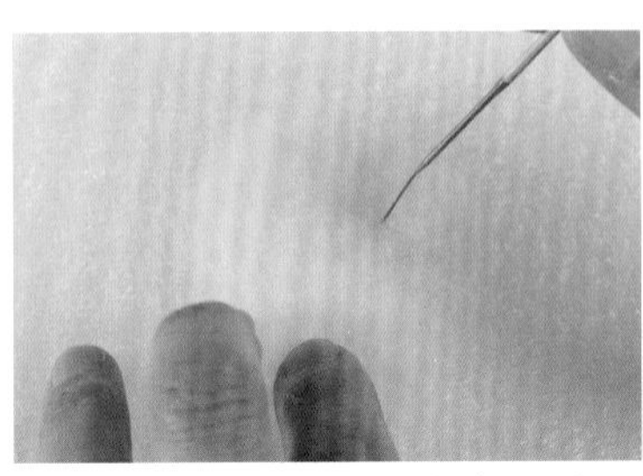

02 將吐司白羊毛撕成小片再堆疊在工作墊上，戳刺氈化成片狀，完成蛋白。

03 取一小搓橙黃色羊毛，撕成小片堆放在工作墊上。

TIP 中間堆多一些羊毛，做出蛋黃的立體感。

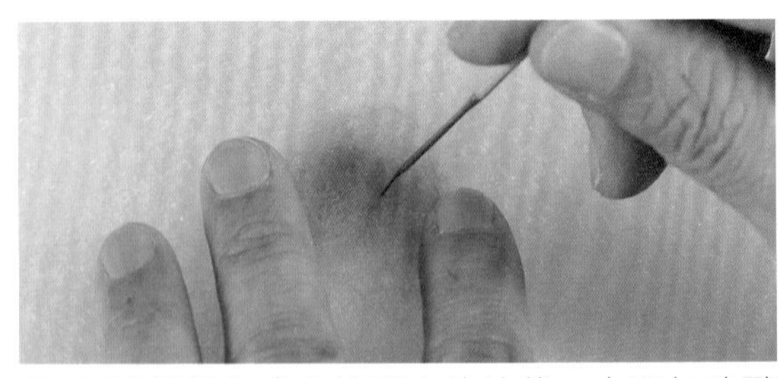

04 將其氈化成小於蛋白的片狀，中間加強戳刺加深顏色。大略呈片狀即可，形狀不用太拘泥，完成蛋黃。

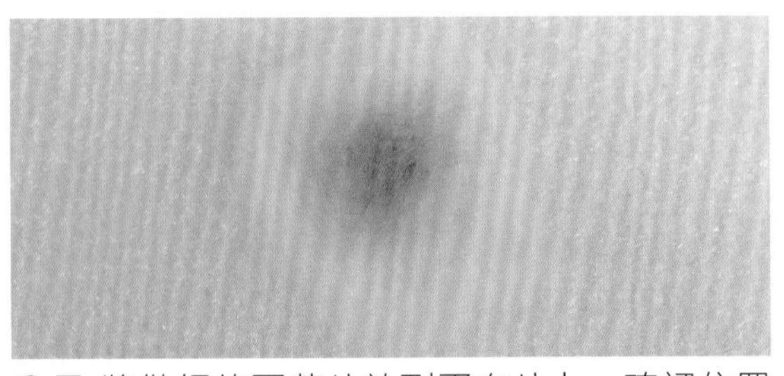

05 將做好的蛋黃片放到蛋白片上，確認位置和大小。

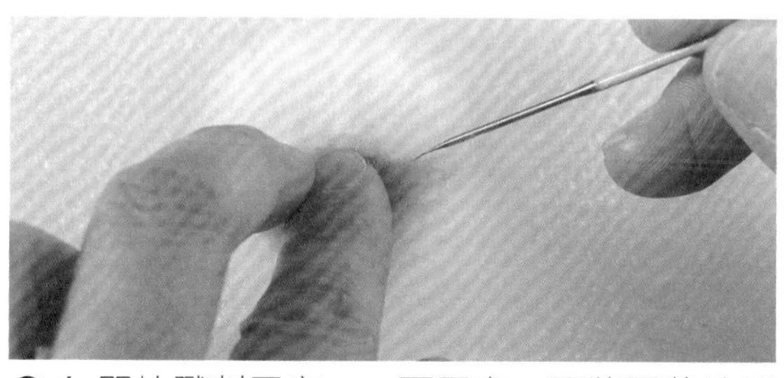

06 開始戳刺固定。一面固定一面將蛋黃片周圍的羊毛往內收進去。

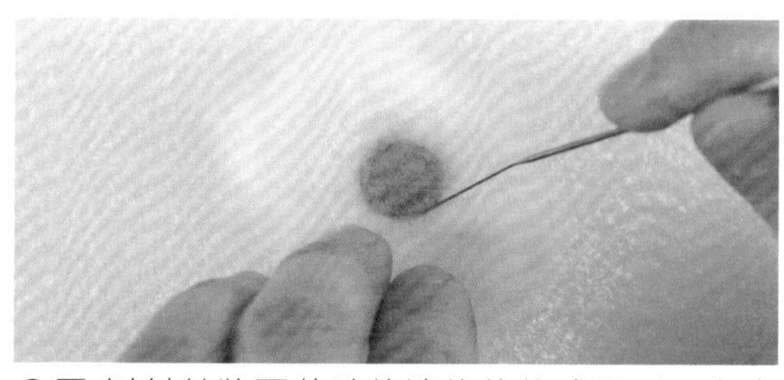

07 以斜針將蛋黃片的邊緣修飾成圓形，多出來的羊毛戳進蛋白裡。

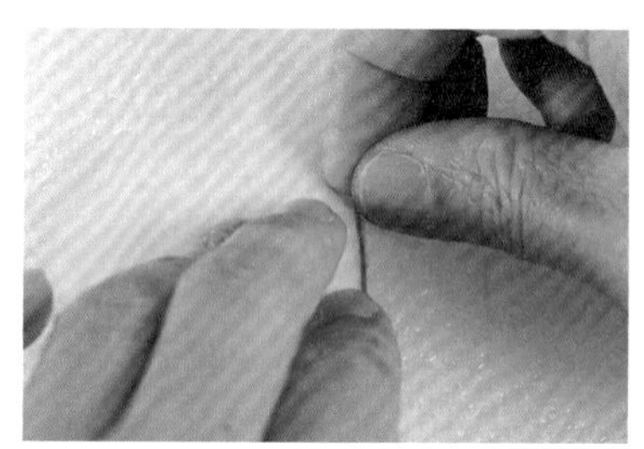

08 準備紅棕色和橙黃色混色的羊毛，用手搓捻成數條細長條後，取一條接在蛋白的邊緣。

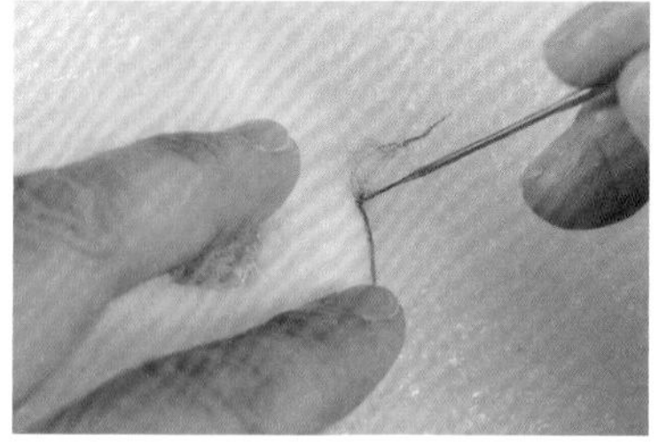

09 開始戳刺固定。將一條條的混色長條狀羊毛，依序沿著蛋白邊緣戳刺。

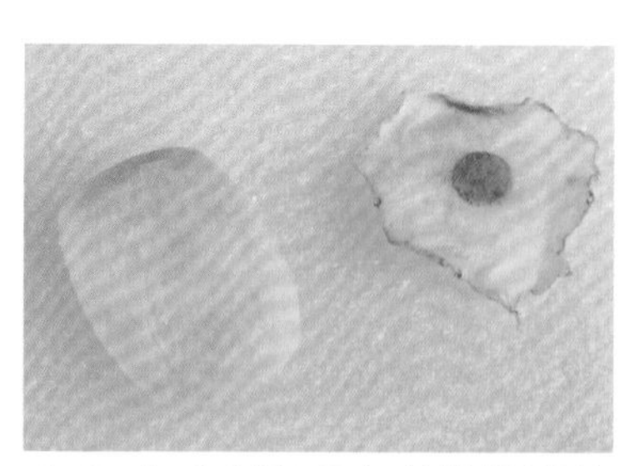

10 完成饅頭與有著恰恰邊的荷包蛋。

參・將荷包蛋夾入饅頭

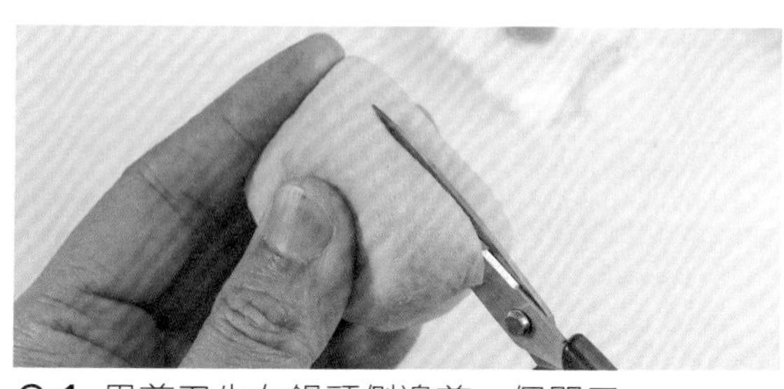

01 用剪刀先在饅頭側邊剪一個開口。

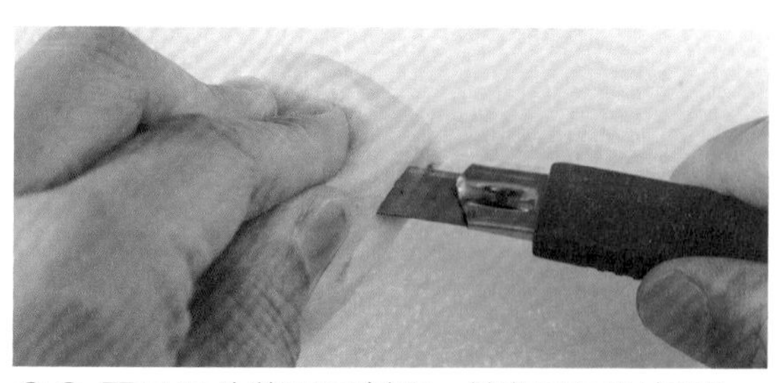

02 再用刀片將開口割深，讓饅頭可以打開。
TIP 打開到可以夾入一半荷包蛋的深度即可。

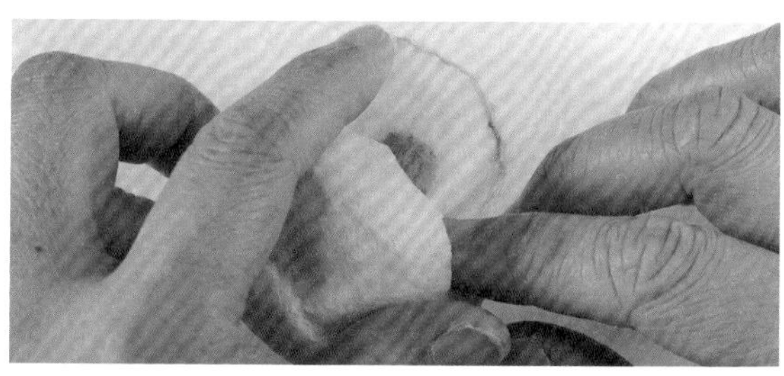

03 將荷包蛋塞入饅頭中，荷包蛋可以稍微摺起，比較好放進去。

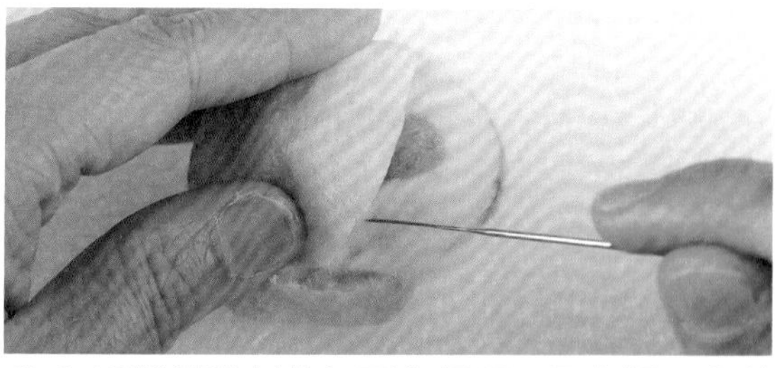

04 用戳針戳刺荷包蛋與饅頭，固定好不會脫落即完成。

no.02

豆漿的好夥伴

燒餅油條

「燒餅油條配豆漿」的早餐組合，是這片土地共同的記憶，
燒餅用大烤爐烘得酥香，夾進脆油條，配碗熱呼呼的甜豆漿。
幾乎每個眷村裡，都有一家當地人熟悉的燒餅攤，
天未亮，就傳來街坊鄰居在店口打招呼的聲音。
每當回想這樣的光景，都覺得彷彿凝聚著早期台灣的活力，
這是時間軸如何往前推移，都不會凋零的時代印記。

【準備材料】

①〈**燒餅**〉基底麵糰毛、黃棕色羊毛、紅棕色羊毛
②〈**油條主體**〉基底麵糰毛
③〈**油條表皮**〉紅棕色羊毛、黃棕色羊毛

【製作步驟】

壹・製作燒餅

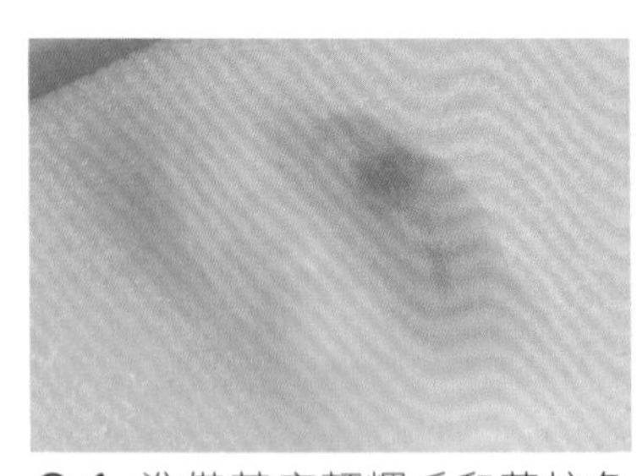

01 準備基底麵糰毛和黃棕色的羊毛分別撕成小片，再疊在一起反覆撕毛，混出不同深淺的漸層色。

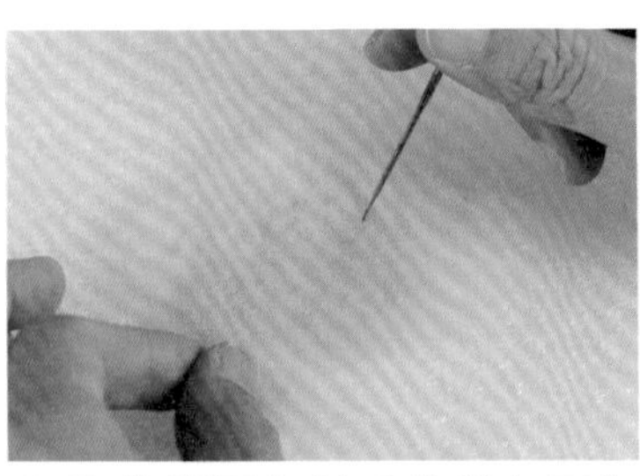

02 將漸層色羊毛堆疊在工作墊上並戳刺氈化成片狀。

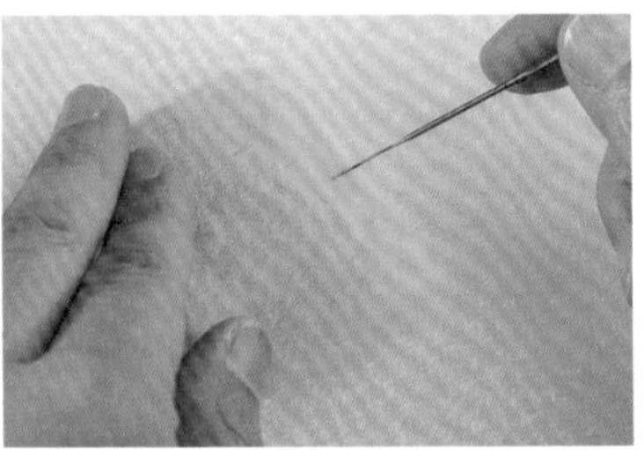

03 將羊毛片四邊修成略直的線條，再以斜針在側邊戳出兩層般的高低感，營造燒餅的層次。

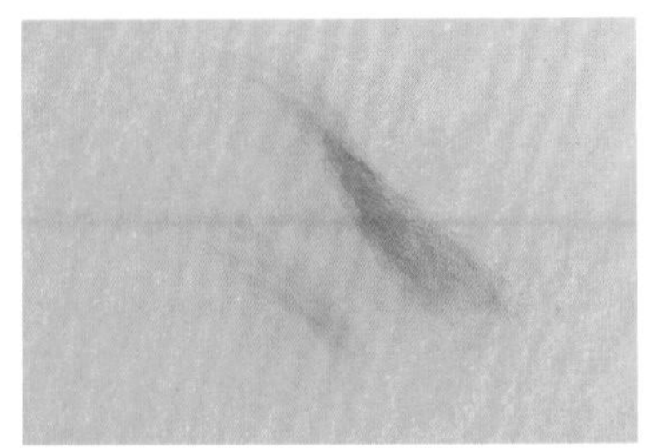

04 製作燒餅上的烤色。準備紅棕色和黃棕色的羊毛。

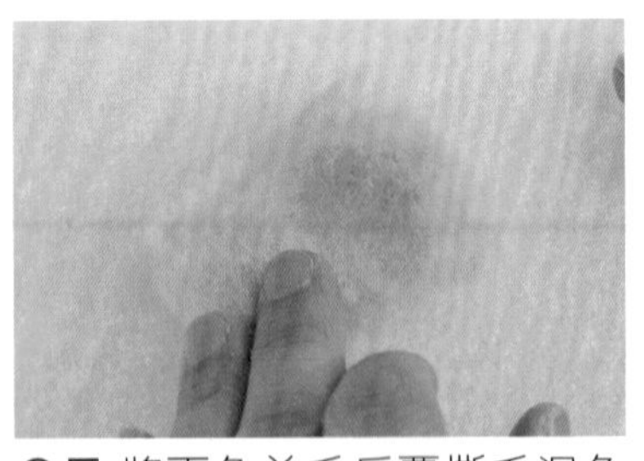

05 將兩色羊毛反覆撕毛混色後完成烤色，先取少量堆疊在燒餅上，做出酥皮。

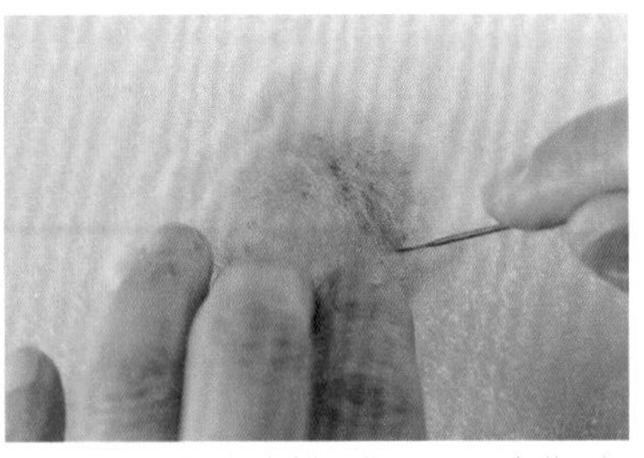

06 一邊戳刺氈化，一邊觀察整體顏色，在酥皮上再分次少量戳上更深的烤色。

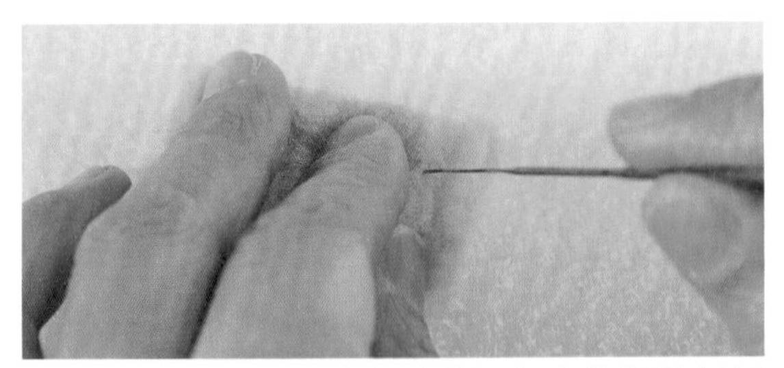

07 將燒餅對摺，在摺線和摺角處稍微戳刺以固定。

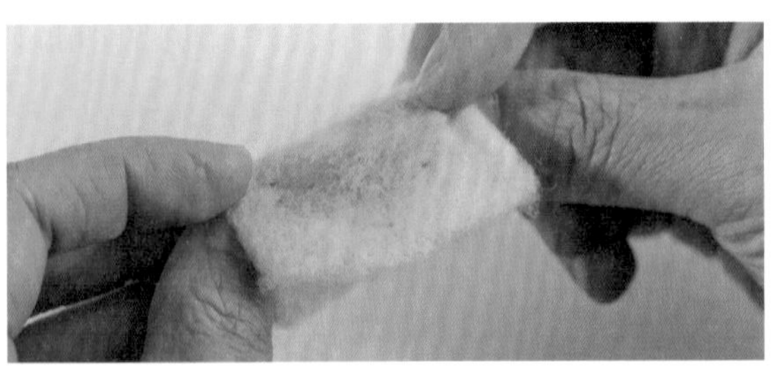

08 完成可以打開夾入油條的燒餅。

貳·製作油條

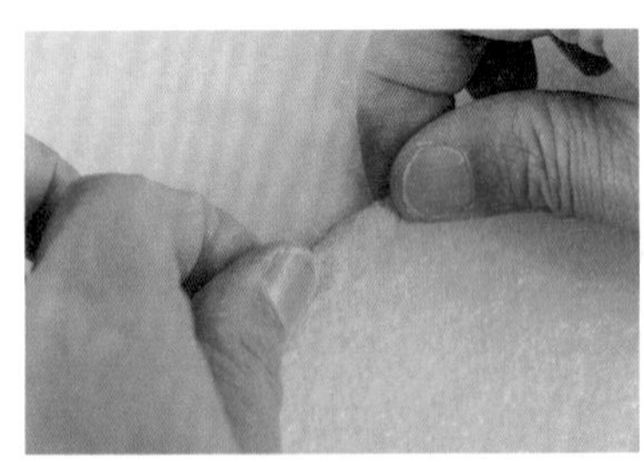

01 取基底麵糰毛，稍微戳刺成片狀後從下往上摺捲至剩 1/5 時停住。

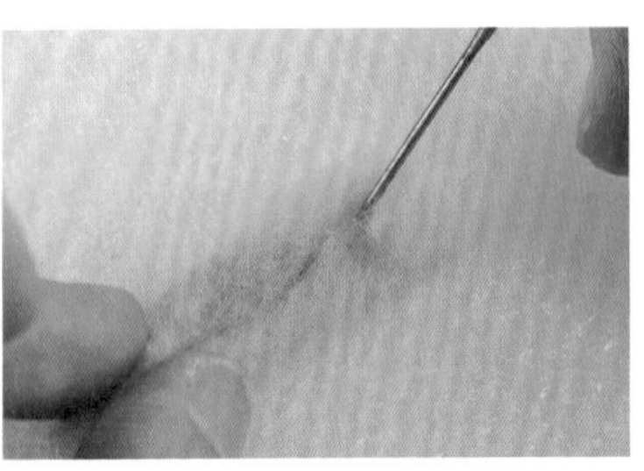

02 稍微戳刺固定。再從上往下摺捲羊毛並於交接處戳刺固定，做出兩個圓棍狀的油條主體。

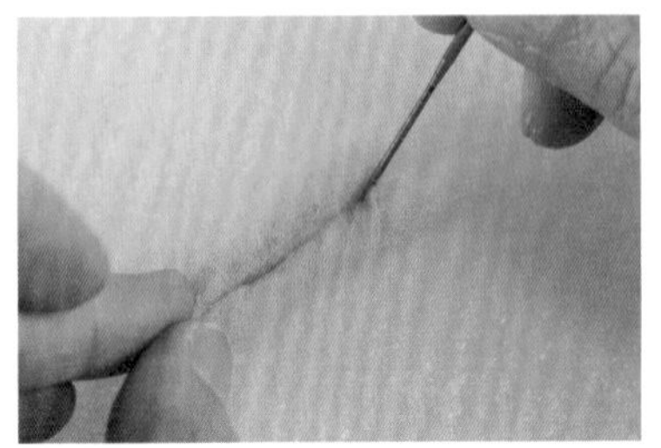

03 用戳針從外往內將兩側外層的羊毛戳刺到交接處中，做出明顯高低差。

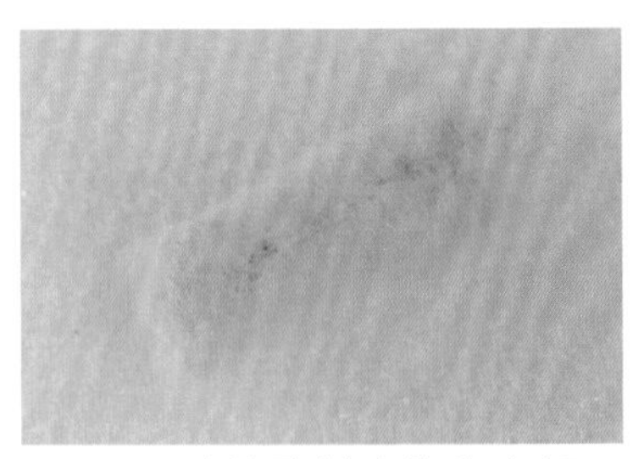

04 取戳針戳刺油條的底部，稍微修飾平整。

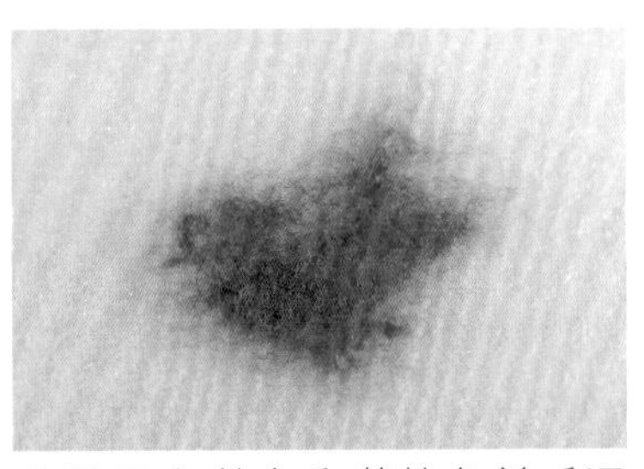

05 取紅棕色和黃棕色羊毛混色，撕成小片後鋪在工作墊上氈化成片狀。

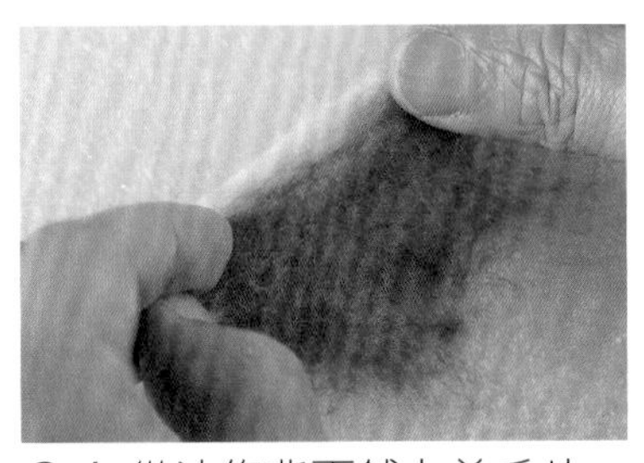

06 從油條背面鋪上羊毛片，確認外皮完整可完整包覆住整根油條。

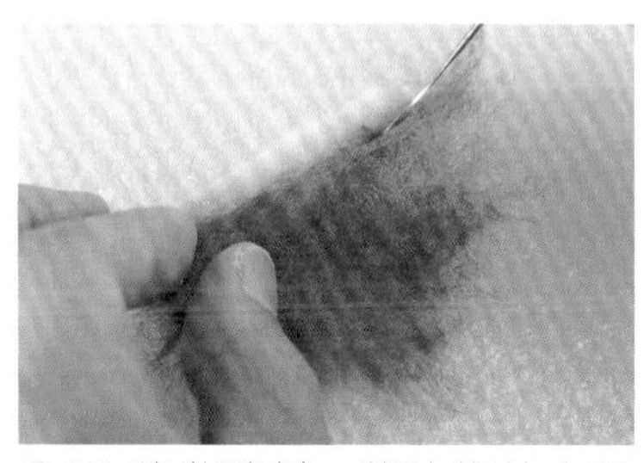

07 稍微戳刺，將油條外皮固定在主體上。

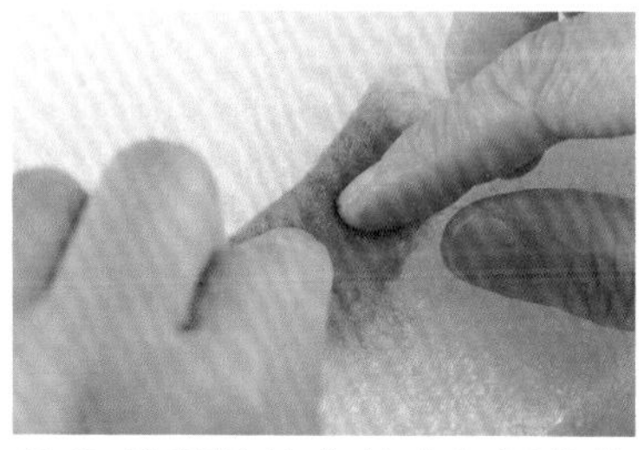

08 接著將油條外皮包覆住整根油條，稍微戳刺中間凹陷的交接處以固定。

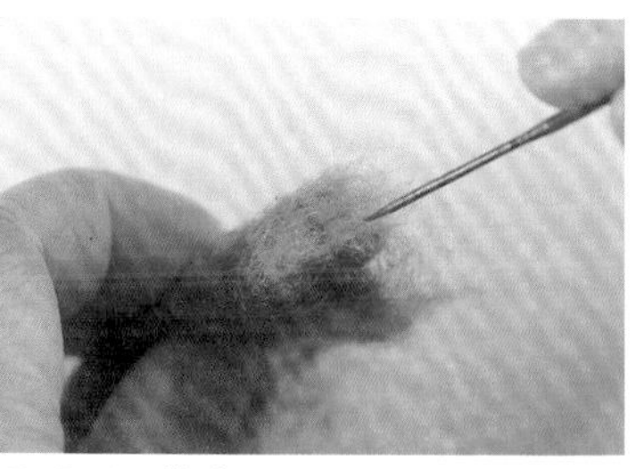

09 再將上下兩端的羊毛往內包覆並戳刺固定，貼合油條主體的形狀。

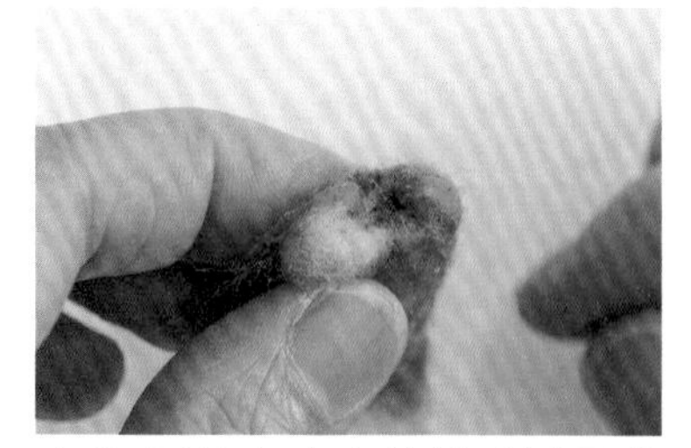

10 兩端多出來的羊毛以深針戳進油條主體內，做出油條兩側的凹陷。

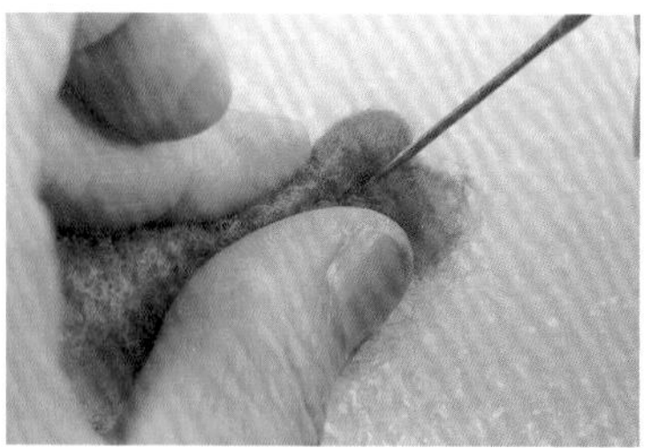

11 再以深針加強戳刺油條表面的交接處，做出更明顯的凹陷。

12 最後以淺針戳刺修飾油條表面，即完成。

參‧燒餅包油條

01 取完成的燒餅餅皮，微微打開後放入油條。

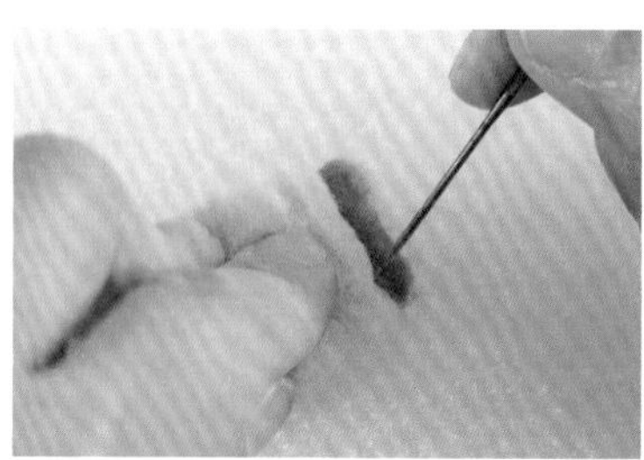

02 以手指按壓住燒餅，用戳針從燒餅邊緣戳刺，固定燒餅和油條。

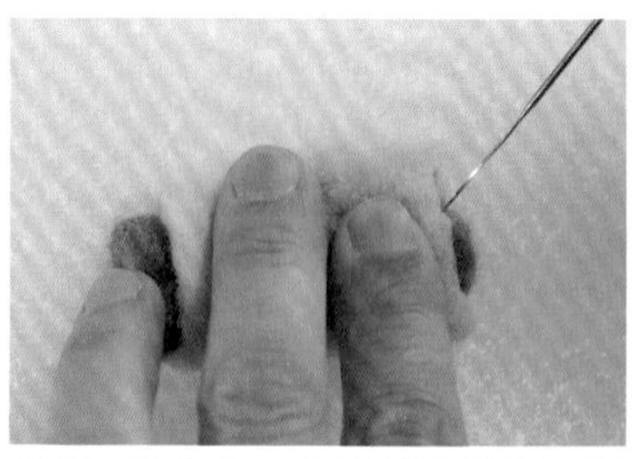

03 固定後，稍微將兩端燒餅邊緣往內側收。另一側也以同樣方式固定。

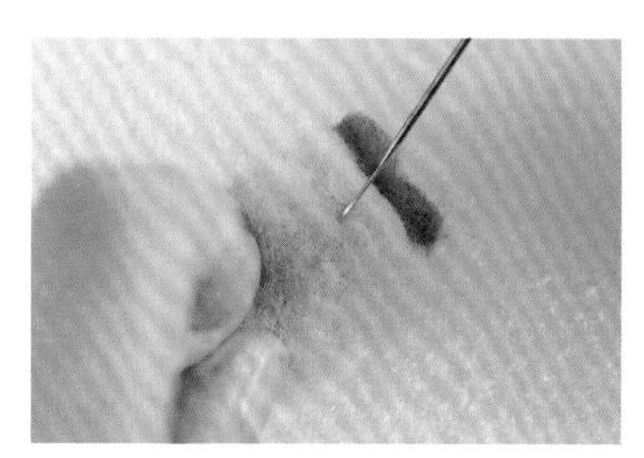

04 戳刺加強燒餅表面層次感，並加深「ㄇ」字紋路。

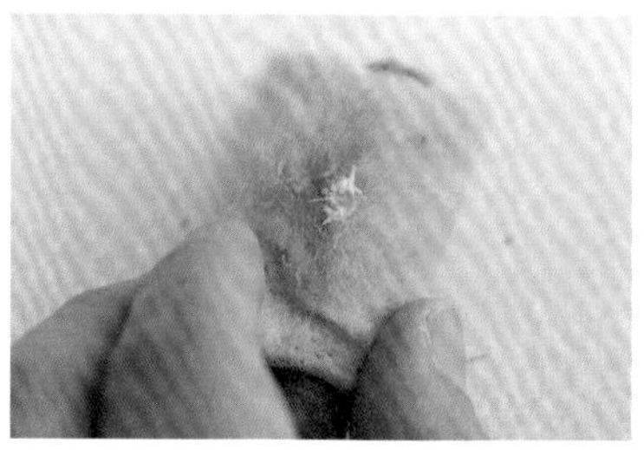

05 在燒餅上沾少許白膠，黏上幾顆芝麻。

06 待白膠晾乾，一套燒餅油條就完成了！

no.03

無可取代的造型

兔子豆沙包

小時候全家人去廟會、喜宴吃辦桌的時候，
我們小朋友最期待的都是餐後甜點——兔子豆沙包，
有時候眼睛歪了、耳朵掉了，還是捧在手裡把玩半天捨不得吃。
現在比較少看見兔子了，甜點的變化越來越多，越來越精緻，
但那圓嘟嘟又紅通通的模樣，對我來說依然是無法取代的，
雖然說好吃其實也就是豆沙包的味道，
可是這種樸實的美好，是孩提時代最純粹的快樂。

【準備材料】

①〈**兔子豆沙包主體**〉基底麵糰毛（身體、耳朵）
②〈**兔子豆沙包花紋**〉莓果色羊毛
櫻花粉羊毛
粉玫瑰色羊毛
白色羊毛
③〈**兔子豆沙包眼睛**〉櫻桃紅色羊毛
莓果色羊毛

②
①
③

【製作步驟】

壹 製作兔子豆沙包主體

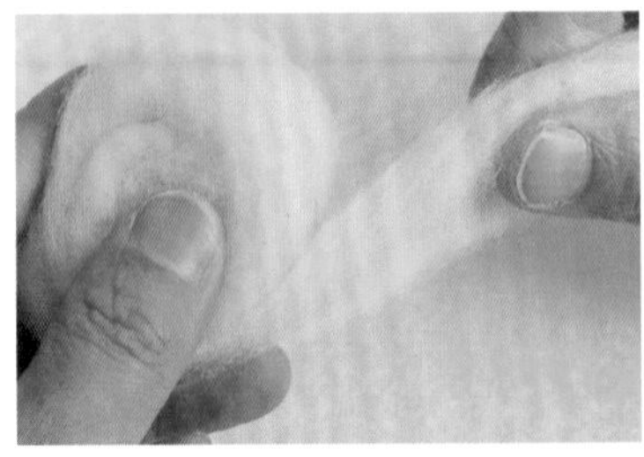

01 準備 3g 的基底麵糰毛，將一端摺起後往另一端捲過去。

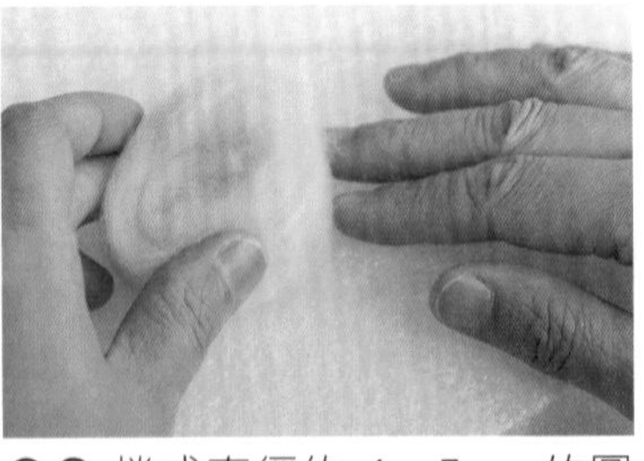

02 捲成直徑約 4～5cm 的圓形，捏緊接合處，薄薄拉起最外層的羊毛，往下包覆住捲繞的痕跡。

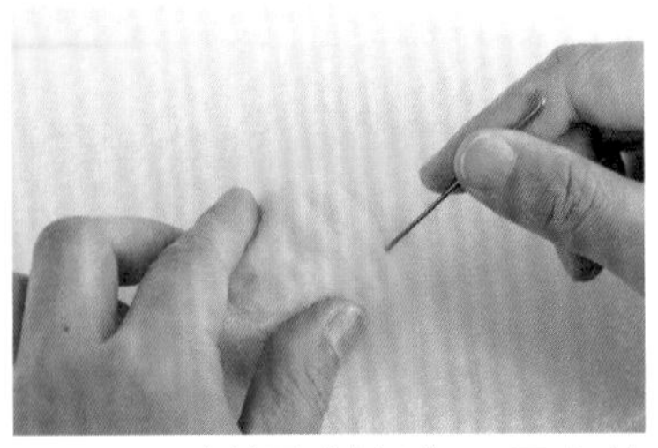

03 取戳針戳刺氈化，固定外層覆蓋的羊毛，讓表面變得平整。

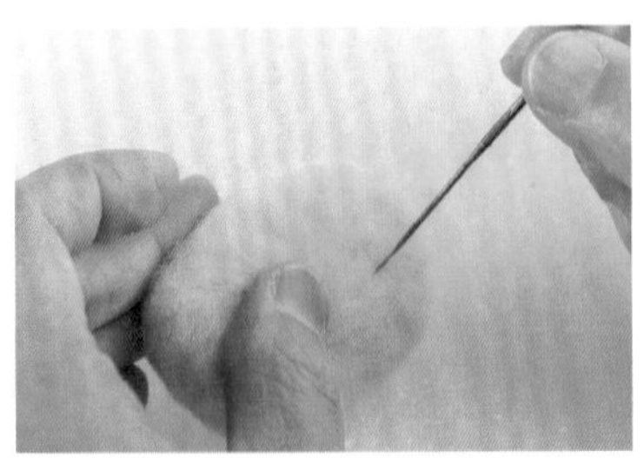

04 將整體修飾成胖胖的橢圓形，完成兔子身體。

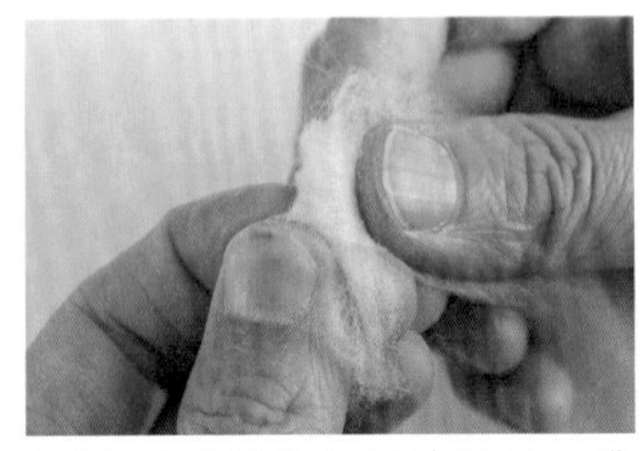

05 接著製作兔子的耳朵。準備一小片基底麵糰毛，將一端向內捲摺。

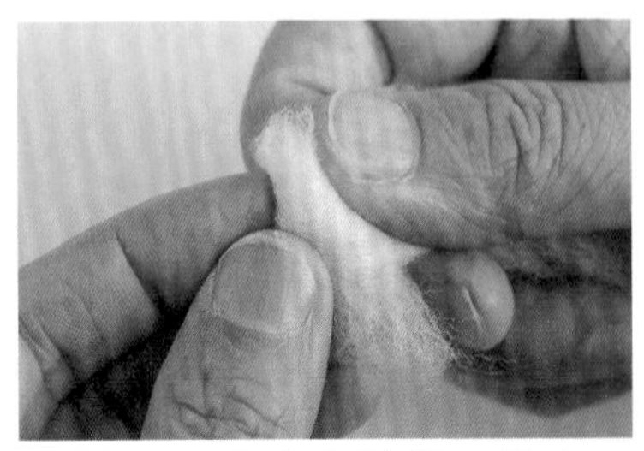

06 再一次向內捲摺，做出一個小三角形後，撕去多餘羊毛。

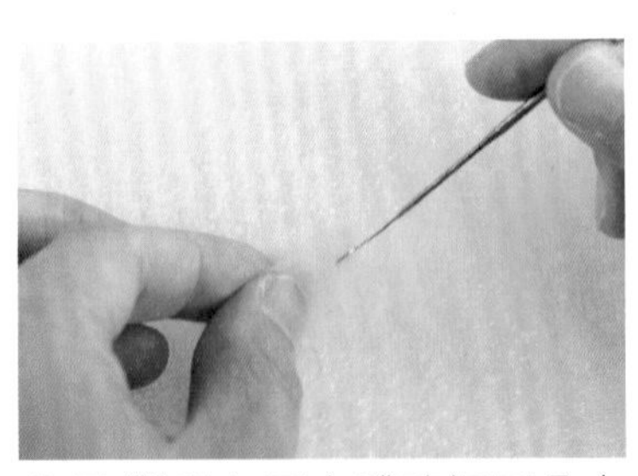

07 對照兔子身體確認耳朵大小後，將三角形的部分戳刺氈化。

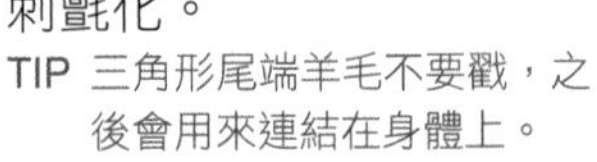

TIP 三角形尾端羊毛不要戳，之後會用來連結在身體上。

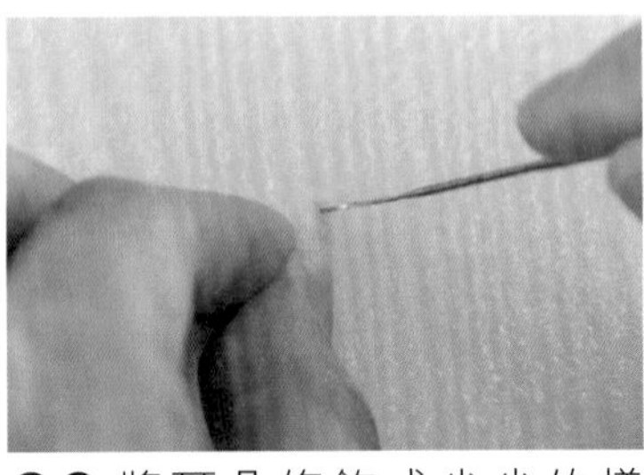

08 將耳朵修飾成尖尖的樣子。依照相同方式做出另一個耳朵。

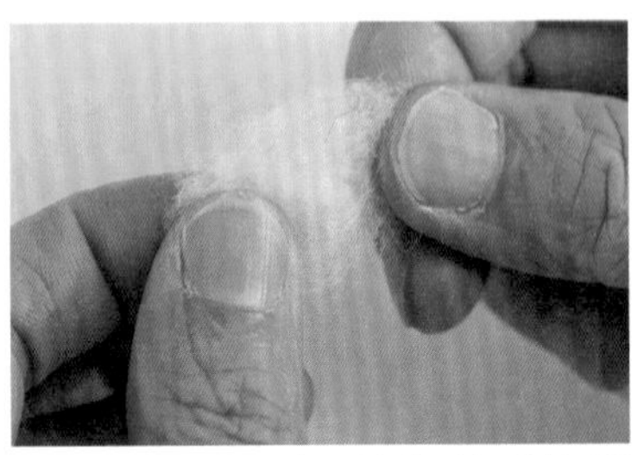

09 將三角形尾端的羊毛拉鬆散，以方便固定到兔子身體上。

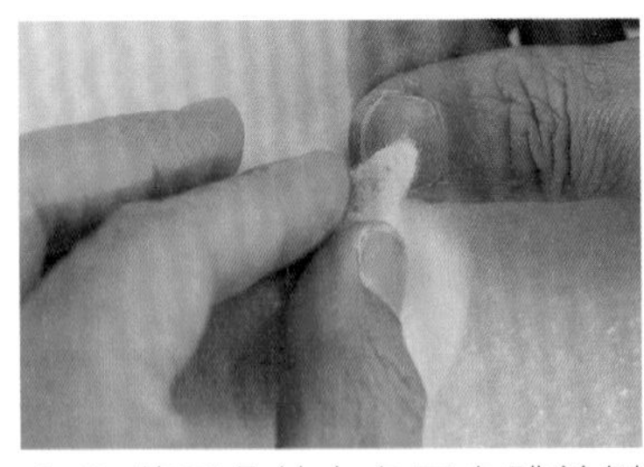

10 將耳朵放在兔子身體前側 1/3，確認一下要固定的位置。

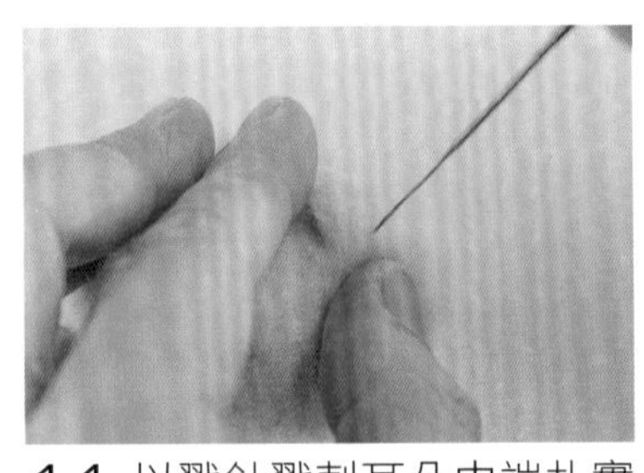

11 以戳針戳刺耳朵中端扎實的羊毛，將耳朵固定到身體上，再順勢輕戳尾端鬆散的羊毛，讓整體呈無縫接合的狀態。

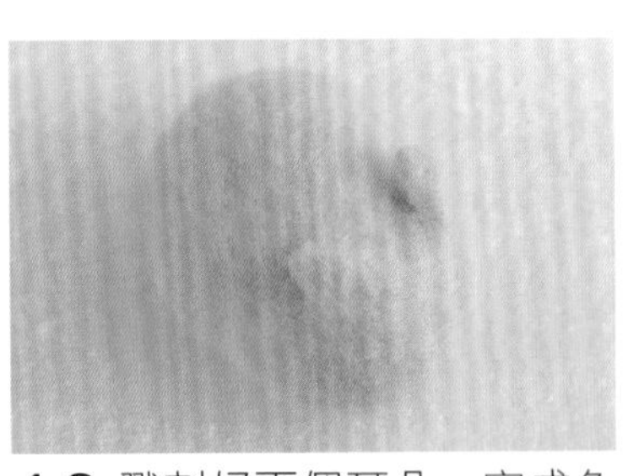

12 戳刺好兩個耳朵，完成兔子豆沙包主體。

貳・製作兔子豆沙包的花紋

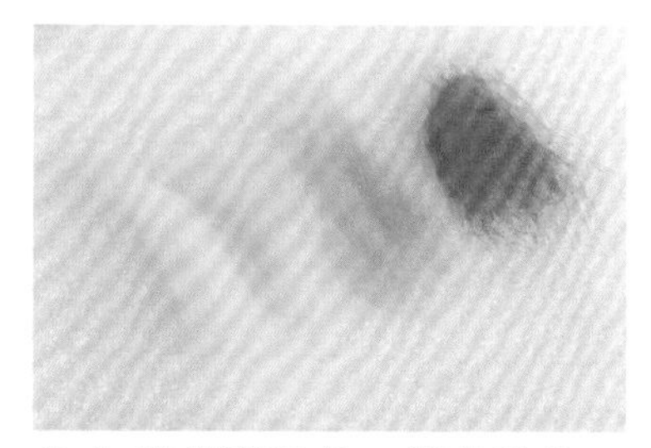

01 準備莓果色、櫻花粉色、粉玫瑰色和白色羊毛，先撕成小片後準備混色。

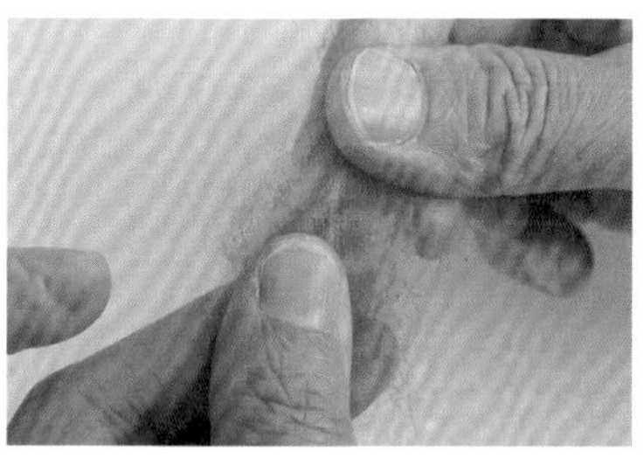

02 用莓果色和櫻花粉先混出「深粉紅色」。將莓果色和少量白色羊毛疊合在一起反覆撕毛混色。

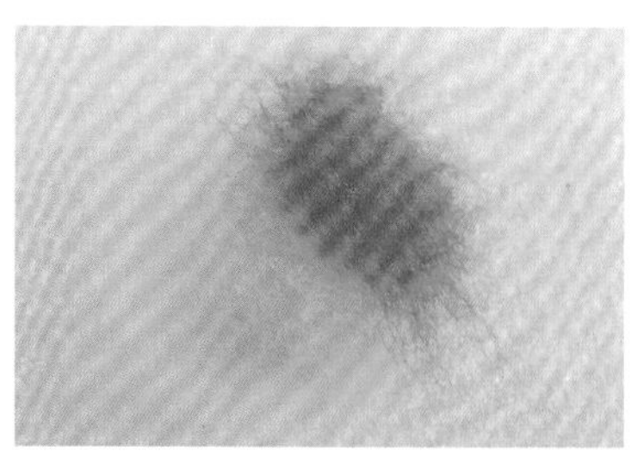

03 再混出「淺粉紅色」。將粉玫瑰色和白色羊毛以約4：3 的比例，疊合在一起反覆撕毛混色。

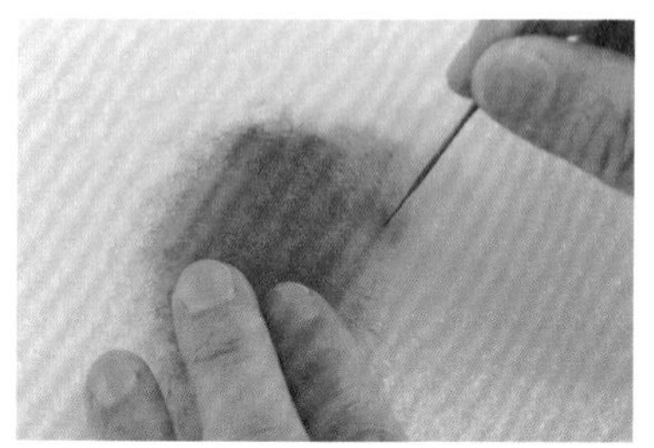

04 將深粉色羊毛鋪在工作墊上，周圍鋪部分淺粉色羊毛，整體氈化成片狀。

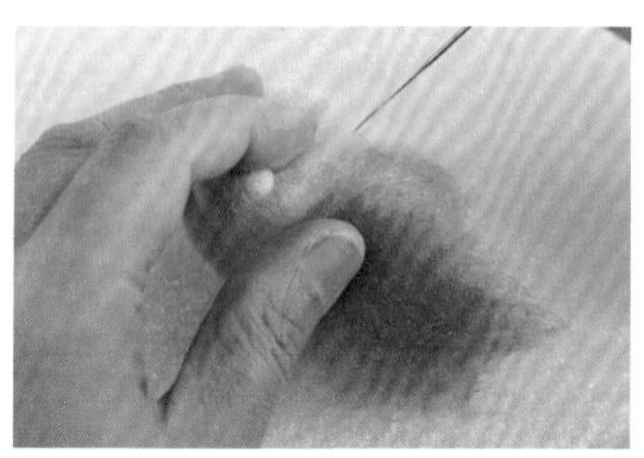

05 將羊毛片放在大約兔子屁股的位置，戳刺固定。

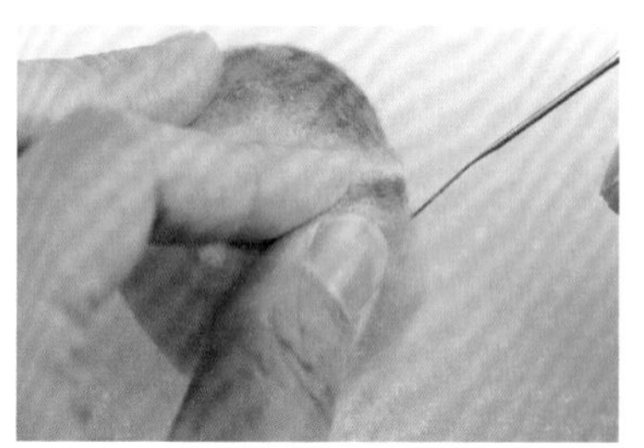

06 取少量淺粉紅色羊毛，包覆在兔子的耳朵上，輕輕戳刺固定。

參・製作兔子豆沙包的眼睛

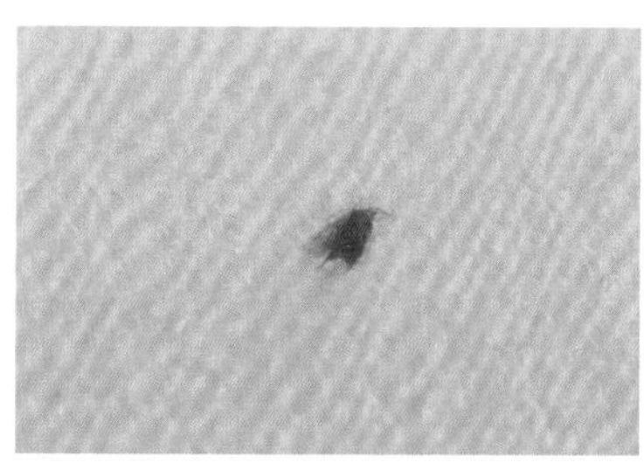

01 準備一小搓櫻桃紅色的羊毛，反覆撕毛後鋪在工作墊上。

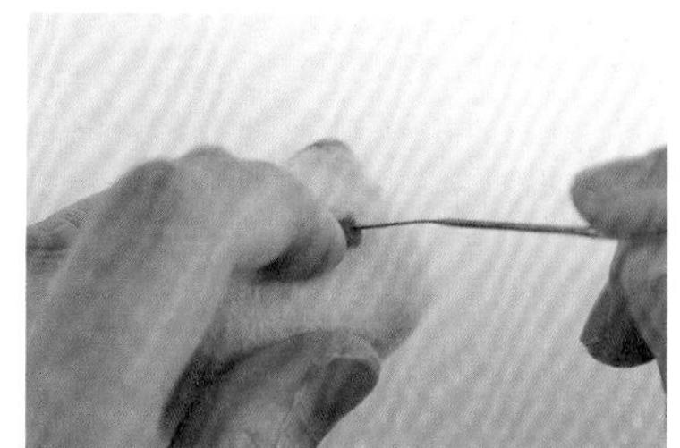

02 將羊毛均分成兩份。取一份先稍微固定在兔子的眼睛位置，確認好位置後再戳刺修飾成圓形。

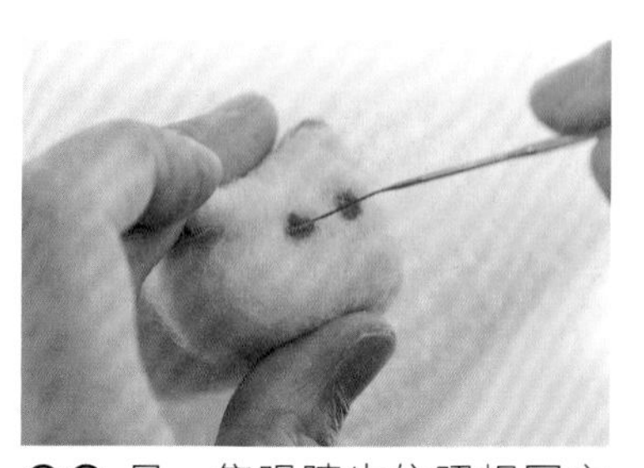

03 另一隻眼睛也依照相同方法完成。

TIP 不用固定得太整齊，畢竟辦桌上的小兔兔，眼睛永遠呈現不對稱的樣子。

發

no.04

發糕

每年過年一定會吃甜甜黏黏的發糕，寓意是「發財、運勢大發」，
發糕蒸的過程中頂端會裂開，客家人稱這個裂痕叫做「笑」，
笑得越開，代表這一年的福氣越多。
早期會用石磨將米細磨成漿，再放入柴火燒的大灶中炊，
現在很少家庭自己做了，不過依循古法製成的發糕，
不但米味特別香甜，口感也很紮實軟Q，
蒸煮時廚房裡瀰漫的香氣，總讓人迫不及待掀蓋那一刻。

【準備材料】

①〈**發糕主體**〉基底麵糰毛（基座＋尖角）2.4g
②〈**發糕外皮**〉白色羊毛
紅棕色羊毛
黃棕色羊毛
③〈**發糕上的紅點**〉草莓紅羊毛
莓果色羊毛

【製作步驟】

壹・製作發糕主體

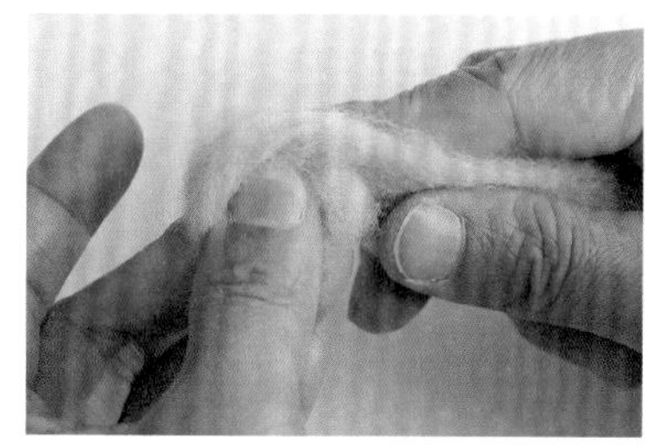

01 取 1.2g 的基底麵糰毛，從其中一端開始摺捲。

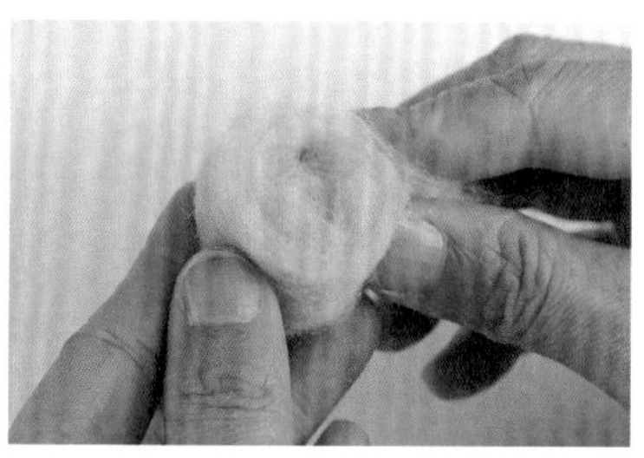

02 捲成直徑約 2.5～3cm、接近圓柱的樣子後，捏住接合處。

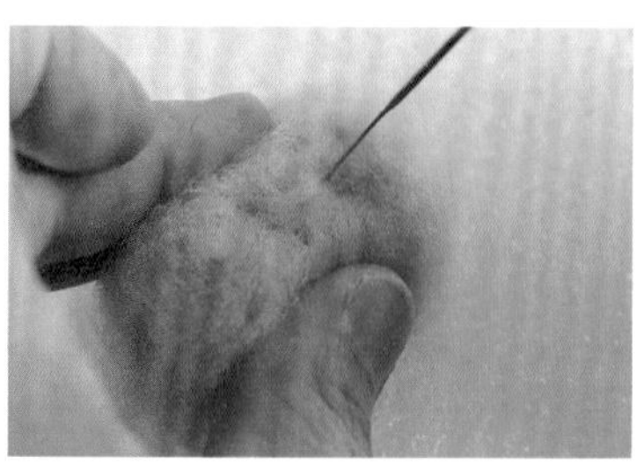

03 取戳針稍微戳刺固定接合處，再將整體表面氈化至平整。

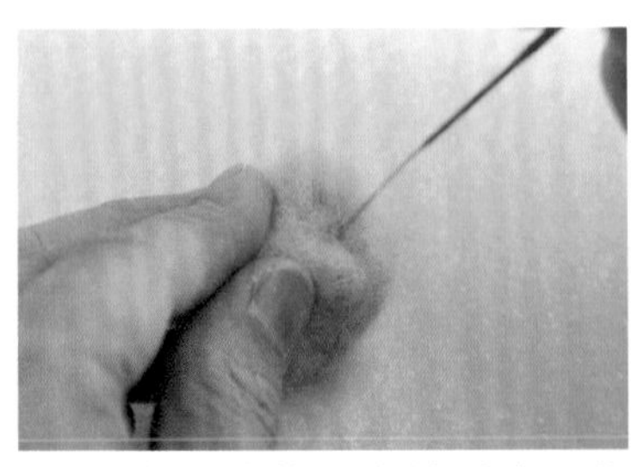

04 將兩端蓬鬆的羊毛往內收進去，向中心點戳刺。

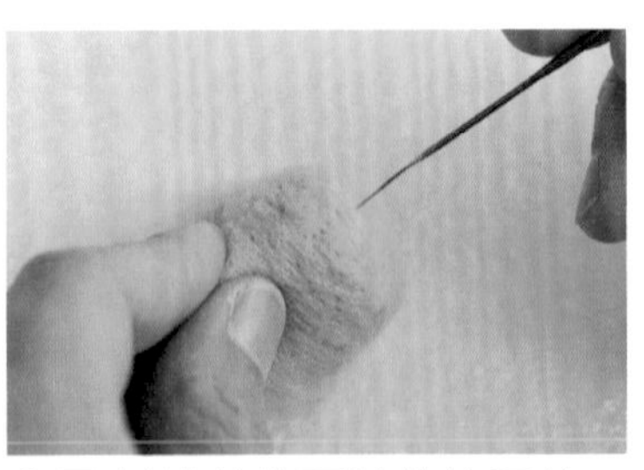

05 以淺針將兩端修飾平整。完成發糕的基座。

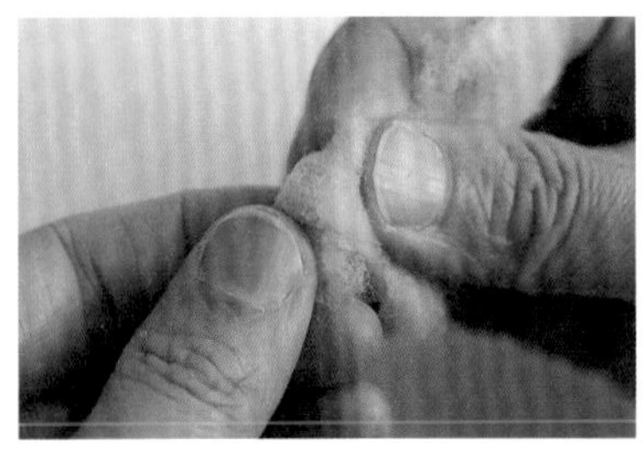

06 準備製作發糕上的尖角。取一小段約 0.3g 的基底麵糰毛，捲成一個上尖下寬的圓錐。

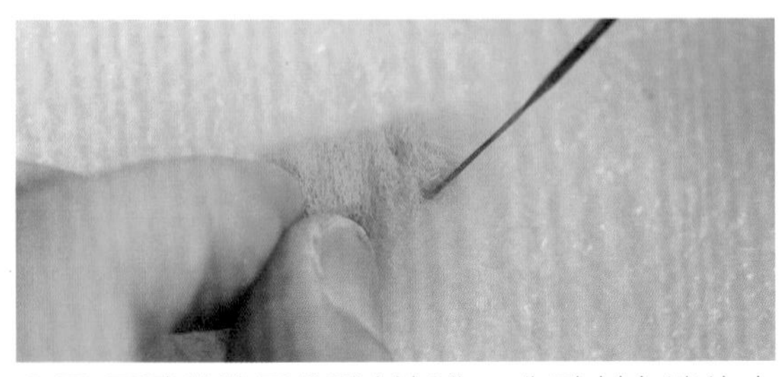

07 用戳針將圓錐戳刺氈化。先戳刺上端的尖角，尾端不戳保留蓬鬆，方便之後固定。

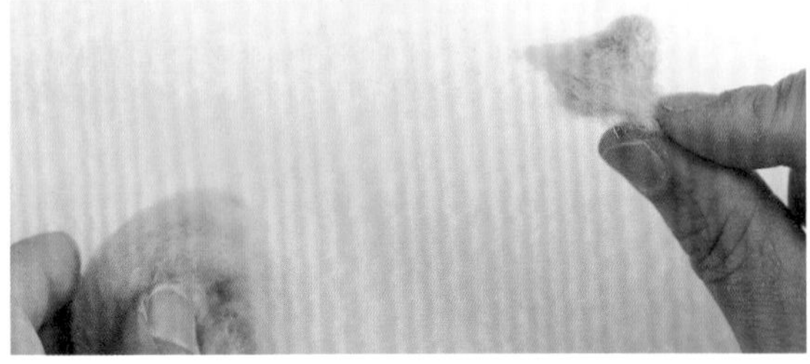

08 將尾端的羊毛拉蓬鬆，放在發糕基座平面的右上角。

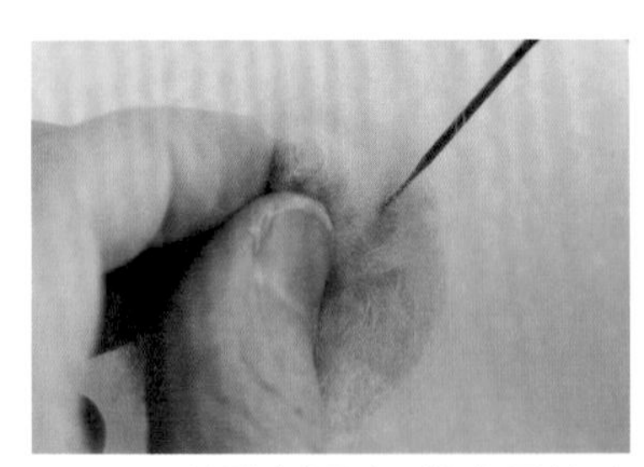

09 開始戳刺固定。將中尾端略氈化的羊毛戳刺進基座。

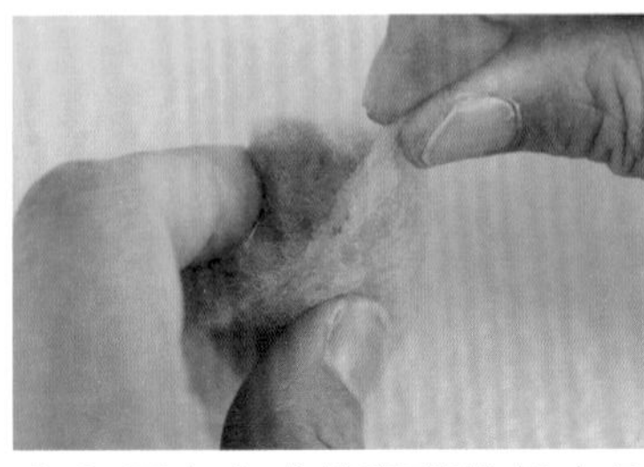

10 固定完成後薄薄拉起尖角下方、基座外層的羊毛。

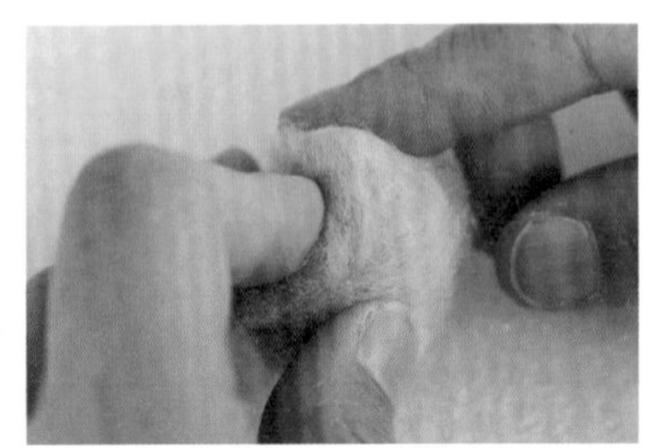

11 將羊毛拉起後包覆住整個尖角，蓋住接合的痕跡。

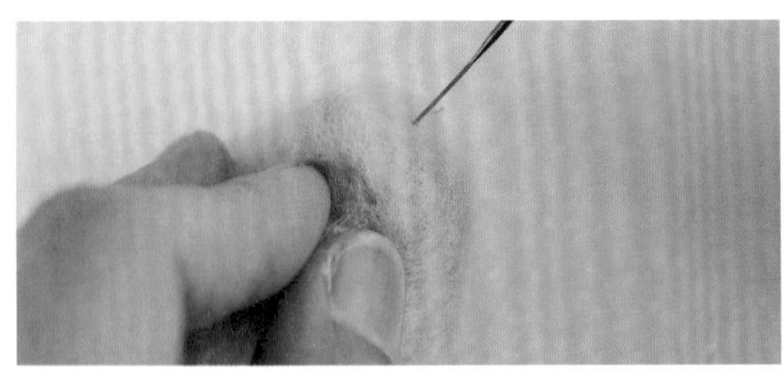

12 以淺針戳刺固定外層的羊毛，修飾出圓錐的形狀。完成發糕的一個尖角。

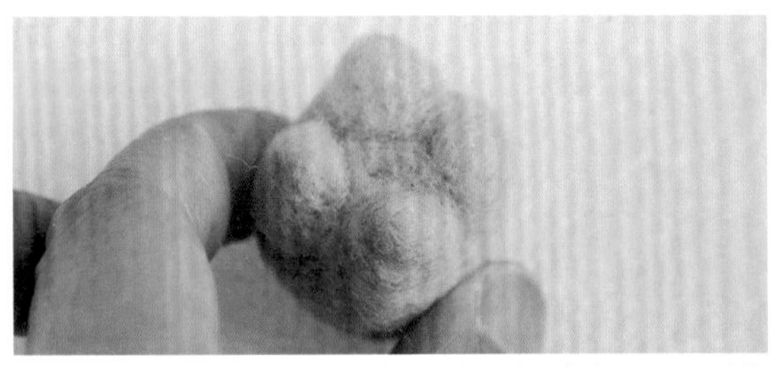

13 依照相同步驟完成另外三個尖角，分別位於基座的右下、左上、左下。

貳·製作發糕外皮

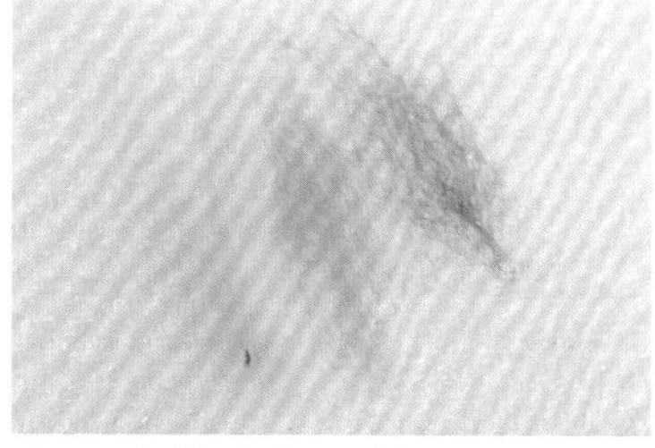

01 準備米色、黃棕色羊毛、紅棕色羊毛，製作發糕的外皮。

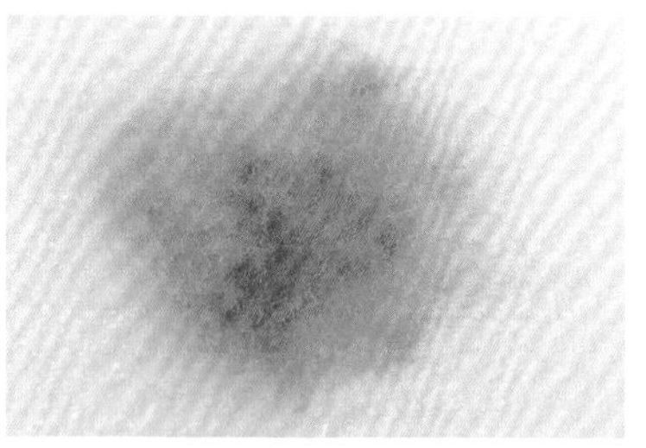

02 將羊毛各自撕小片後，反覆撕毛混出不同深淺的漸層色，並擺放到工作檯上。

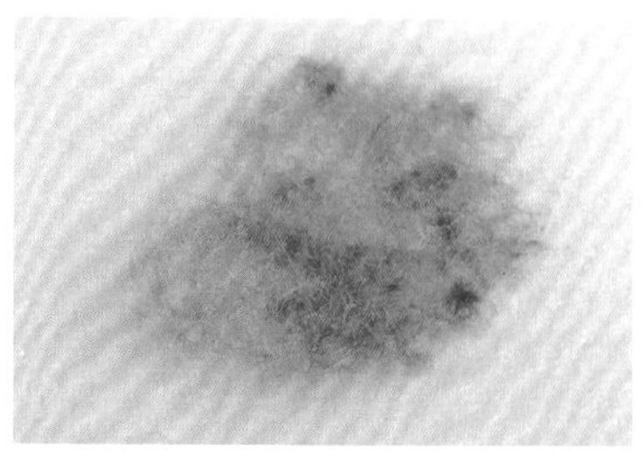

03 將混好色的羊毛大略氈化成平面的片狀。

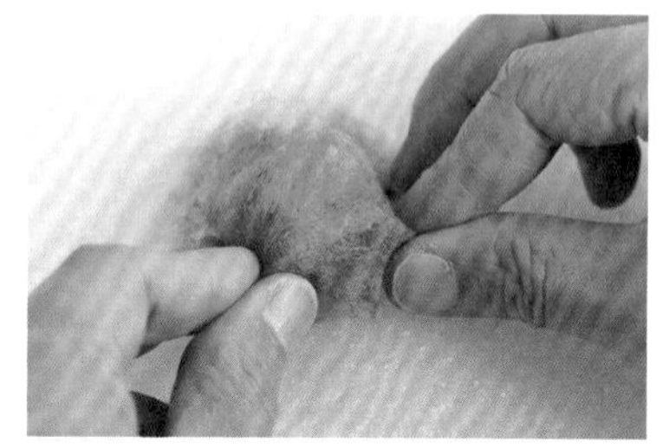

04 將混色羊毛片放到發糕上，確認大小是否足夠包住整個發糕主體。

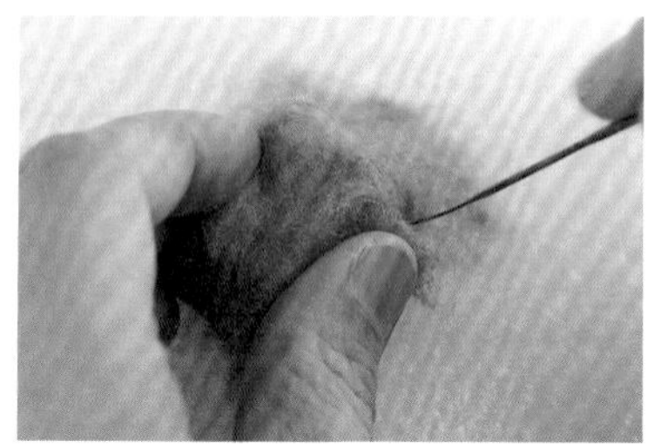

05 順著發糕主體的形狀，將外皮戳刺固定上去。

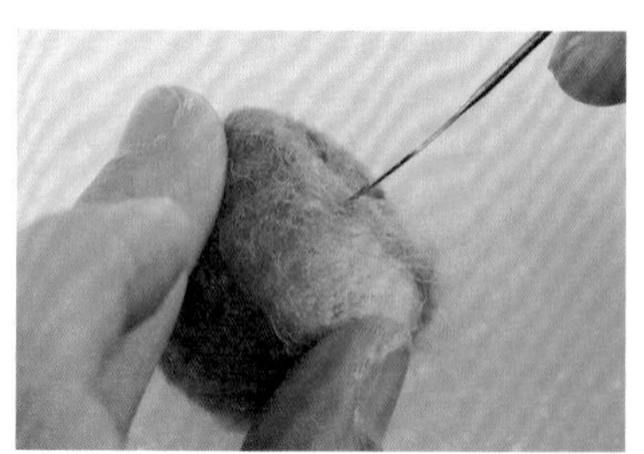

06 若有不合或不夠的地方，可以先拉鬆外皮的羊毛再戳刺。

參·製作發糕上的紅點

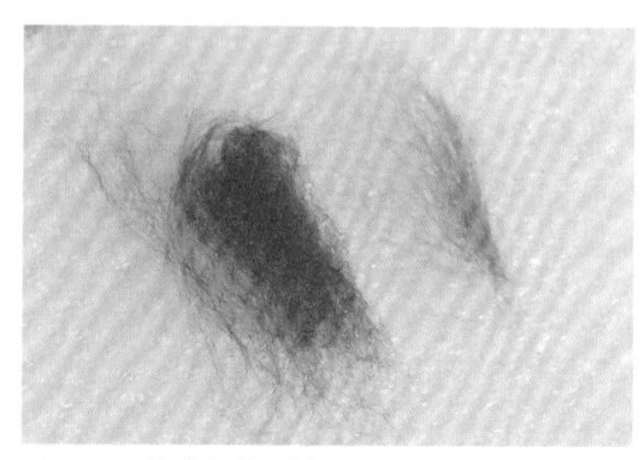

01 準備草莓紅和莓果色羊毛，先撕成小片後再疊在一起反覆撕毛混色。

02 將混好色的羊毛放在工作墊上，氈化成片狀。

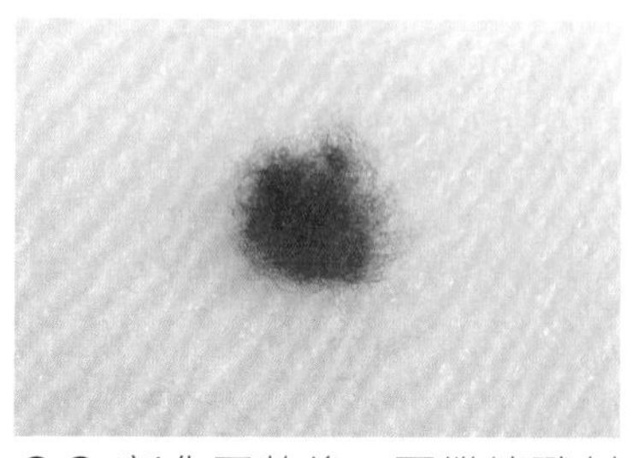

03 氈化平整後，再繼續戳刺修飾成圓形。

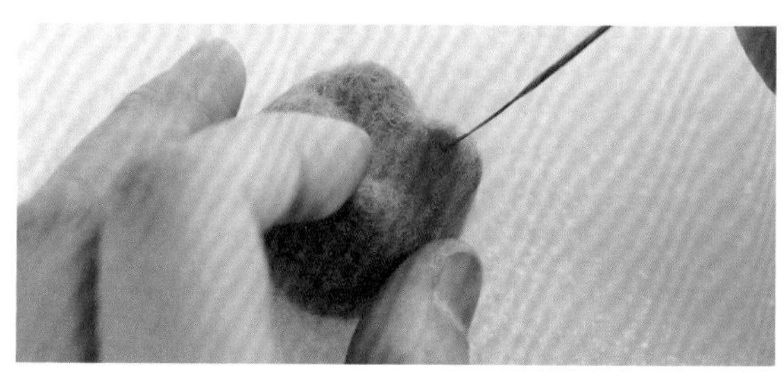

04 將圓形羊毛片戳刺到發糕的一個尖角上，並用戳針修飾成圓點，把多餘的羊毛收到發糕中。

05 最後仔細觀察整體的形狀和紅點，修飾一下即完成。

no.05

鍋貼

眷村裡最忘不了的景色之一，是姥姥在屋裡包鍋貼的身影。
揉麵粉、擀麵皮、準備餡料，一張皮一杓餡，對摺後用力捏，
眼睛還來不及追上，一顆顆的鍋貼已經準備入鍋。
羊毛氈鍋貼的做法就像真的在包鍋貼一樣，
幾張皮就配幾顆餡，混在肉餡裡的蔥不會是翠綠的，
加一點點淺色的羊毛，做出來的顏色才真。
還有，絕不能忘了壓在底下的脆皮，那可是鍋貼美味的靈魂！

【準備材料】

①〈**鍋貼內餡**〉基底麵糰毛
青蘋果色羊毛
淺駝色羊毛

②〈**鍋貼外皮**〉淺黃色羊毛
黃棕色羊毛
紅棕色羊毛

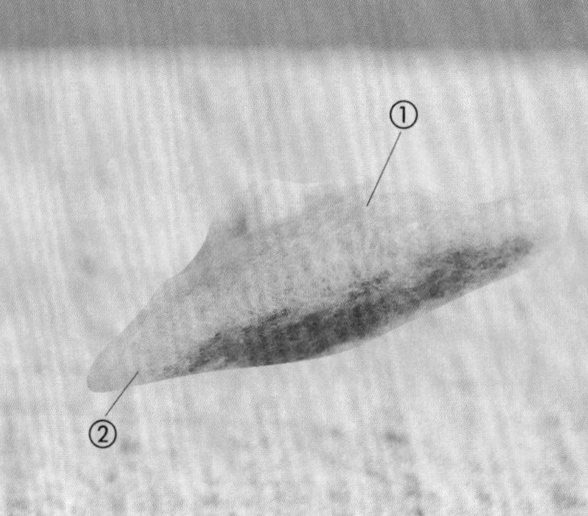

【製作步驟】

壹·製作鍋貼內餡

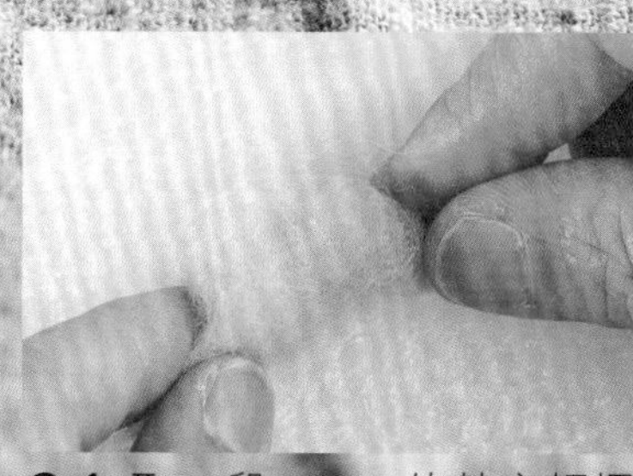

01 取一段 0.5g 的基底麵糰毛，捲成兩端尖中間胖的橢圓形後，用雙手把兩邊捏尖。

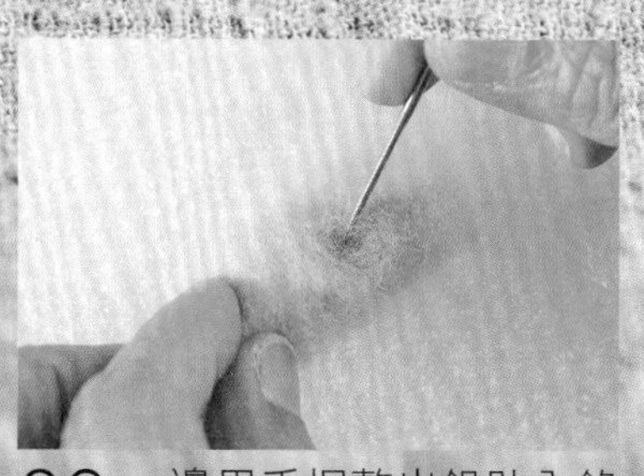

02 一邊用手捏整出鍋貼內餡的形狀，一邊戳刺氈化。
TIP 有機會可觀察包在麵皮裡的餡，會是不規則長形。

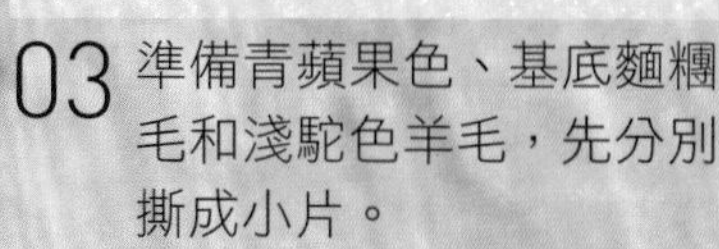

03 準備青蘋果色、基底麵糰毛和淺駝色羊毛，先分別撕成小片。

04 各取一點青蘋果色和米色羊毛，混出白中帶綠的蔥餡顏色。

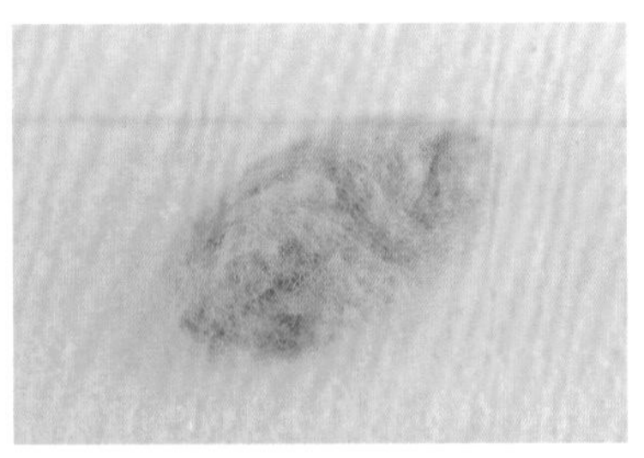

05 再取一些淺駝色羊毛，繞捲在先前戳好的內餡羊毛上，戳刺固定。

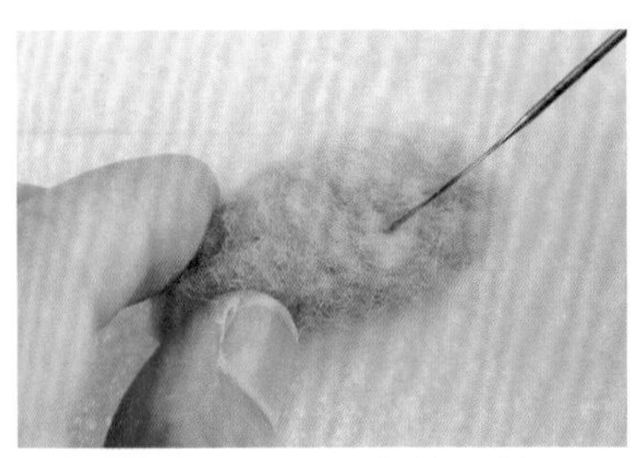

06 取少許做好的蔥餡羊毛，隨意戳到內餡上，完成有菜有肉的鍋貼內餡。

貳·製作鍋貼外皮

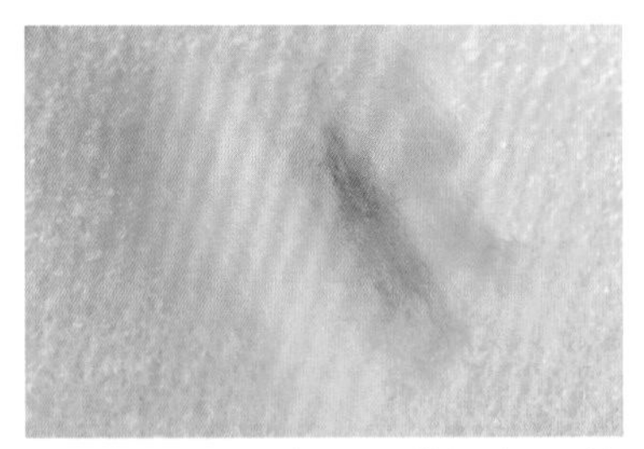

01 準備淺黃色、黃棕色、橙黃色和紅棕色羊毛，撕成小片。

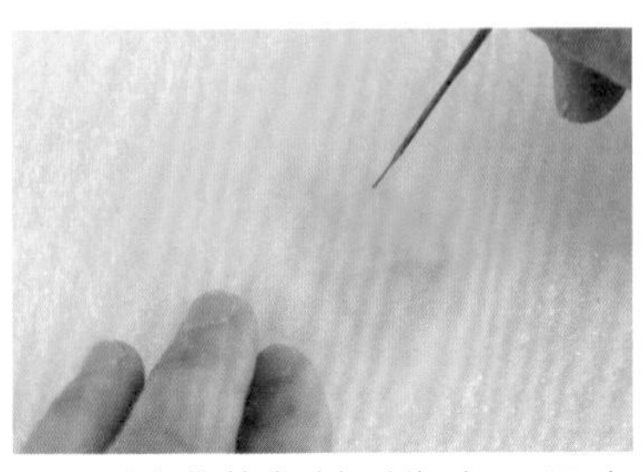

02 以淺黃色羊毛為主，混合少許黃棕色、紅棕色羊毛，在工作墊上氈化成片狀，做出鍋貼皮。

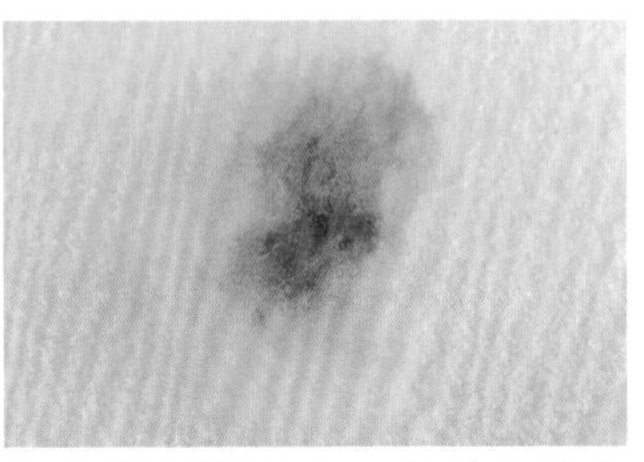

03 再以黃棕色、紅棕色混合少許淺黃色羊毛，做出不同深淺的烤色，戳刺氈化成烤色片。

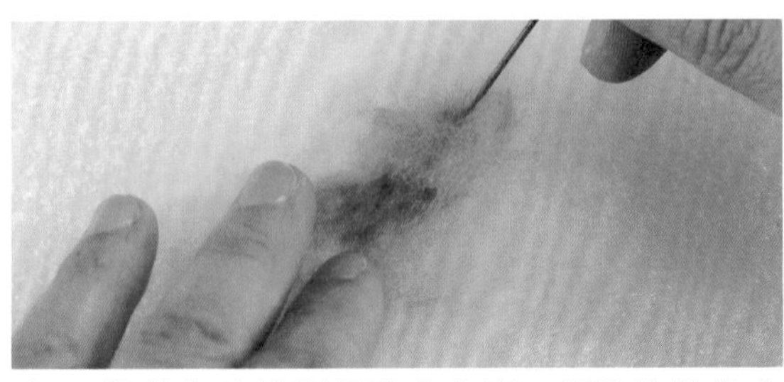

04 將烤色片放到鍋貼皮中間，鍋貼的烤色會集中在底部，所以要戳刺氈化成長條狀。

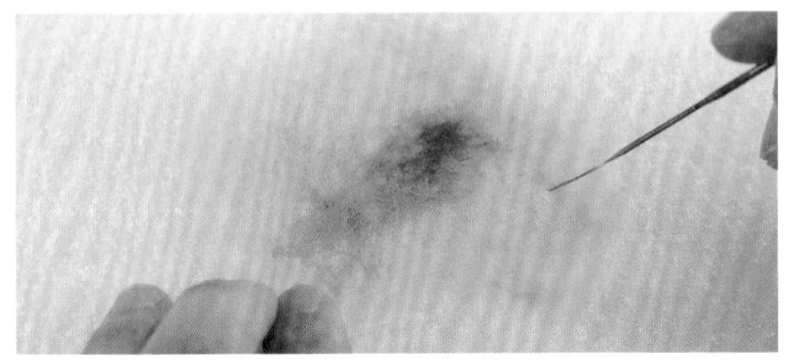

05 調整整張外皮的大小，如果不夠包住內餡，就在兩側多加上鍋貼皮。

參·包鍋貼

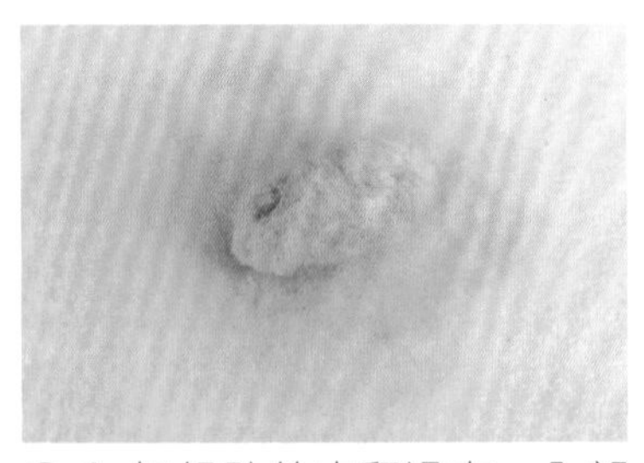

01 把鍋貼外皮翻過來，內部朝上，將內餡放在中間。

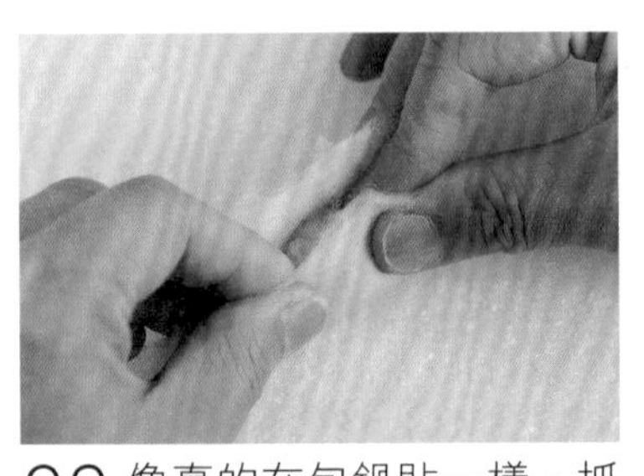

02 像真的在包鍋貼一樣，抓住外皮兩側往中間貼合。

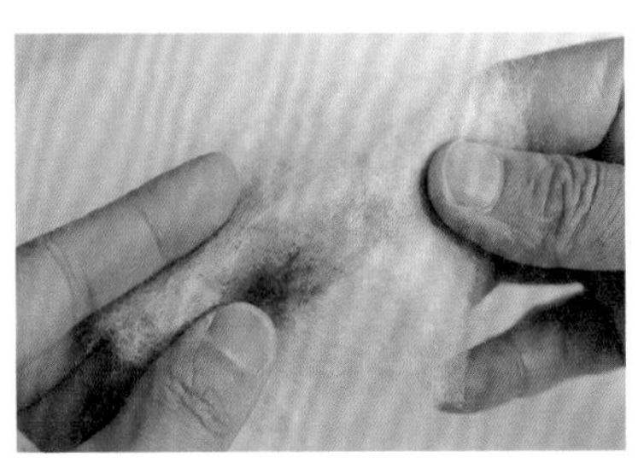

03 將鍋貼翻到背面，確認烤色有沒有剛好在底部。

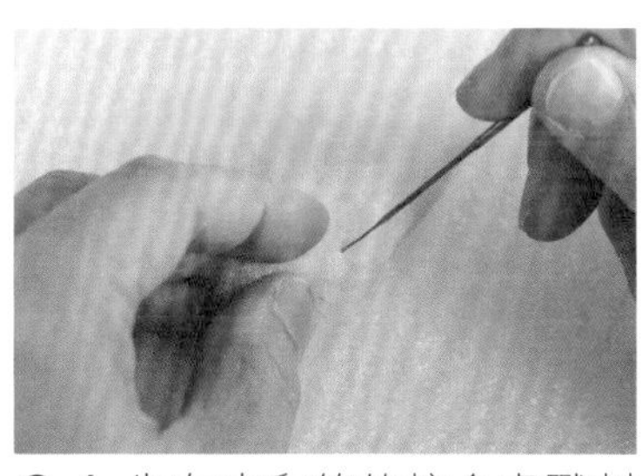

04 先在皮和餡的接合處戳刺幾針，暫時固定。

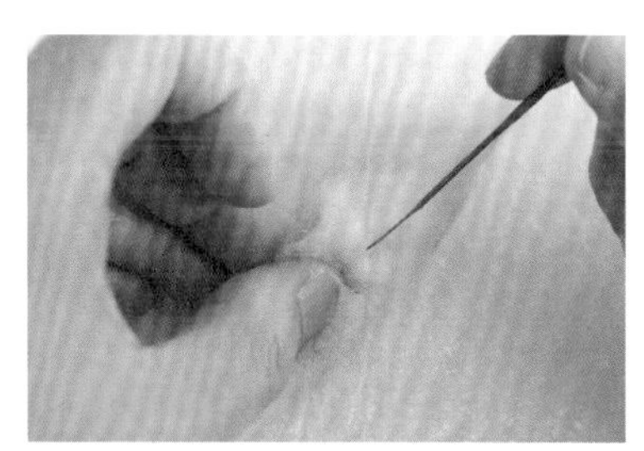

05 接著一邊將其中一側外皮捏出皺摺一邊戳刺固定。

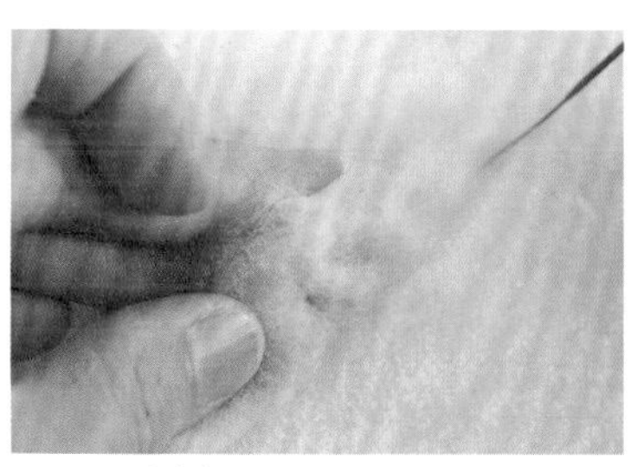

06 戳刺鍋貼頭尾兩端，讓兩側外皮稍微黏在一起。

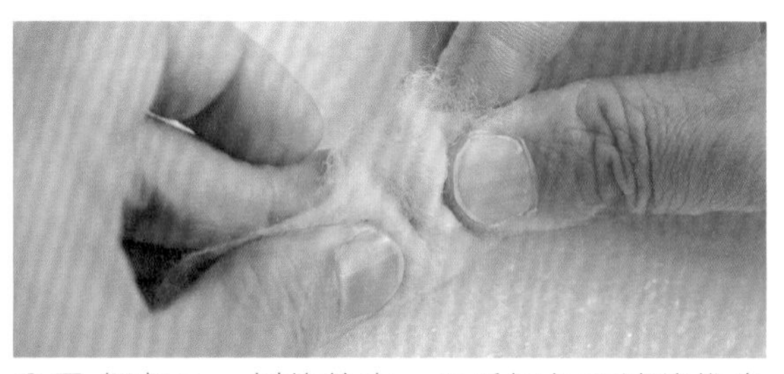

07 摺起另一側的外皮，用手捏住兩端後推出摺痕。

TIP 兩片外皮要同時推，摺痕才會貼在一起。

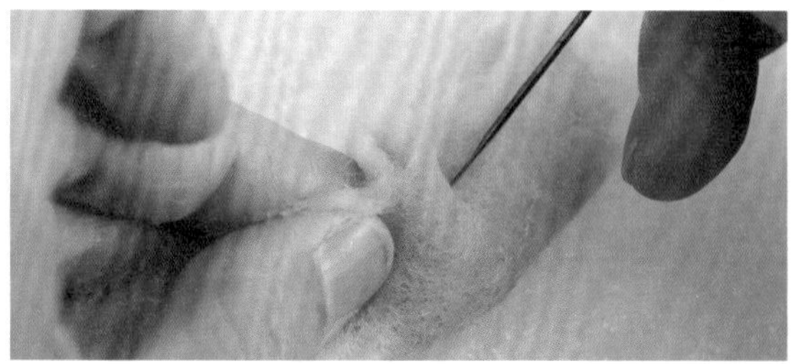

08 用戳針戳刺摺痕的凹陷處，同時將兩側的外皮固定在一起。

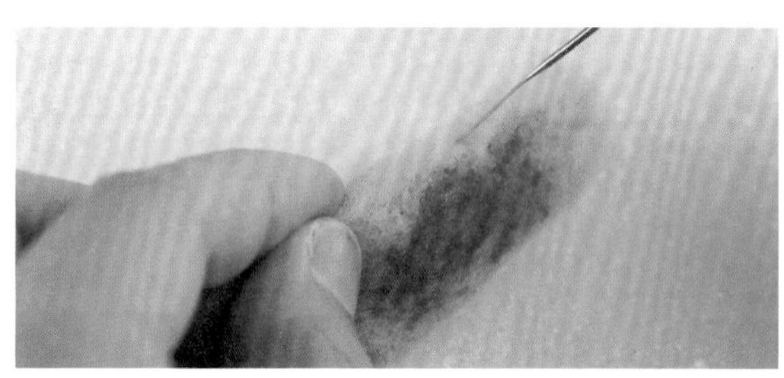

09 固定好外皮後，翻到鍋貼底部將兩側的線條稍微修直，呈現有角度的樣子。

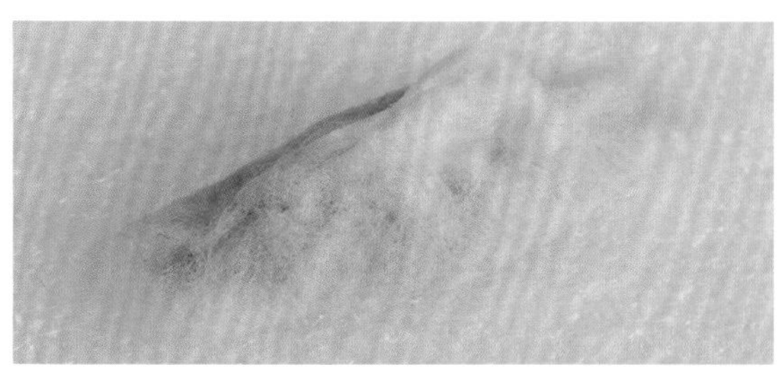

10 看起來很有手捏感的鍋貼，完成！

no.06

迷人的酥脆口感

蔥油餅

餅皮煎得酥酥脆脆，麵粉香裡混合著鮮甜蔥香，
剛起鍋的蔥油餅，有著走過路過無法錯過的魅力。
一層一層堆疊羊毛餅皮，夾入翠綠中帶些許焦色的蔥花餡，
羊毛氈蔥油餅表面的烤色，逼真到自己看了都嘴饞。

【準備材料】

① 〈**蔥油餅餅皮**〉基底麵糰毛、黃棕色羊毛（主體）
紅棕色羊毛、黃棕色羊毛、淺黃色羊毛、
橙黃色羊毛（外層烤皮）

② 〈**蔥油餅的蔥**〉孔雀綠羊毛
薄荷綠羊毛
青蘋果綠羊毛
橙黃色羊毛

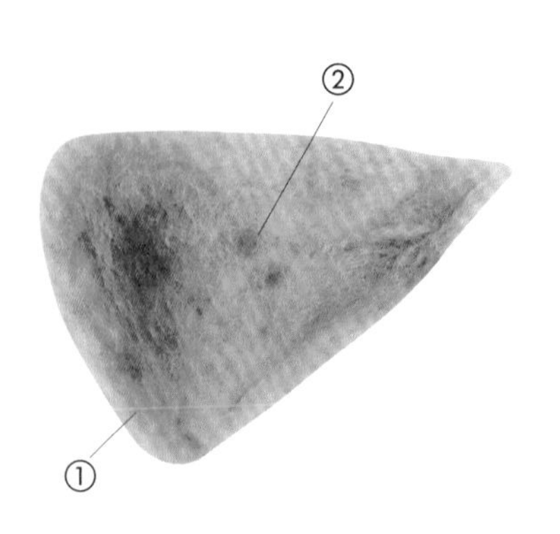

【製作步驟】

壹・製作蔥油餅皮

01 準備基底麵糰毛和黃棕色羊毛，分別反覆撕成小片混色。

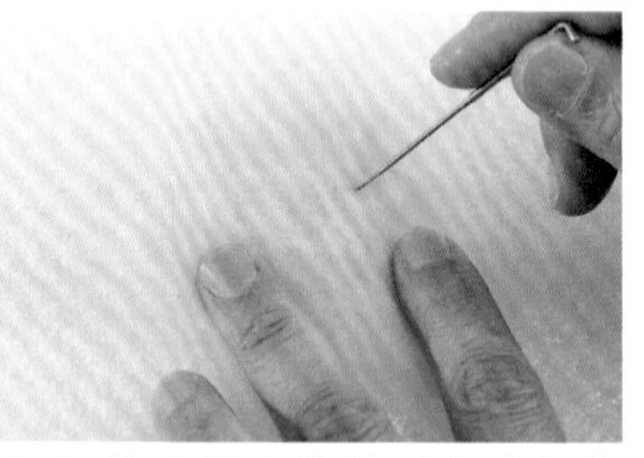

02 將混好色的羊毛大略氈化成片狀的餅皮主體。大約做出 2-3 片，其中一片稍厚一點。

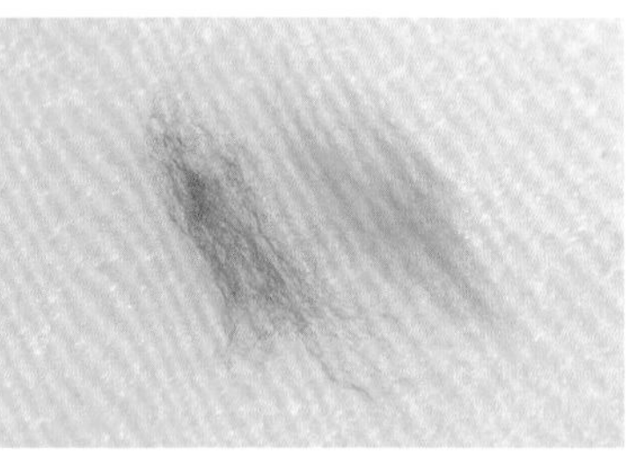

03 製作蔥油餅上的烤色。準備紅棕色、黃棕色、淺黃色和少量橙黃色羊毛，分別撕成小片。

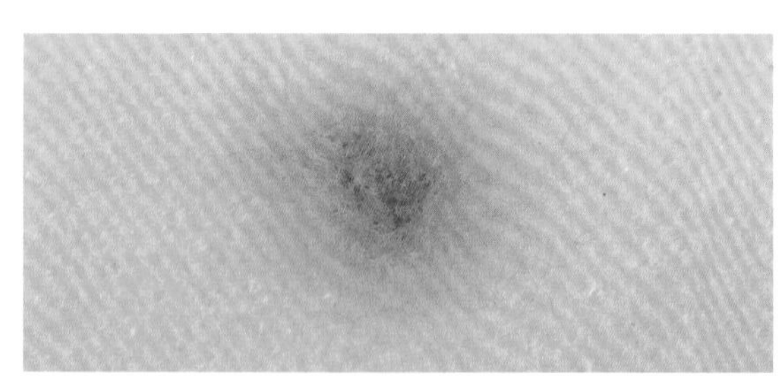

04 將兩色羊毛撕毛混出烤色後，氈化成比餅皮主體小的片狀，完成烤色羊毛片。

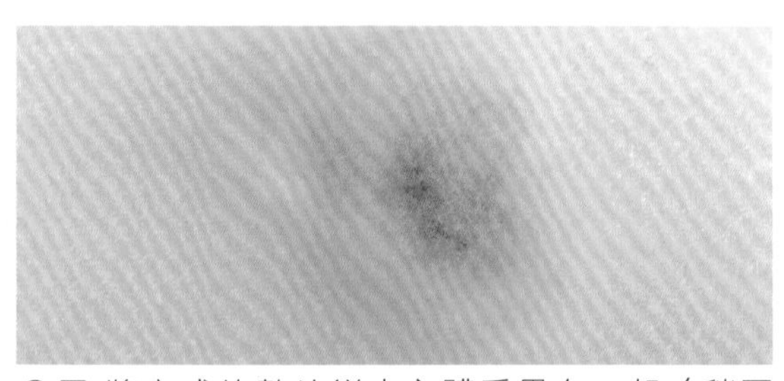

05 將完成的數片餅皮主體重疊在一起（稍厚的疊在最下方），最上層放烤色羊毛片。

TIP 蔥油餅就是要多層次，餅皮多做幾片沒關係。

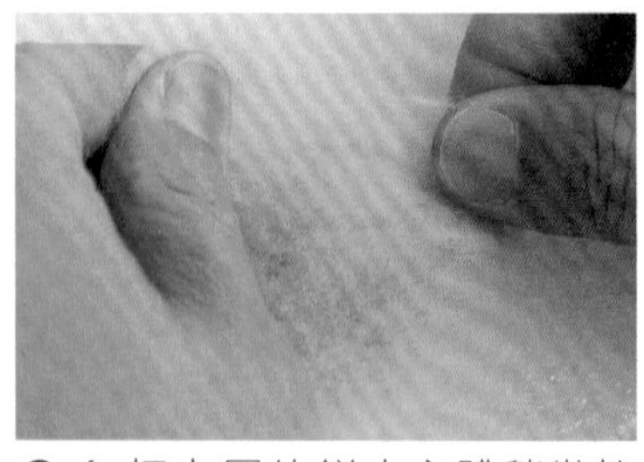

06 把上層的餅皮主體稍微拉開到隱約可以透出下方顏色的程度。

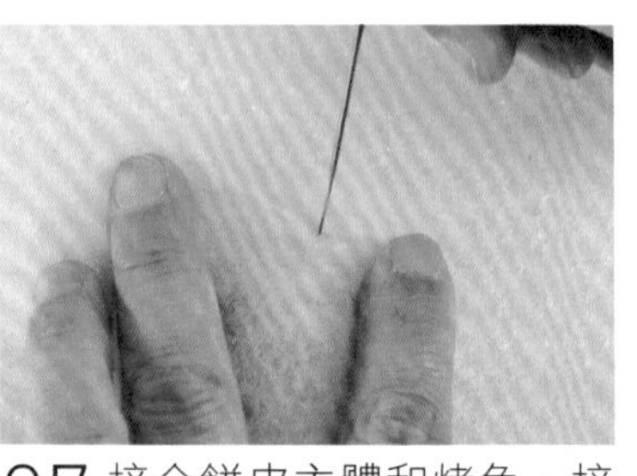

07 接合餅皮主體和烤色，接下來會在中間夾蔥，所以先以斜針戳刺固定其中一個邊即可。

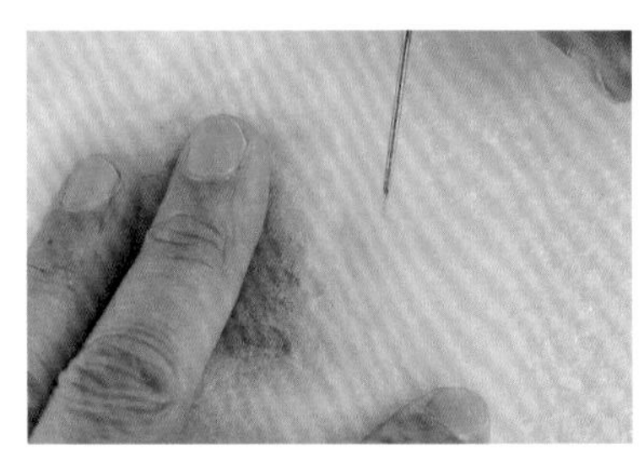

08 把多餘的羊毛收到餅皮內並大略調整成三角形。

貳·製作蔥油餅的蔥

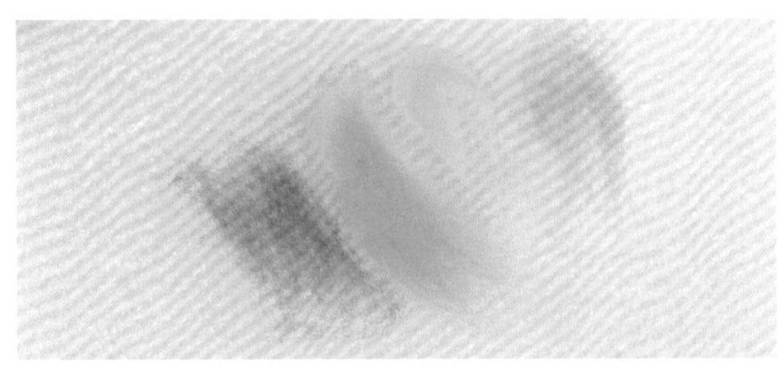

01 準備孔雀綠、薄荷綠、青蘋果綠和橙黃色的羊毛，分別撕成小片。

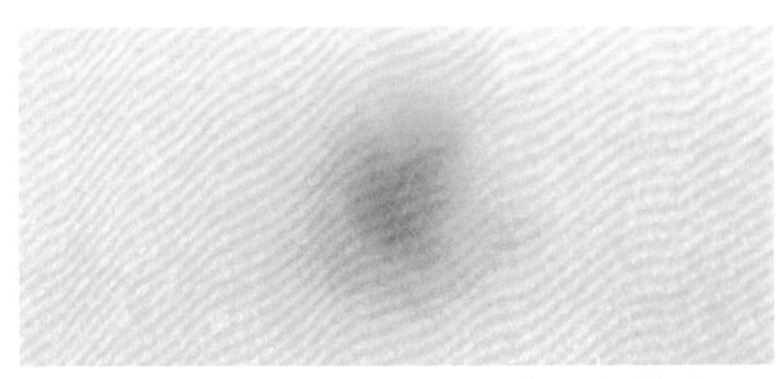

02 每個顏色各取少許，重疊在一起撕毛，混出蔥油餅中的蔥色。

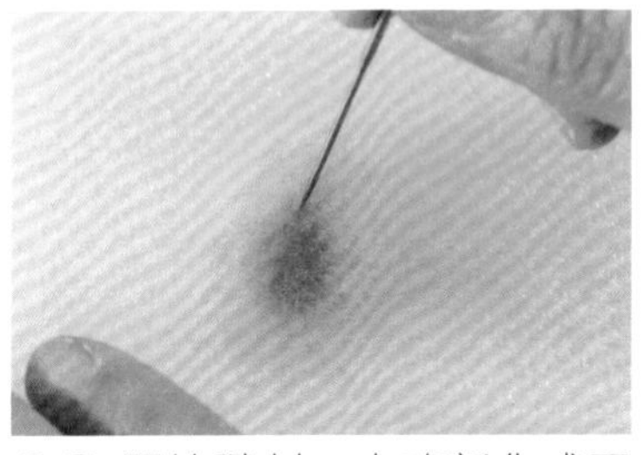

03 開始戳刺，大略氈化成平面的片狀。

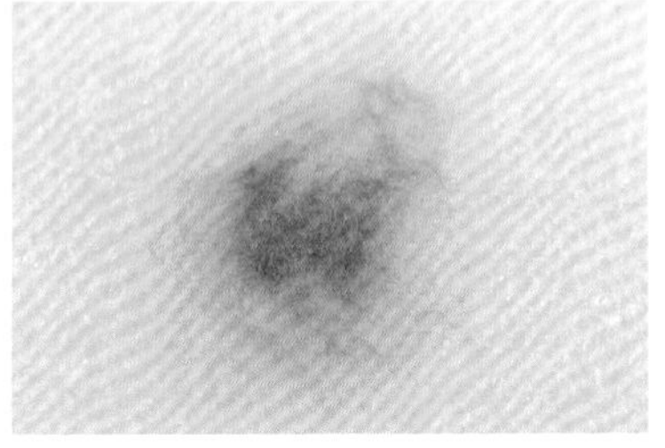

04 氈化至圖片的程度即可。完成蔥羊毛片。

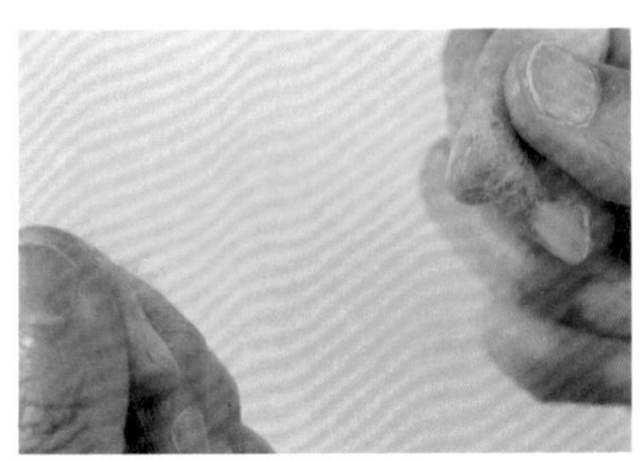

05 將蔥羊毛片撕成小片，做為蔥油餅的蔥花餡。

參·組合餅皮和蔥

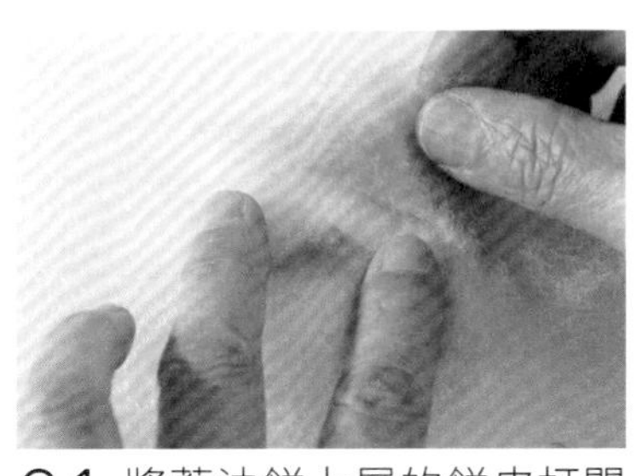

01 將蔥油餅上層的餅皮打開並放入蔥花餡。

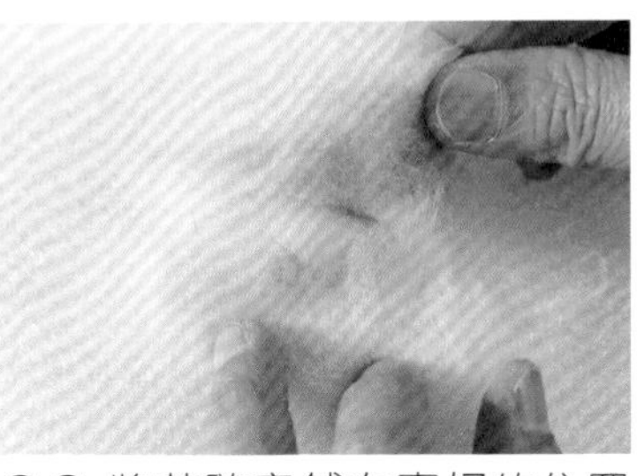

02 將蔥隨意鋪在喜好的位置後，蓋上餅皮。

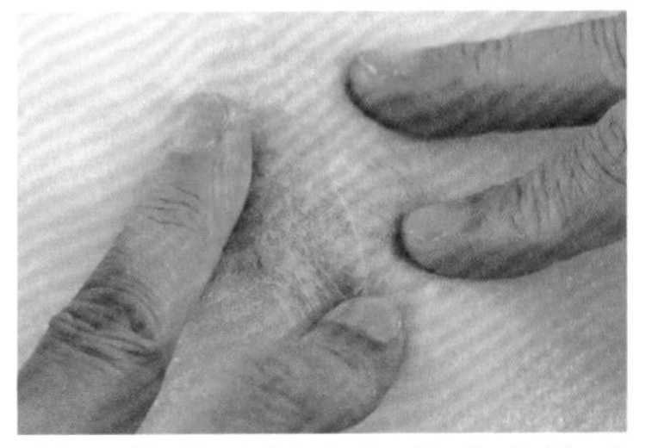

03 蔥盡量放在色澤淺或羊毛分布較稀疏的位置，才能看得清楚。

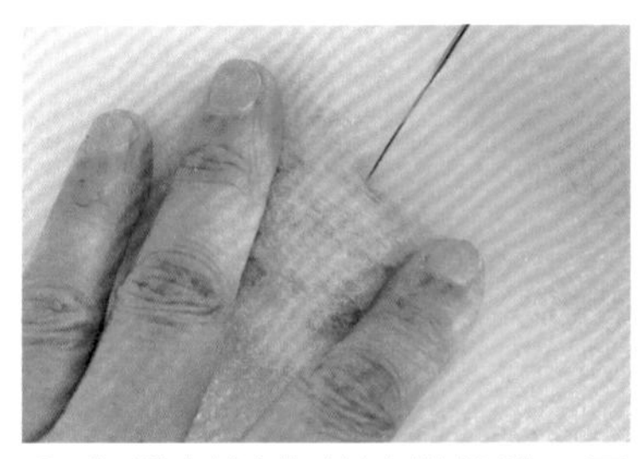

04 戳刺氈化蔥油餅整體，固定餅皮、烤色和蔥花餡。

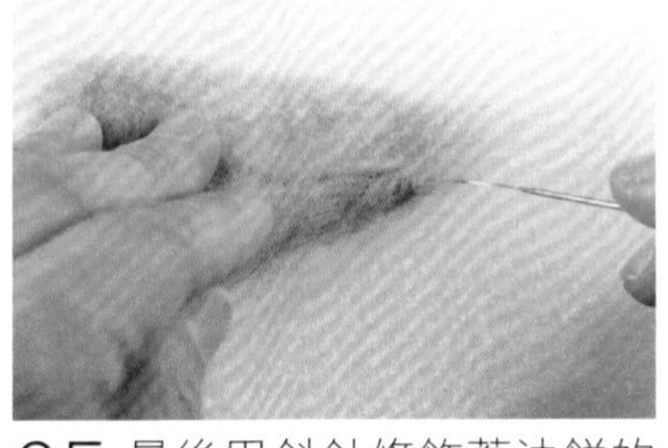

05 最後用斜針修飾蔥油餅的邊，讓三角形線條筆直。

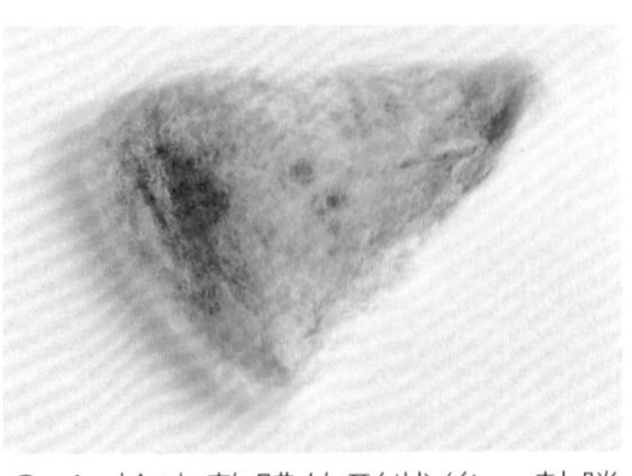

06 檢查整體的形狀後，熱騰騰的現煎蔥油餅上桌！

no.07

麵龜

家裡的供桌上，常常出現紅吱吱的米估（麵龜）身影，
用麵粉做成的「烏龜」在古代象徵吉利和長壽，
但在還不懂習俗的含意前，貢品的吸引力遠大於神力，
雙手合十時總是半瞇著眼，物色等會兒要開攻搶食的路線。
用羊毛做出的麵龜有著喜氣圓潤的外皮，
加上咬了一口後露出的紅豆餡，重現我對拜拜最初的記憶。

【準備材料】

①〈**麵龜主體**〉基底麵糰毛 1.3g
②〈**麵龜外皮**〉草莓紅羊毛
莓果色羊毛
紅棕色羊毛
③〈**麵龜內餡**〉紅棕色羊毛
淺咖啡色羊毛

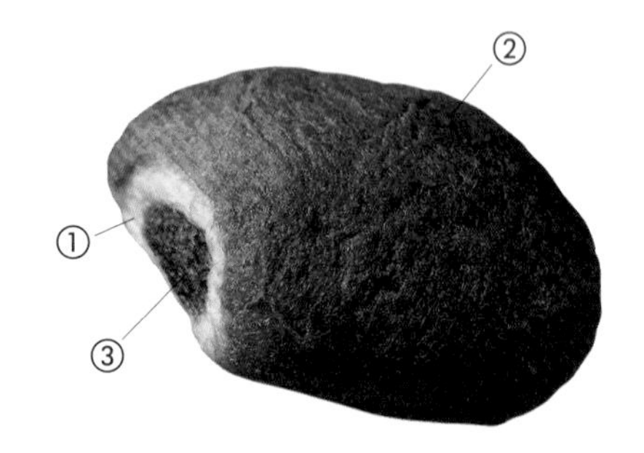

【製作步驟】

壹・製作麵龜主體

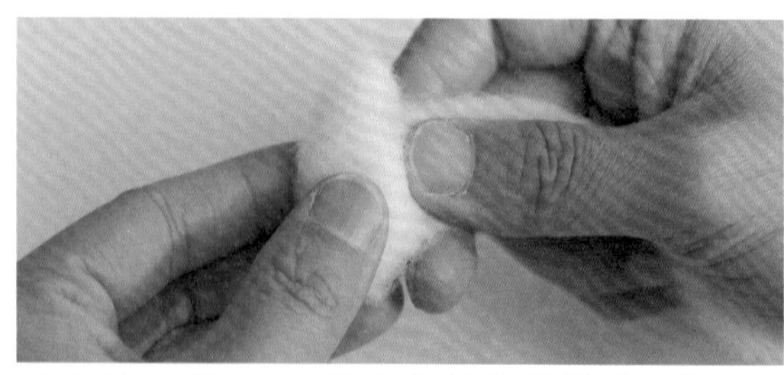

01 取一段 1.3g 的長條基底麵糰毛，從一端往另一端捲摺。

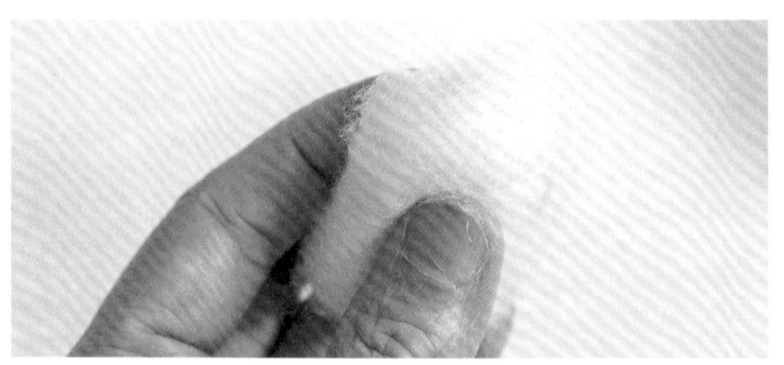

02 捲摺成長 3.5cm、寬 2.5cm 胖胖的圓柱形狀後，戳刺在接合處以固定。

第三章　眷村好味道×眷村景物

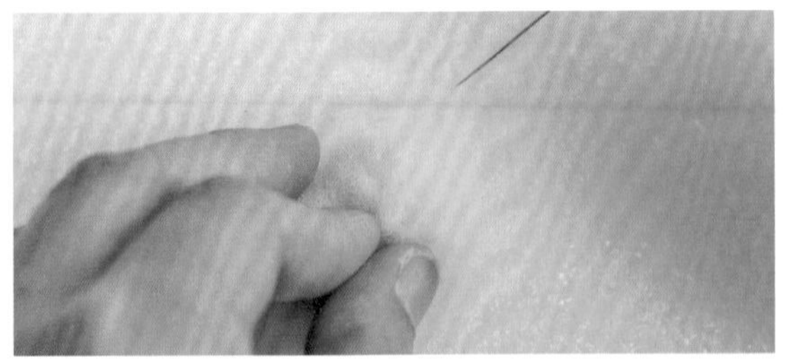

03 薄薄拉起兩端外層的羊毛，包住繞圈的摺痕並戳刺固定，讓表面平整。

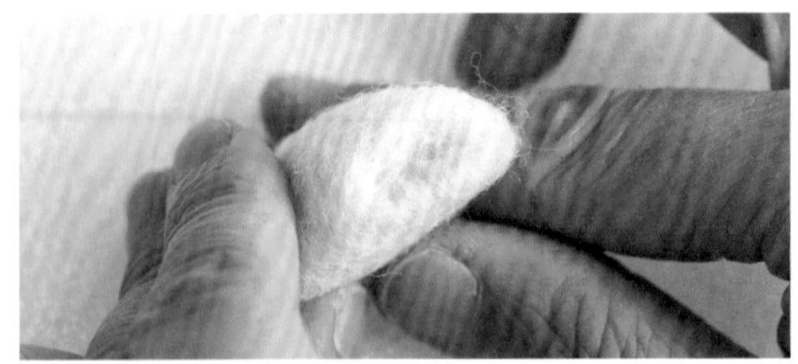

04 將整體氈化成橢圓形，並在其中一端戳出一小段平平的缺口，做為露出餡的地方。

貳·製作麵龜外皮

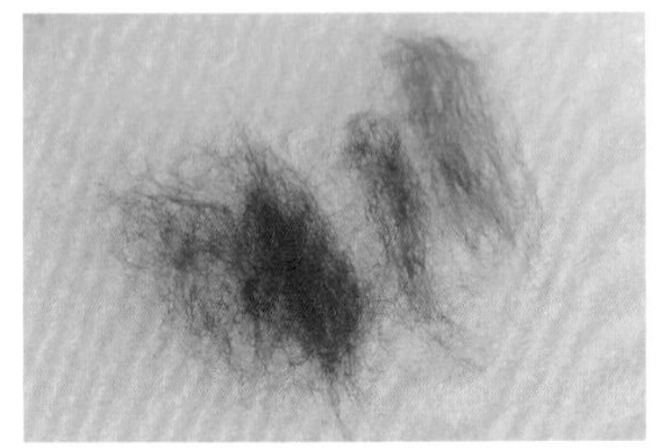

01 取草莓紅、莓果色和紅棕色羊毛，分別撕成小片。

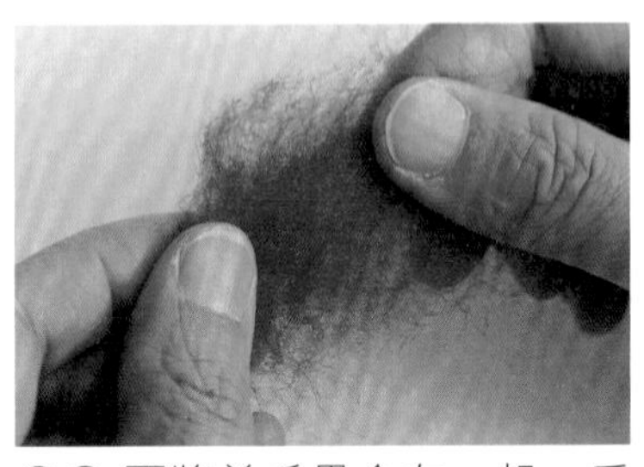

02 再將羊毛疊合在一起，反覆撕毛混色。

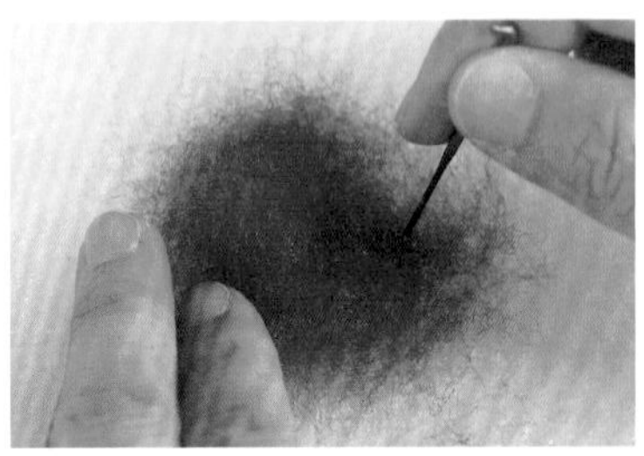

03 將混好色的羊毛鋪在工作墊上，戳刺氈化成平面的片狀。

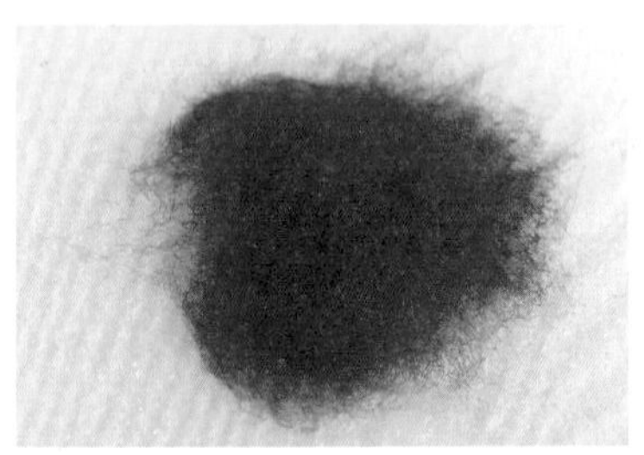

04 大約氈化至圖片中的程度，中間平整，周圍保留些許蓬鬆羊毛，方便接下來固定。

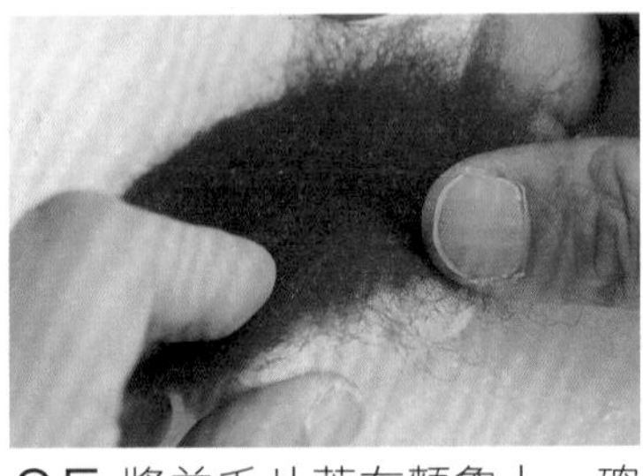

05 將羊毛片蓋在麵龜上，確認大小足夠包覆上半部。

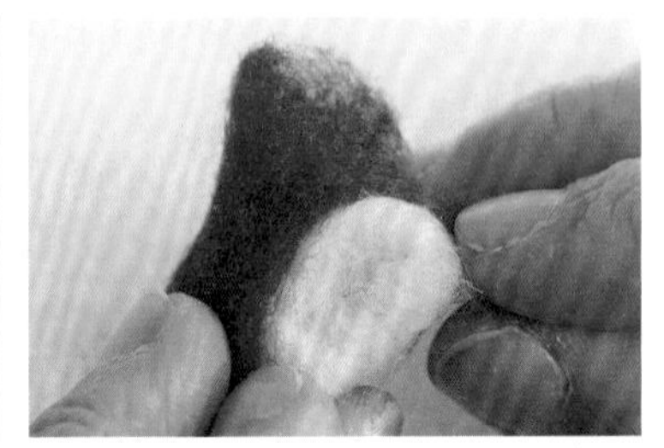

06 從預留的缺口開始鋪羊毛片並沿著邊緣戳刺固定。

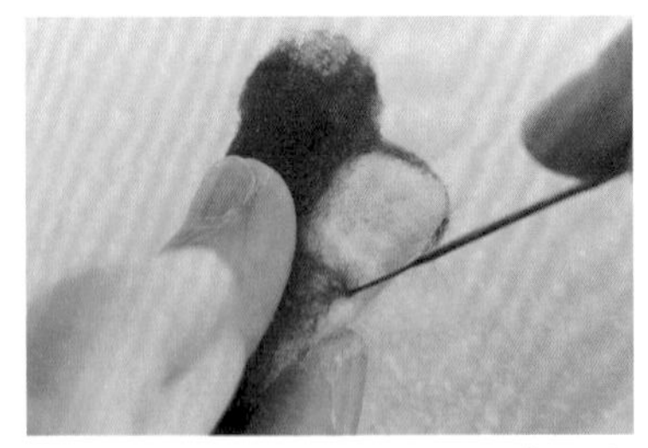

07 接著再沿著麵龜主體的邊緣戳上羊毛片。

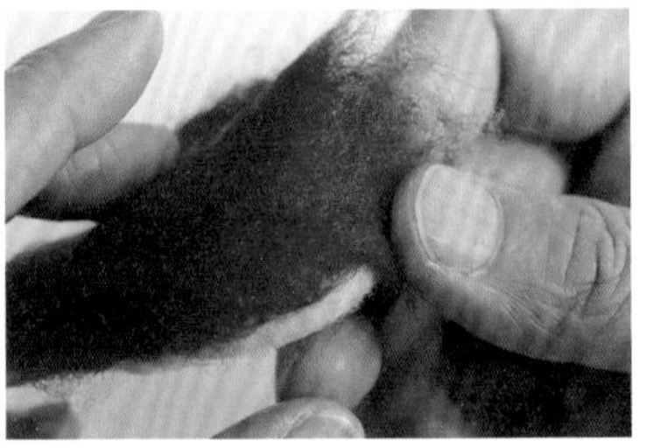

08 麵龜表面要光滑平整，如果有不服貼的地方，先將羊毛片拉鬆一點往下摺再繼續戳刺。

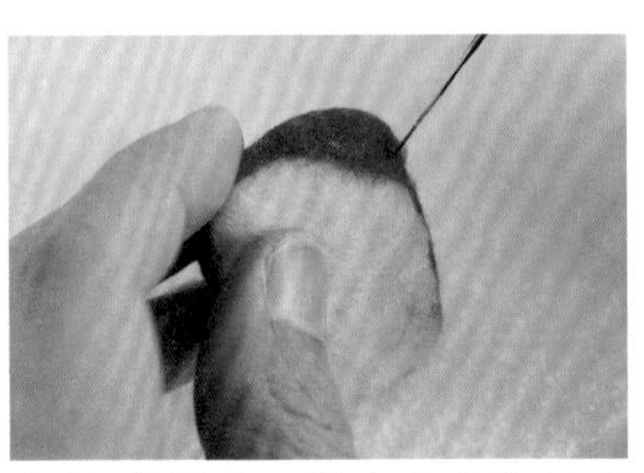

09 收尾時，將多出來的羊毛片往下摺再固定。最後再以淺針修飾表面即完成。

參・製作豆沙餡

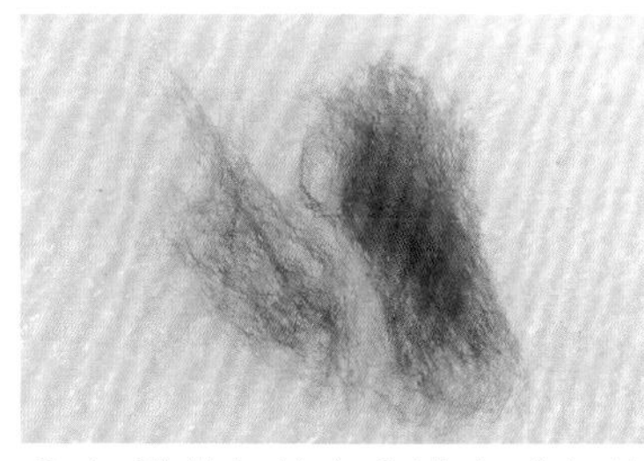

01 準備紅棕色和淺咖啡色的羊毛，先撕成小片後，疊在一起反覆撕毛混色。

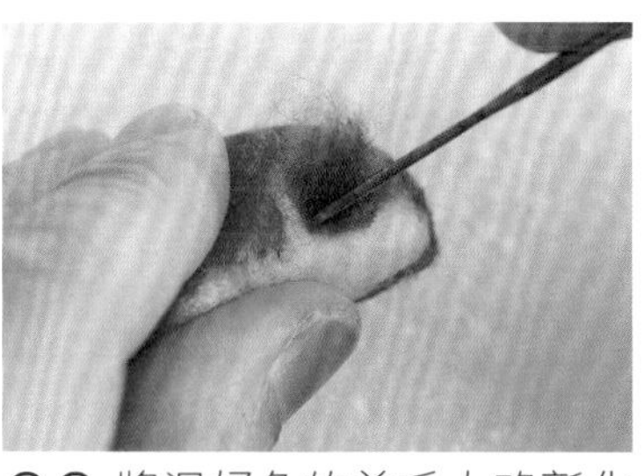

02 將混好色的羊毛大略氈化成片狀後，戳刺固定在預留的缺口中間。

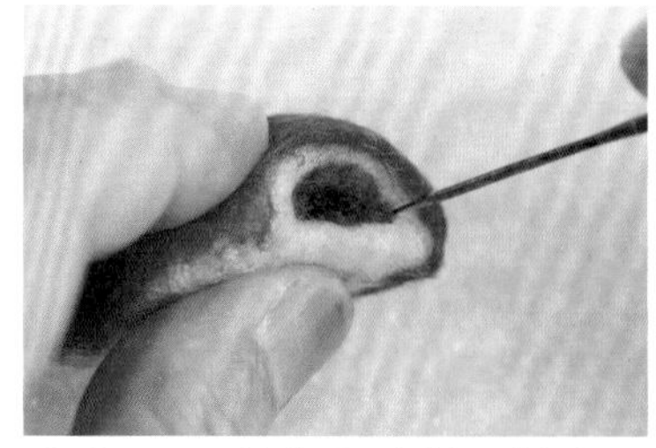

03 用深針往內戳刺，做出凹陷進去的內餡，再修飾內餡外圍成半圓形即完成。

肆・製作完整的麵龜

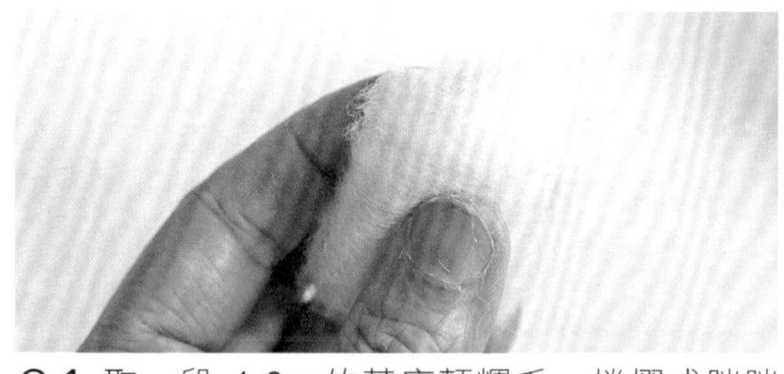

01 取一段 1.3g 的基底麵糰毛，捲摺成胖胖的圓柱狀後，戳刺接合處以固定。

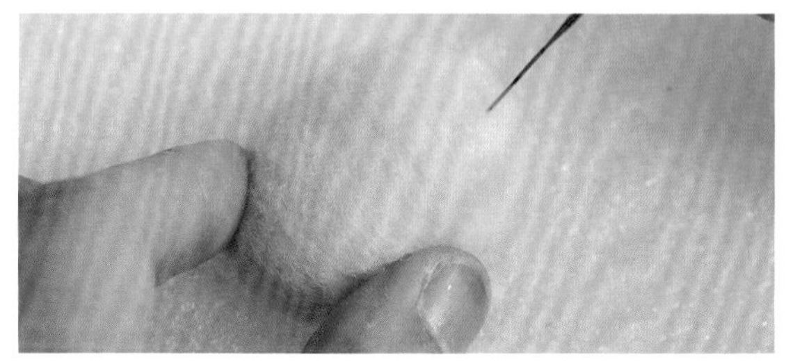

02 薄薄拉起上下兩端外層的羊毛，包住繞圈的摺痕，並將整體戳刺成平整的橢圓形。

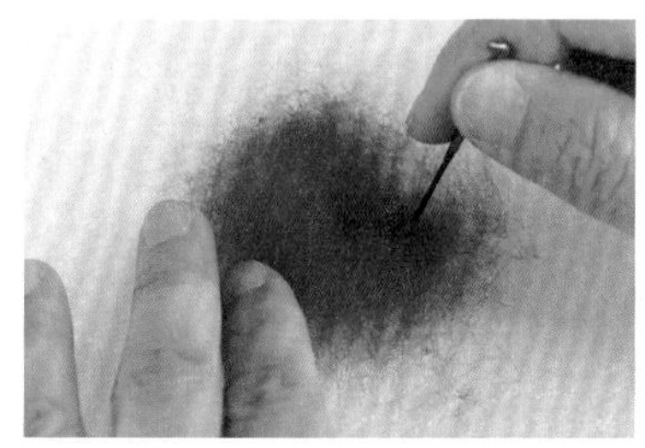

03 依照和前述相同的方法，混合草莓紅、莓果色和紅棕色羊毛，戳刺出麵龜的外皮。

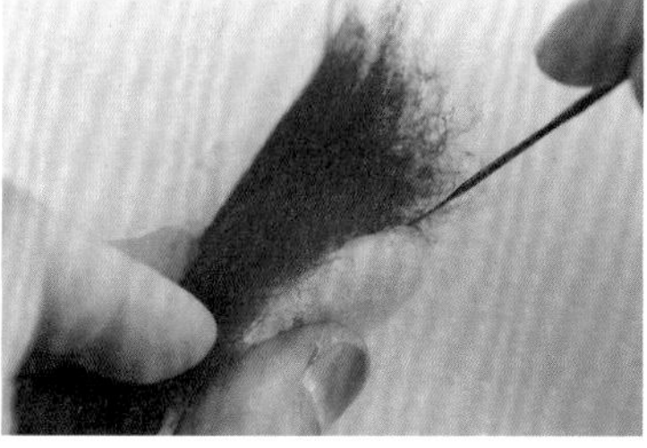

04 將外皮放在主體上，確認大小足以包住上半部後，開始沿著邊緣戳刺固定。

05 完成光滑完整的麵龜。

no.08

壽桃

不論是慶賀神明誕辰，或是家中有長輩過壽，
被寄予厚望的桃子，都是不可或缺的角色。
在桃子形狀的豆沙包上，染一層漂亮的粉紅色，
這樣的祝福或許老派，但每顆飽滿的壽桃裡面，
都是對上蒼的感謝，為長輩祈福的心意，
願青春永駐，盼延年益壽，簡單卻真心誠意。

【準備材料】

①〈**壽桃主體**〉基底麵糰毛 1.3g
②〈**壽桃的外皮**〉莓果色紅羊毛
薔薇色羊毛
櫻花粉羊毛
粉玫瑰色羊毛
白色羊毛

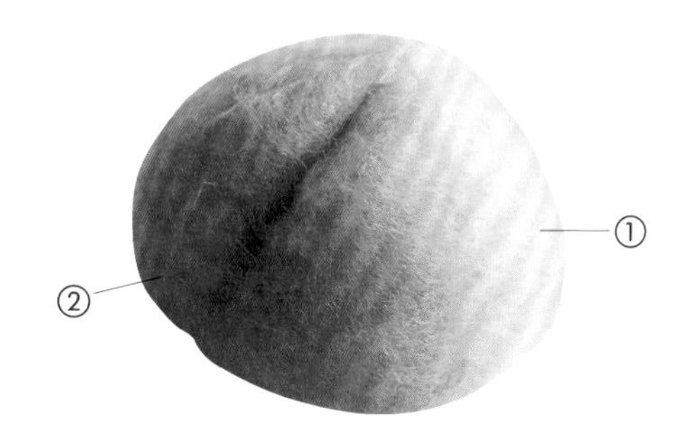

【製作步驟】

壹・製作壽桃主體

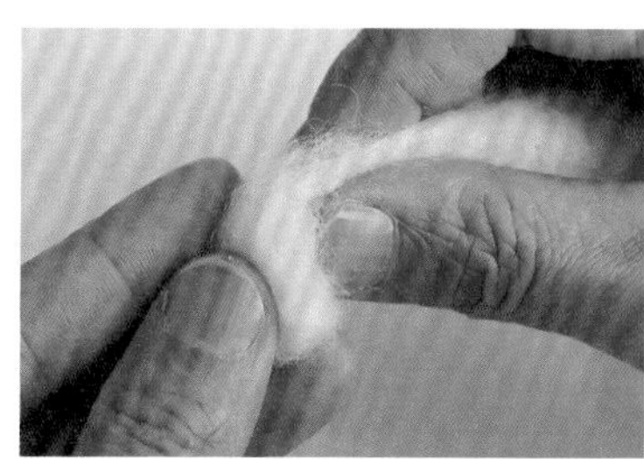

01 取一段 1.3g 的基底麵糰毛，從其中一端開始捲摺。

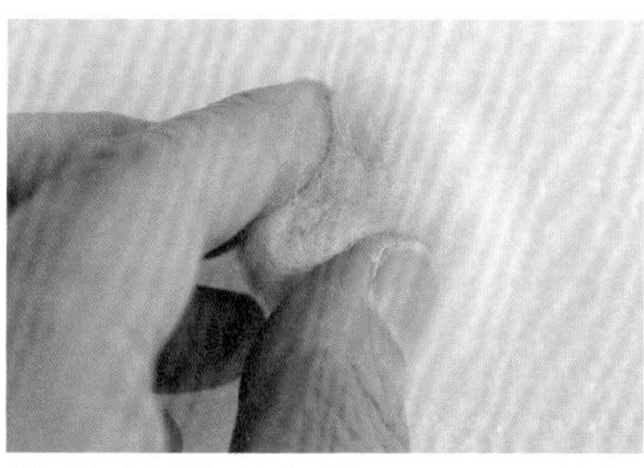

02 捲摺成直徑 2.5cm 的短短胖胖圓柱形。

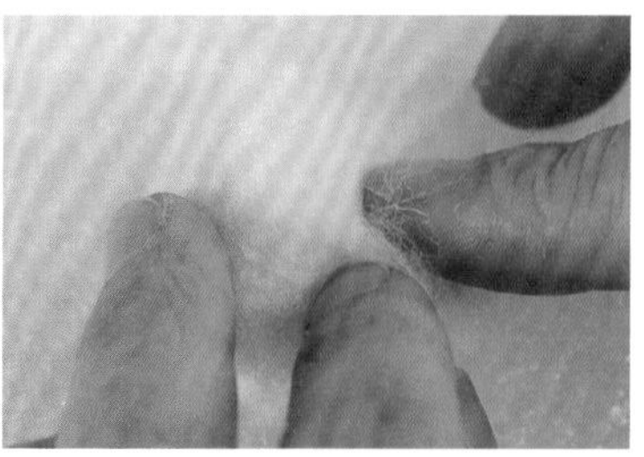

03 收尾時將羊毛尾端從斜上方往斜下方拉，做成一個有尖角的胖圓錐體。

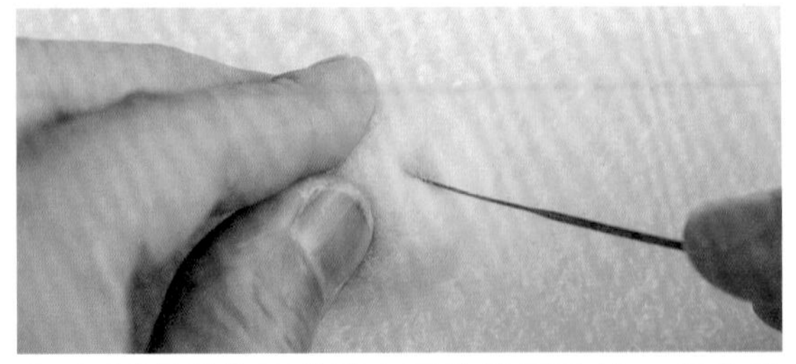

04 以淺針將圓錐體表面修飾平整後，從尖端的下方開始，用斜針向下戳刺出一條凹痕。

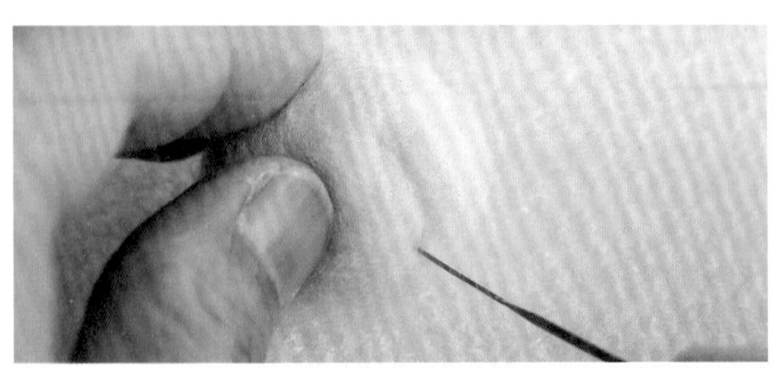

05 延著圓錐體的弧度往下戳刺，完成桃子形狀的主體。

貳・製作壽桃的染色

01 先取少量白色羊毛，稍微戳刺氈化成片狀。

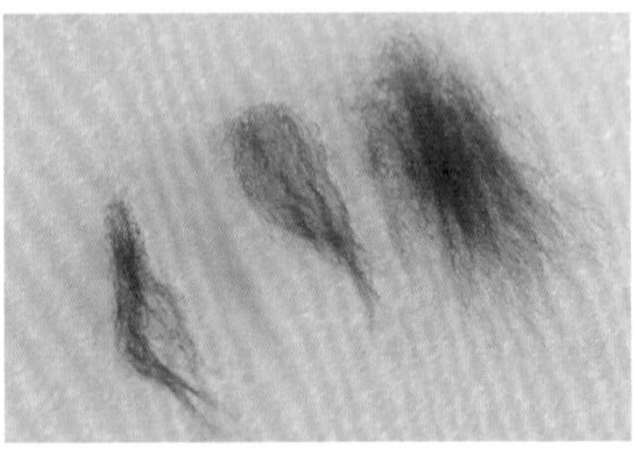

02 取薔薇色、粉玫瑰色、莓果色和櫻花粉的羊毛，撕成小片後再疊合撕毛混色。

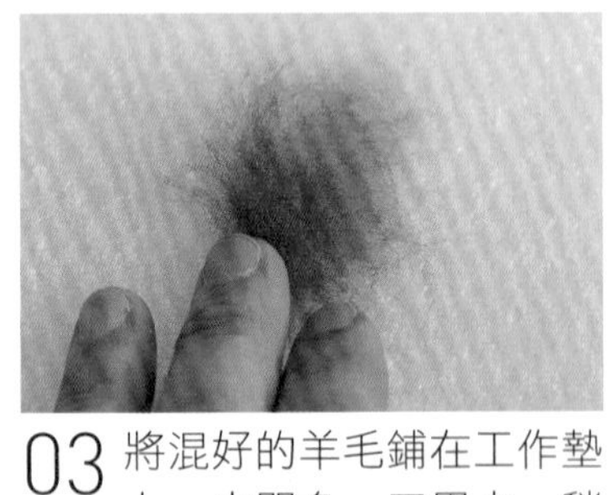

03 將混好的羊毛鋪在工作墊上，中間多、四周少，稍微氈化成片狀。

TIP 壽桃的桃色不會很均勻，通常中間深，越外圍越淺。

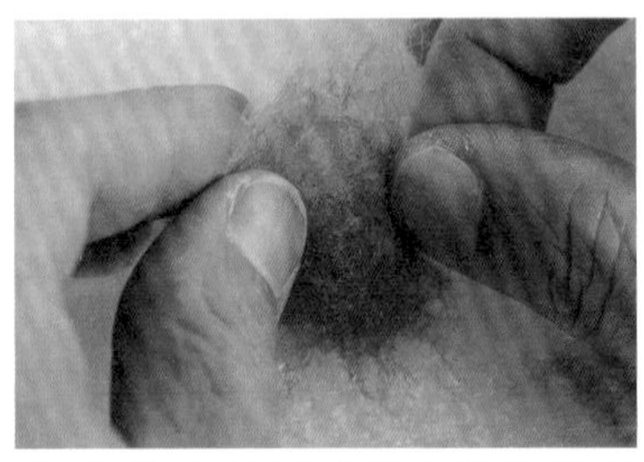

04 將白色羊毛片和桃色羊毛片疊在一起，放到壽桃要染色的位置上。

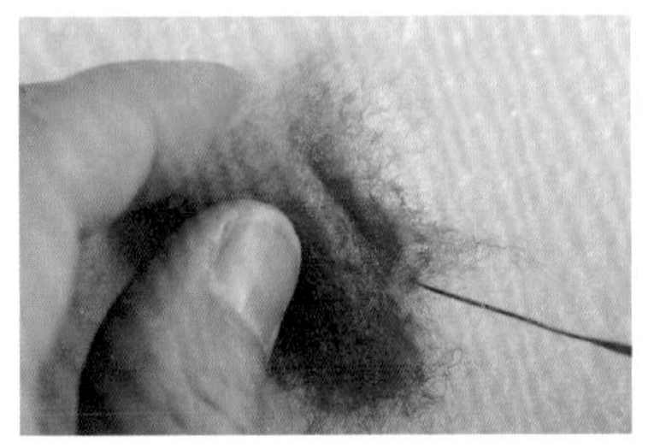

05 從主體的凹痕處開始戳刺固定，並加深凹痕。

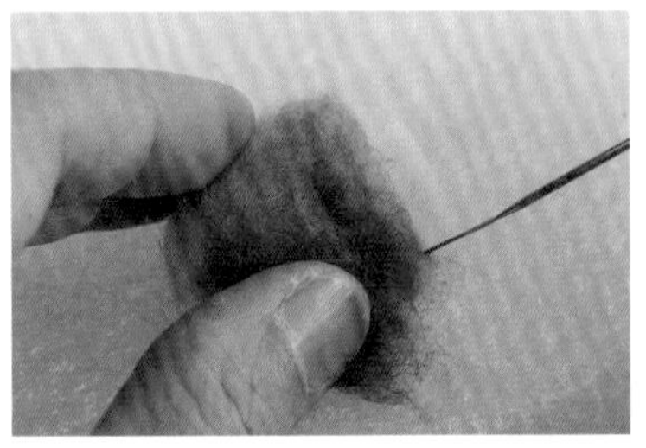

06 再戳刺固定羊毛片外圍，並把過於蓬鬆的羊毛片邊緣往內收。

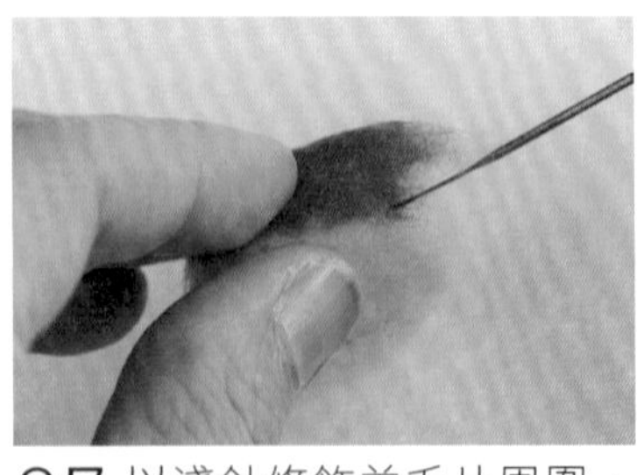

07 以淺針修飾羊毛片周圍，調整染色區域的形狀。

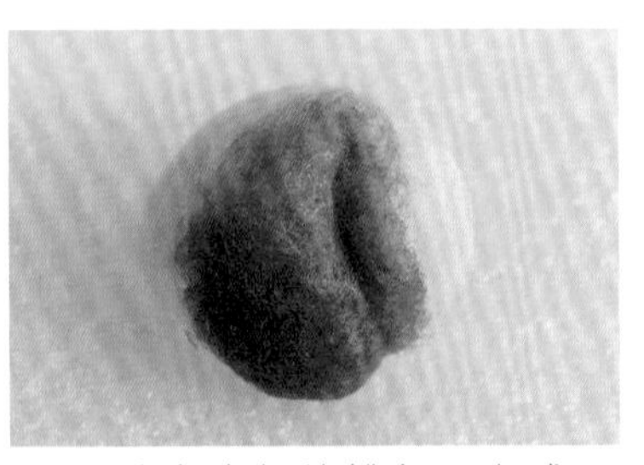

08 染上喜氣的桃色，完成！

食物之於製作的人，它其實含有很多很多細微的情感，
連結在每一個大街小巷，是只屬於那個時代的記憶。
我想要透過羊毛氈表述的，就是這些很棒的台灣在地故事。

no.09

象徵心願的壓紋

紅龜粿

有著美麗壓紋的紅龜粿，是祭祖拜神時的常客。
在做成代表團圓之意的圓形糕粿上用模具壓印花紋，
龜形象徵長壽、魚紋代表年年有餘，在在是內心最誠摯的寄望。
早期墊在紅龜粿底下的葉子黃槿，台語叫做「粿仔樹」，
用來盛放糕粿不但方便拿取，蒸煮後還會散發香氣。
羊毛氈紅龜粿沒有壓模，製作表面花紋時需要無比的耐心，
在心裡默想自己的心願藍圖，用實現願望的決心完成它吧！

【準備材料】

①〈紅龜粿主體〉基底麵糰毛 0.8g（基座）
基底麵糰毛 0.2g（花紋）
②〈紅龜粿的染色〉草莓紅羊毛
紅棕色羊毛

【製作步驟】

壹·製作紅龜粿主體

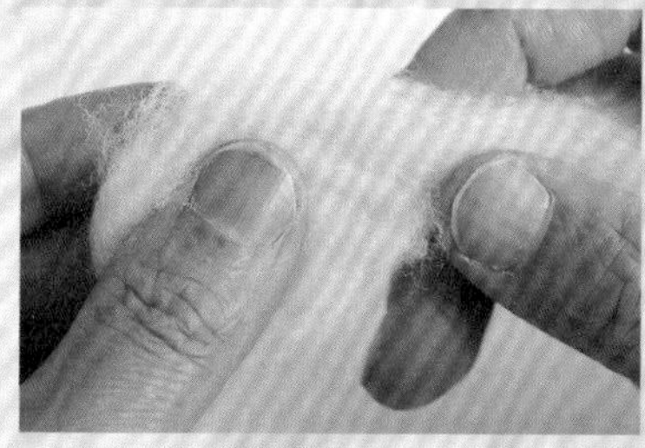

01 取一段 0.8g 的基底麵糰毛，用手捏住其中一端後，往側面捲摺。

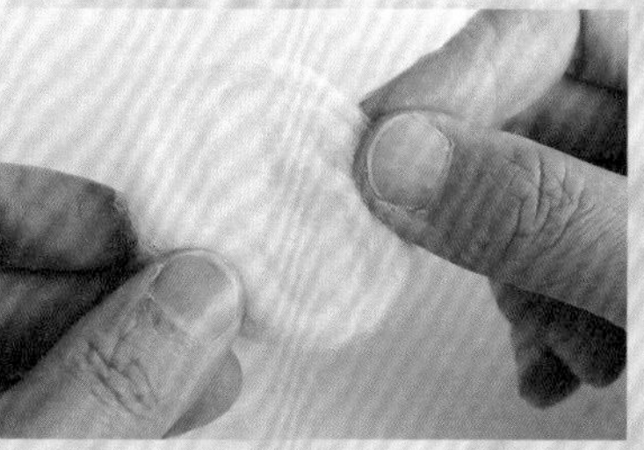

02 捲成扁平的橢圓形後，捏緊接合處。

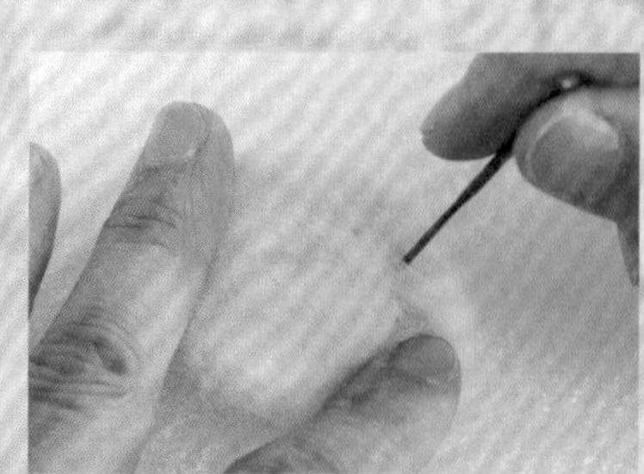

03 用戳針戳刺接合處固定。

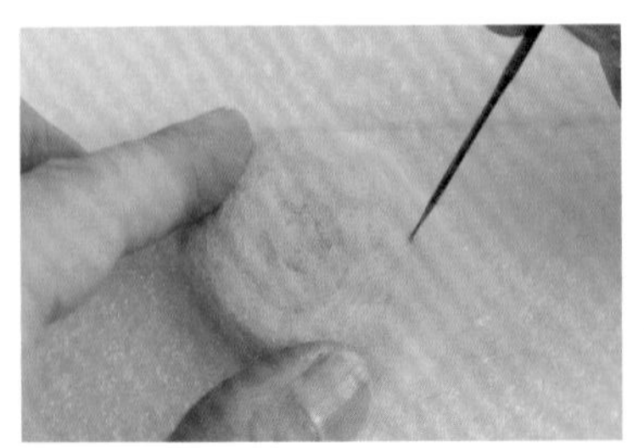

04 將整體修飾平整，完成大約 3.5cm×3cm 的紅龜粿基座。

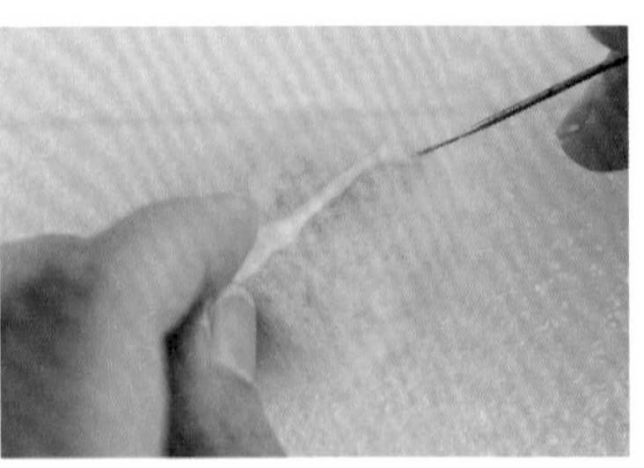

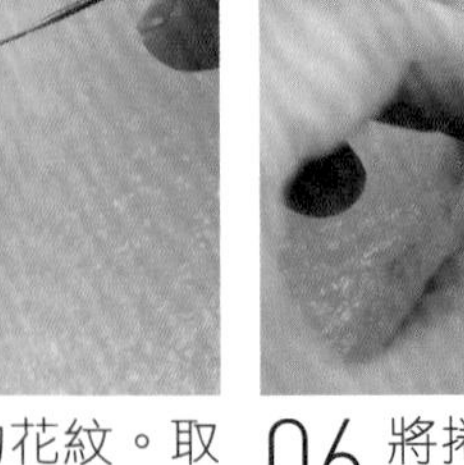

05 先構思好要做的花紋。取 0.2g 的基底麵糰毛搓成緊實長條後放到基座上。

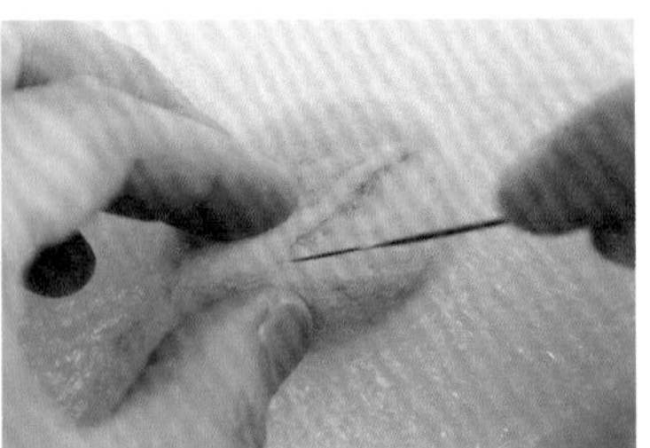

06 將捲成長條的羊毛分成數小條，依序擺放到預定位置，再以斜針戳刺固定。

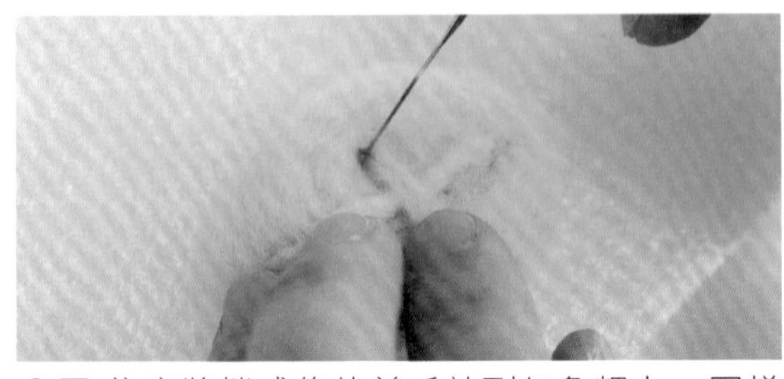

07 依序將捲成條的羊毛放到紅龜粿上，同樣以斜針固定，讓花紋保有立體度。

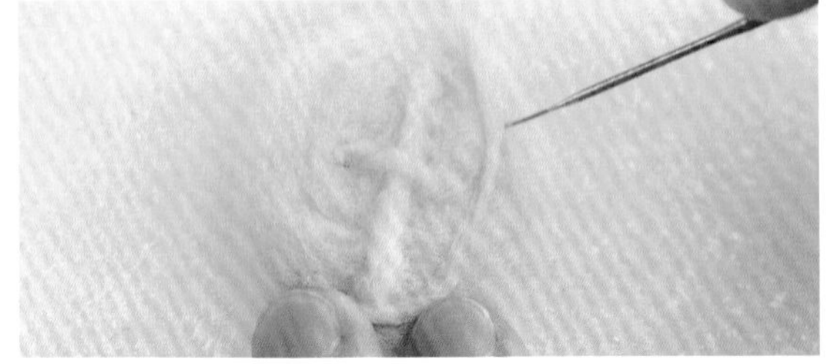

08 建議邊看真實照片邊做。可以用比較長的羊毛做繞一圈的花紋，再以斜針固定。

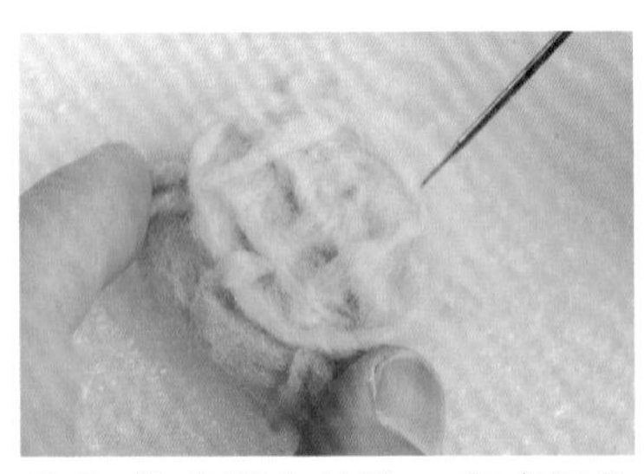

09 依序戳上紋路，完成紅龜粿的主體。

10 比較熟練和有耐心的人，可以挑戰進階版紋路。

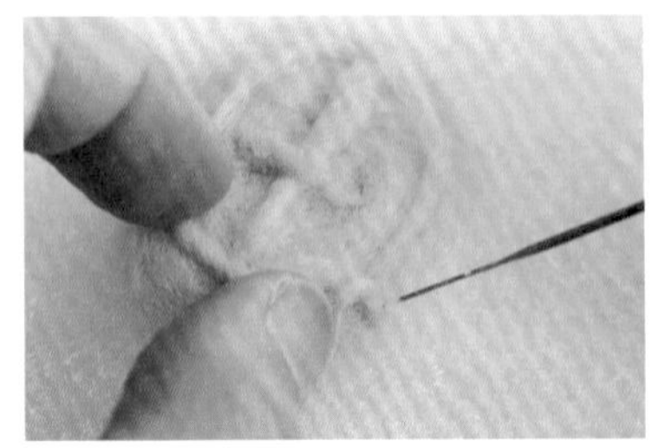

11 想要做出弧形紋路時，先將捲成條的羊毛彎成小小的半圓再固定即可。

貳·製作紅龜粿的染色

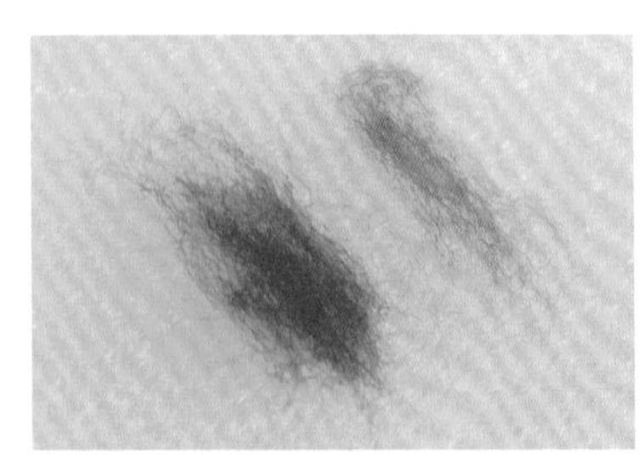

01 準備草莓紅和紅棕色的羊毛，分別撕成小片後，再疊在一起撕毛混色。

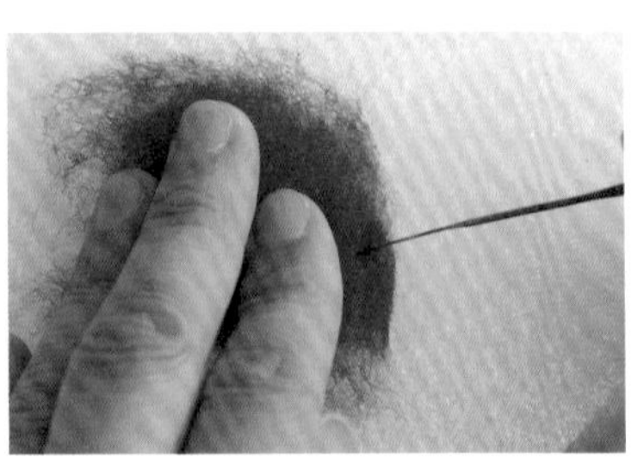

02 將混好色的羊毛鋪在工作墊上，戳刺氈化成面積大於紅龜粿主體的片狀。

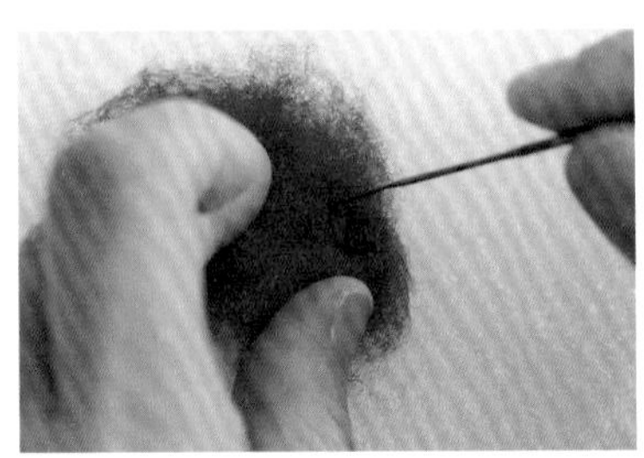

03 先將羊毛片從紅龜粿的邊緣戳刺上去，稍微固定。

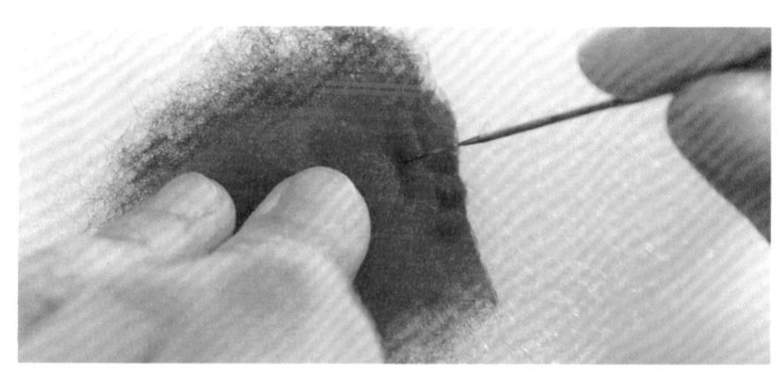

04 開始用針順著紋路慢慢將羊毛片戳刺上去，若不知道紋路的走向，可以將羊毛片掀開，觀察主體凹凸的花紋。

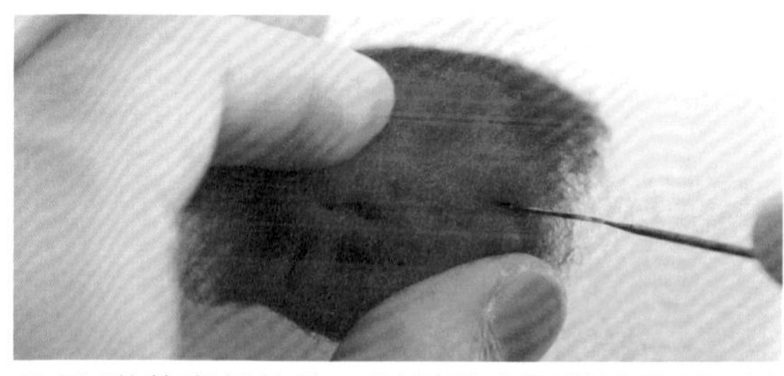

05 沿著高低紋路，以斜針或平行針戳刺，讓羊毛片和紅龜粿更貼合。

06 不要糾結在一定要和底下的紋路相同，慢慢戳刺出想要的形狀即可。

07 戳刺完所有紋路後，以淺針修飾整體邊線即完成。

no.10

忘不了的蔥油香

蔥花捲

在麵團裡夾入大量鹹香的蔥花，經過包餡、拉轉、發酵，
做出Q彈有嚼勁的「高級版饅頭」——蔥花捲。
我特別喜歡把細絲狀的蔥花捲一絲一絲抽出來吃，
早期的做法大多會添加豬油（也有人用麻油），
剛蒸好時一剝開，熱騰騰的蒸氣中滿滿蔥油香，
在西式早餐還不普及的當時，可是最受歡迎的人氣早餐。

【準備材料】

①〈**蔥花捲主體**〉基底麵糰毛 2.1g（基座、層次）
白色羊毛（層次）
淺黃色羊毛（層次）

②〈**蔥花捲的蔥花**〉青蘋果綠羊毛
孔雀綠羊毛
海苔綠羊毛

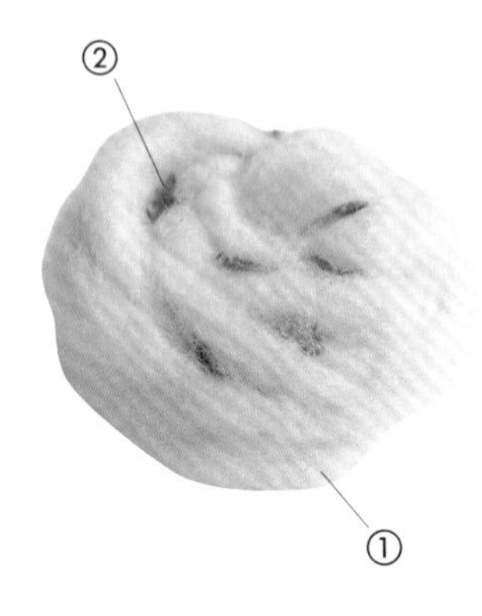

【製作步驟】

壹‧製作蔥花捲主體

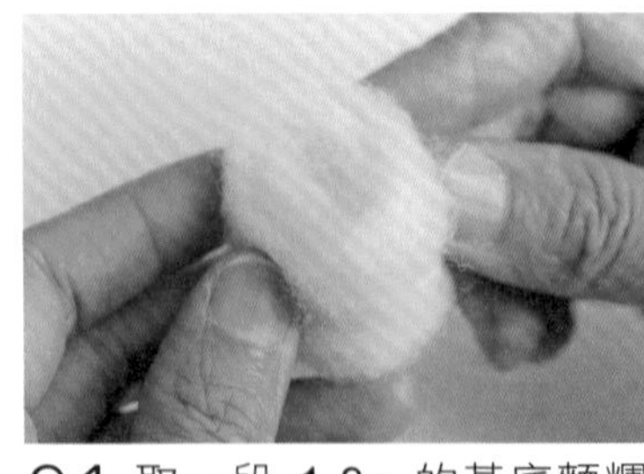

01 取一段 1.3g 的基底麵糰毛，捲成橢圓形的圓柱體。

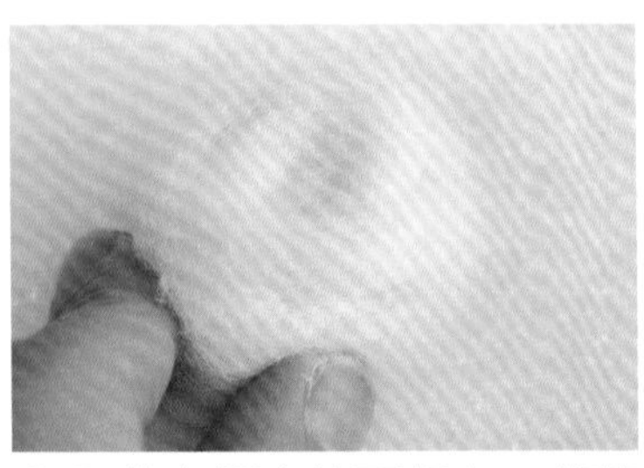

02 將有摺痕的面朝上，薄薄拉起外層的羊毛包覆住摺痕後戳刺，讓表面平整。

03 完成直徑大約 2.5cm 的蔥花捲主體。

第三章　眷村好味道×眷村景物

貳·製作蔥花捲的層次

01 取白色和淺黃色的羊毛，分別撕小片後疊在一起反覆撕毛混色。

02 將混好色的羊毛鋪在工作墊上，大略氈化成片狀。

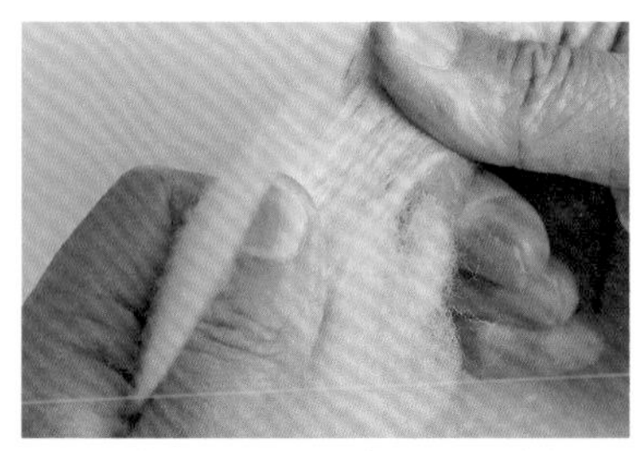

03 撕下一小段氈化好的羊毛片，準備製作蔥花捲上一絲一絲的層次。

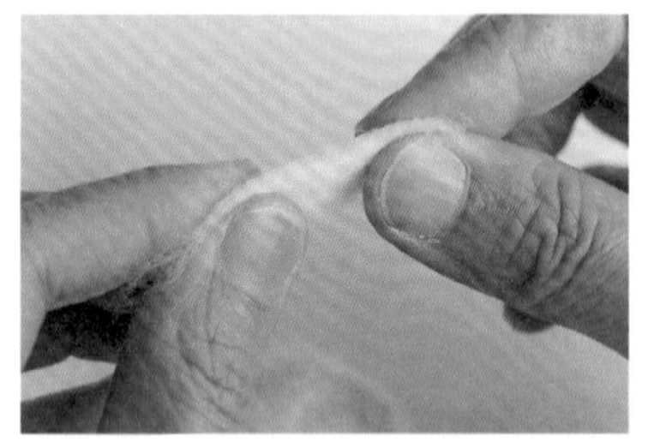

04 將撕下的羊毛片對摺，再戳刺氈化成長條狀。

TIP 對摺處固定就好，不要戳扁，保留層次的厚度。

05 選張喜歡的蔥花捲照片，觀察表面層次的紋路後，將長條放到蔥花捲上。

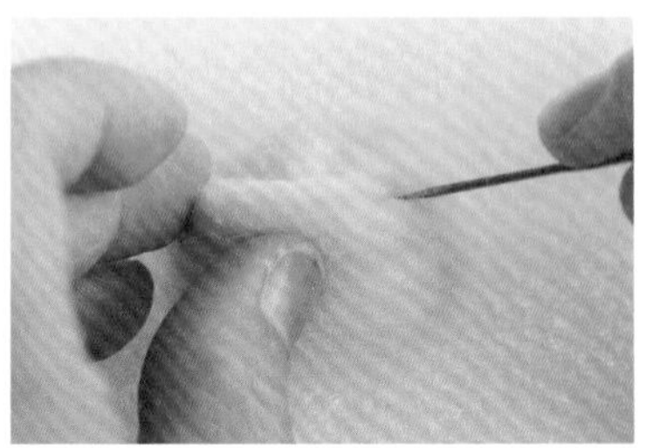

06 先做中心的兩片層次。

TIP 層次依照喜好製作即可，此處示範以蔥花捲中心為準，往兩側延伸的放射層次。

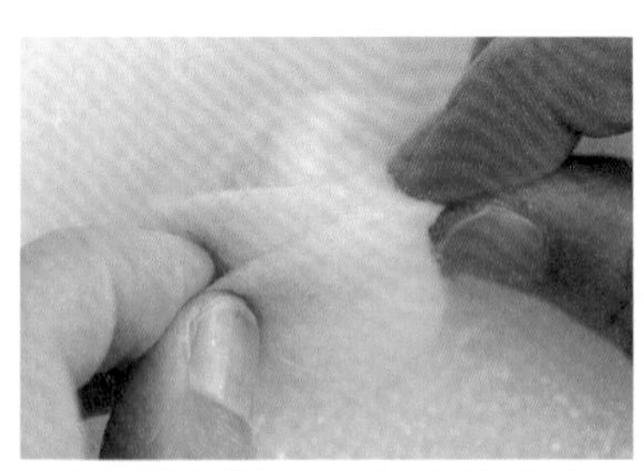

07 再次撕下一小段羊毛片，對摺後稍微戳刺固定，再沿著前一層羊毛片放到蔥花捲上。

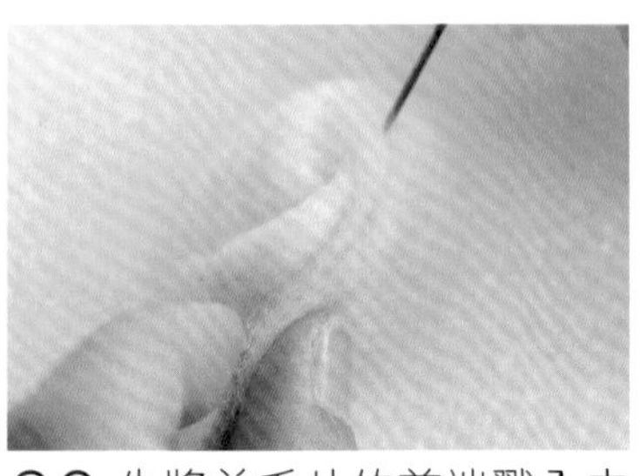

08 先將羊毛片的前端戳入中心，再順著紋路戳刺固定。羊毛片若多摺幾摺，可以更快做出多層次。

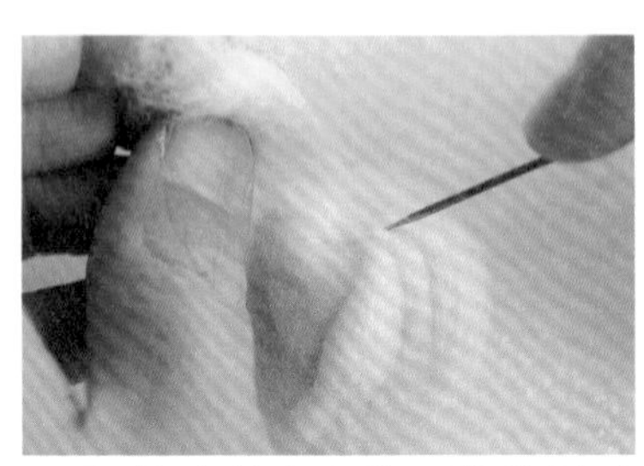

09 依序放上多條長條狀羊毛片，同樣先將前端戳刺到中心點再開始固定。

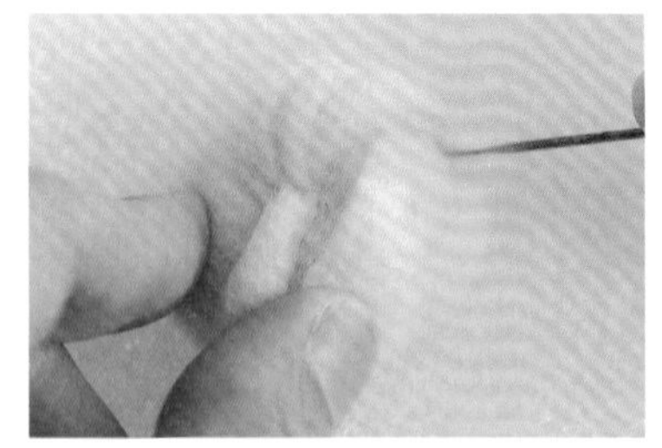

10 依序戳刺上所有層次。固定羊毛片時從側邊以斜針戳刺，更能做出立體感。

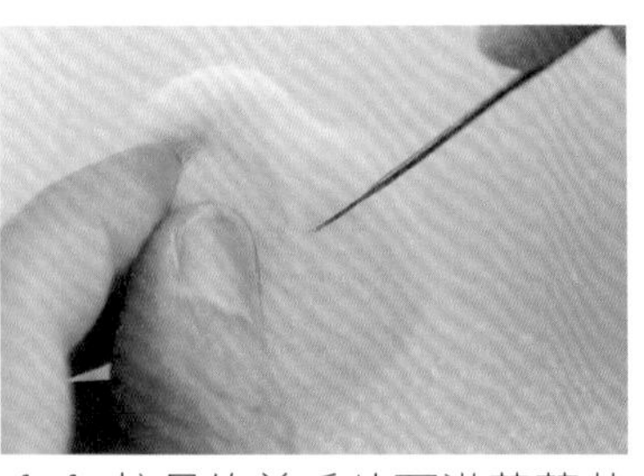

11 較長的羊毛片可沿著蔥花捲基座的球面拉到底部，從底下戳刺固定。

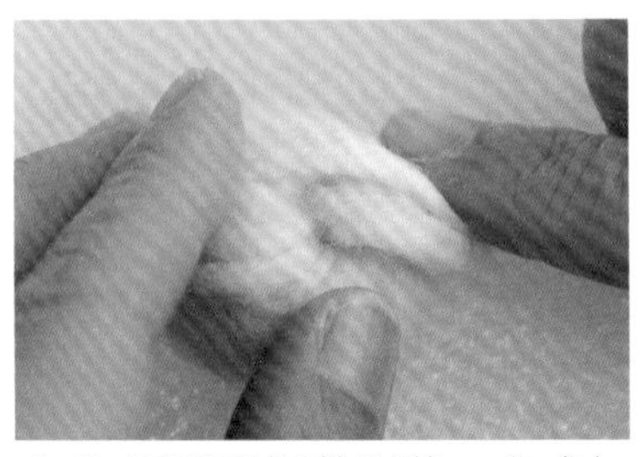

12 再用手調整形狀，完成加上層次的蔥花捲主體。

參・製作蔥花捲的蔥花

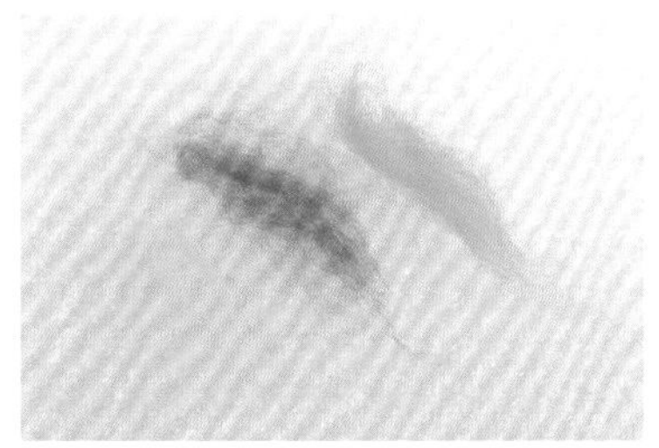

01 取青蘋果色、薄荷綠和海苔綠羊毛，先撕成小片。

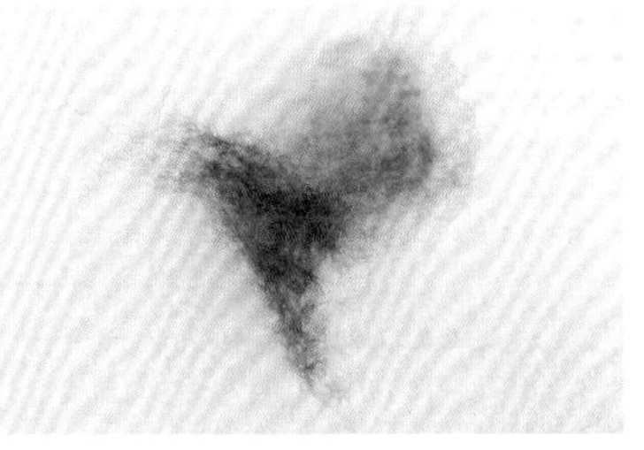

02 將羊毛疊在一起反覆撕毛，混出有深有淺的不均勻綠色後，戳化成片狀。

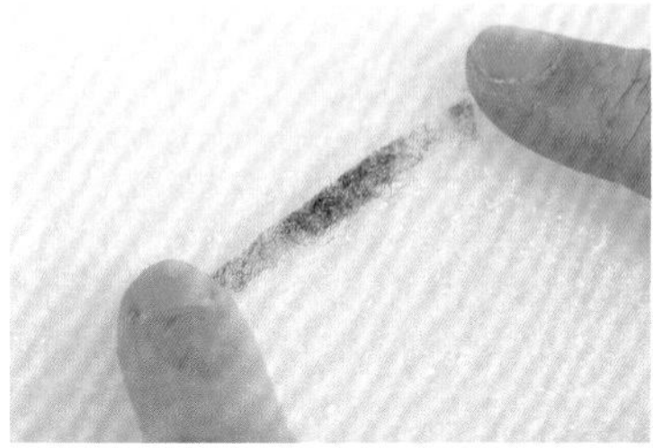

03 取一小段羊毛，搭成長條後戳化，做出青蔥。

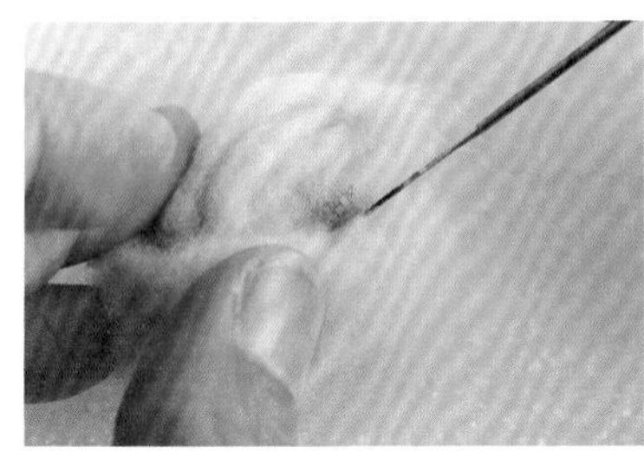

04 將做好的青蔥再剪成小段的蔥花，放在蔥花捲層次間的凹陷處，戳刺固定。

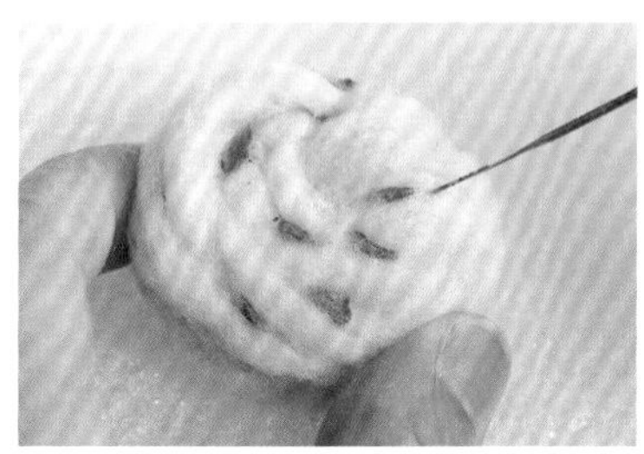

05 依照相同方法放上多片蔥花後，蔥花捲就完成了。

TIP 如果想做出蔥花捲蒸過後氧化的黃黃效果，可以加入少許橙黃色羊毛，戳刺在蔥的外緣。

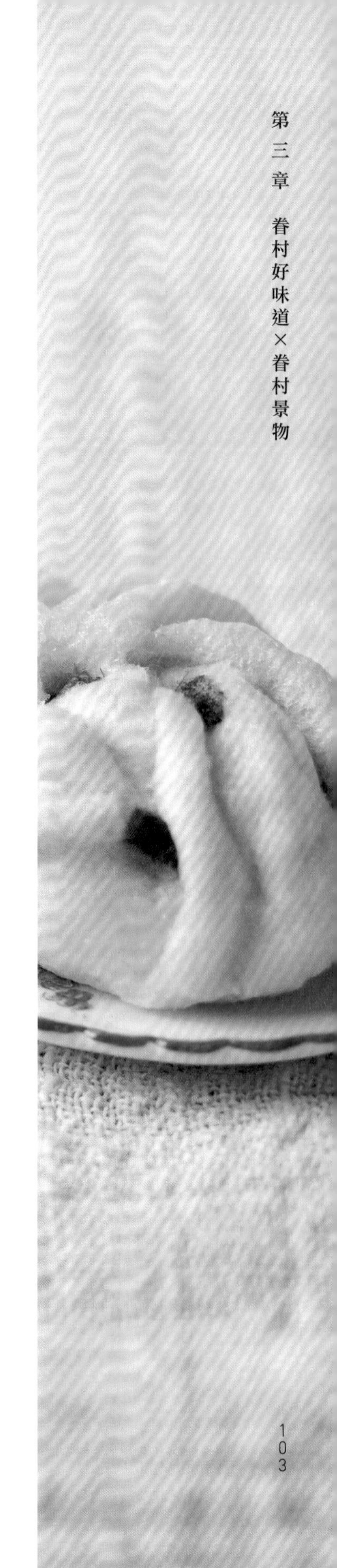

no.11

鮮甜多汁的餡料

大肉包

肉包上鮮明的紅點，在現代多用來分辨口味，
但據說在古代，是為了避免餓鬼搶食而用硃砂做的記號。
從前眷村裡的老師傅，會把木箱裝在腳踏車後座，
載著剛蒸好的包子饅頭，沿著大街小巷高聲叫賣，
有著滿滿餡料和肉汁的肉包，總是最先被搶購一空。
親民的銅板價格，用雙手扳開時撲鼻而來的暖暖白煙和香氣，
藏在外皮下的飽滿美味，就像台灣人樸實含蓄卻真切的情感。

【準備材料】

①〈**大肉包主體**〉基底麵糰毛 1.3g
②〈**大肉包外皮**〉白色羊毛
淺黃色羊毛
③〈**大肉包的紅點**〉草莓紅羊毛
莓果色羊毛

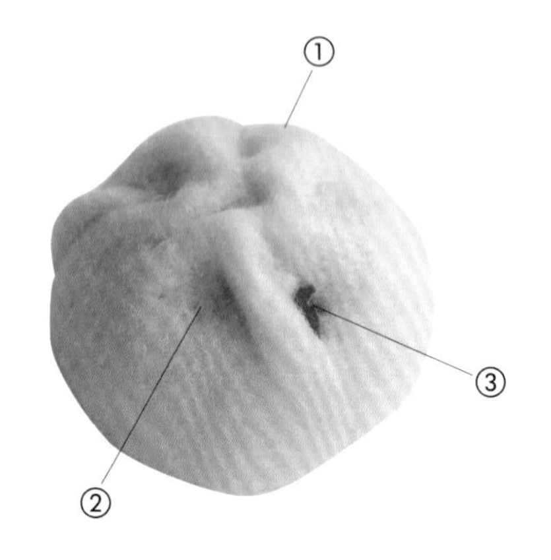

【製作步驟】

壹・製作大肉包主體

01 準備一段 1.3g 的基底麵糰毛，平整地拉開。

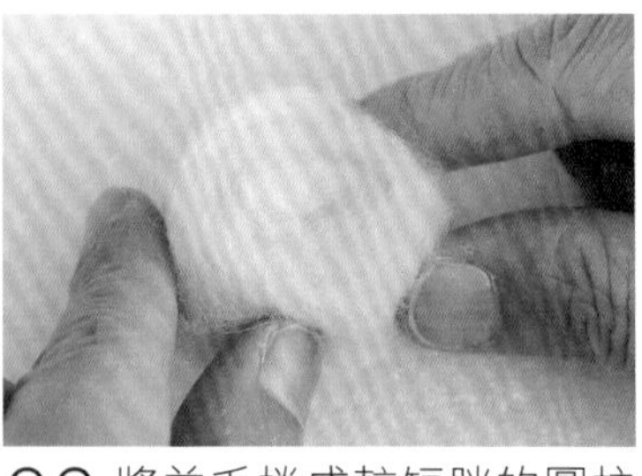

02 將羊毛捲成較短胖的圓柱狀，捏住接合處。

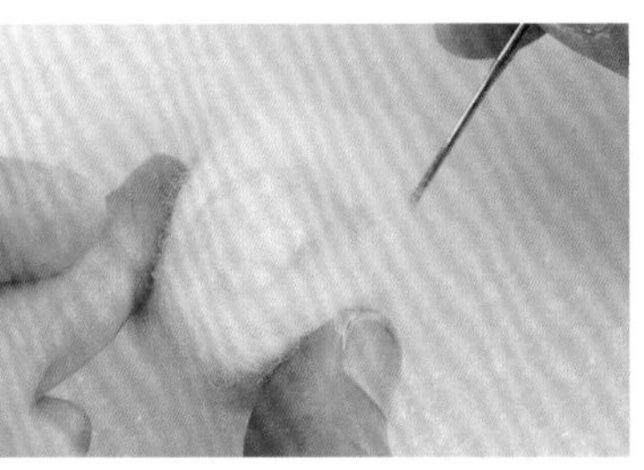

03 以戳針戳刺固定捲起後的接合處。

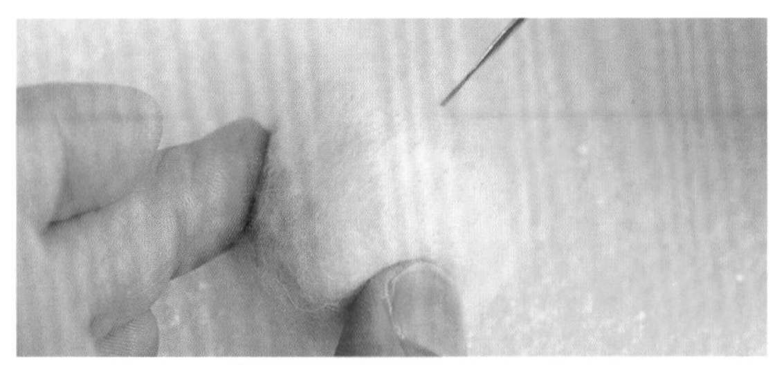

04 接著用戳針將整體戳刺氈化成直徑 3cm 的半圓形形狀。

TIP 戳的時候可以用手拉起外層羊毛，蓋住有摺痕的地方。

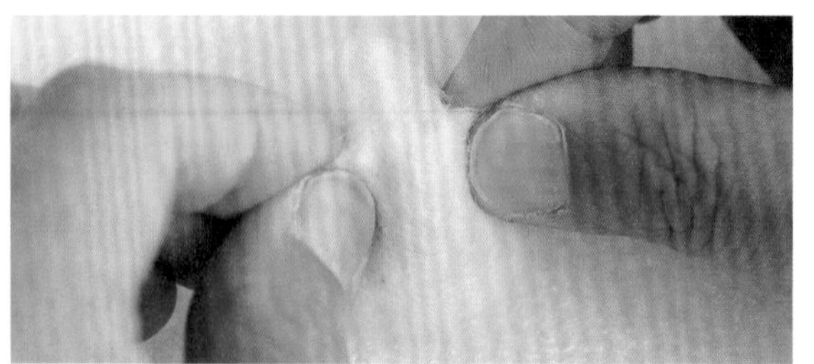

05 用手調整一下半圓形頂端，稍微捏出肉包頂端的皺褶，完成大肉包的主體。

貳・製作大肉包外皮

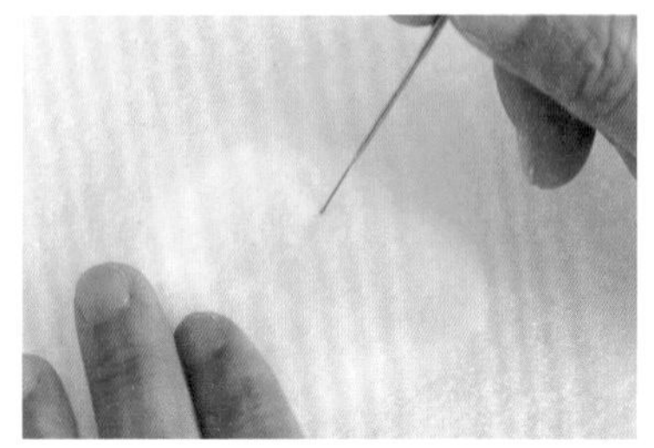

01 接著製作大肉包外皮。將白色羊毛混少許淺黃色羊毛，氈化成片狀。

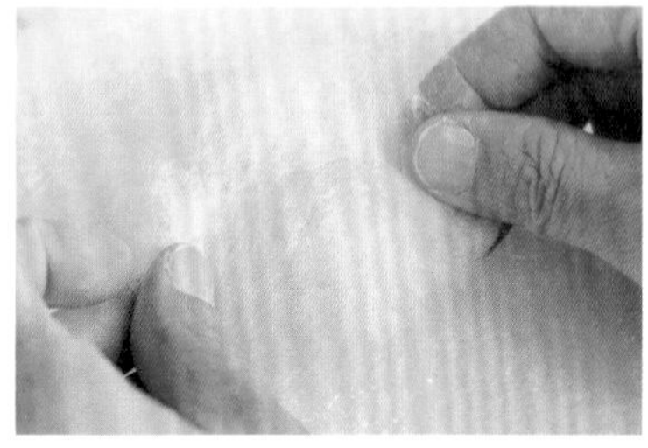

02 將白色羊毛片放到大肉包的主體上，確認羊毛片的面積大於主體。

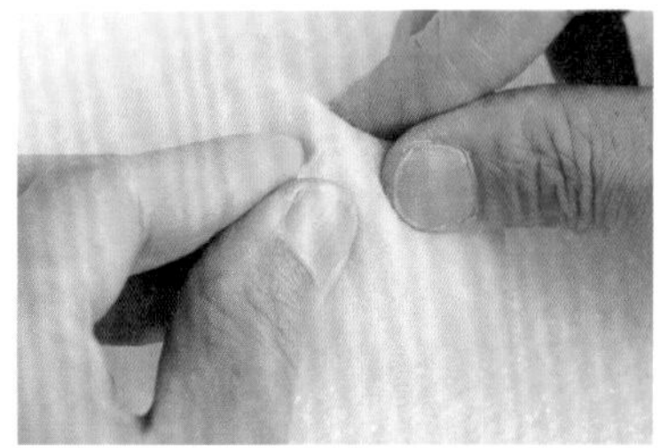

03 雙手放在羊毛片頂端，向內推出一個「十字」的皺褶，準備做大肉包的尖端。

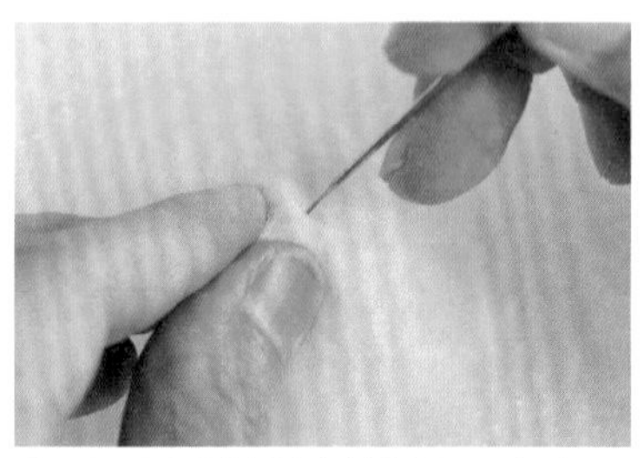

04 用戳針戳刺皺褶凹陷處，將羊毛片固定到主題上。

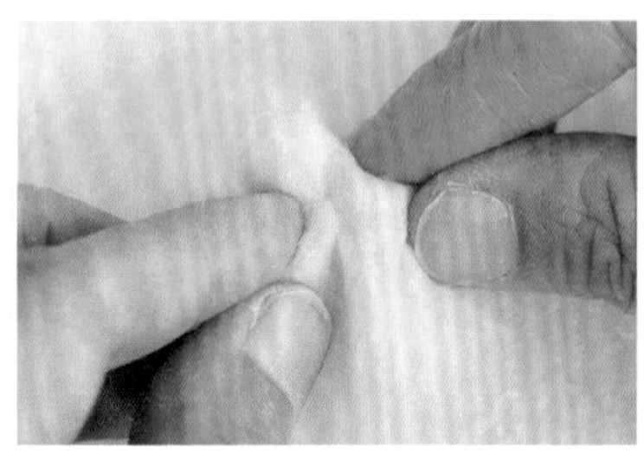

05 再次用手將「十字」推出更明顯的皺褶，並固定。

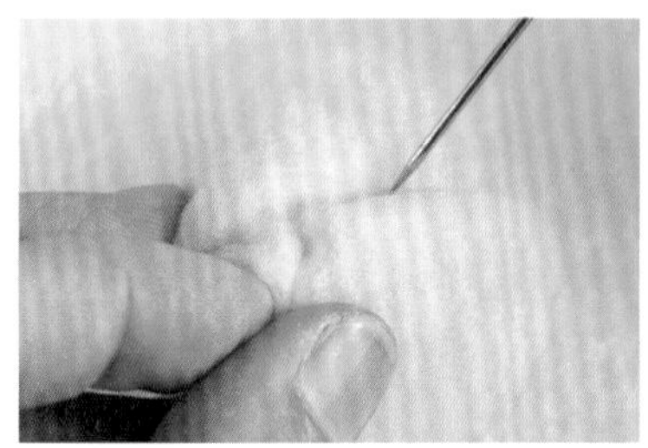

06 順著頂端的皺褶再往下戳刺，準備做出大肉包表面膨起來的摺痕。

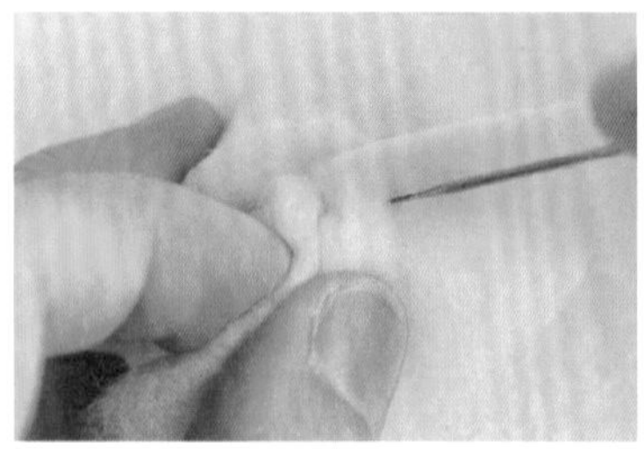

07 以斜針戳刺捏出的摺痕側邊，保留對摺處的蓬鬆度，做出立體感。

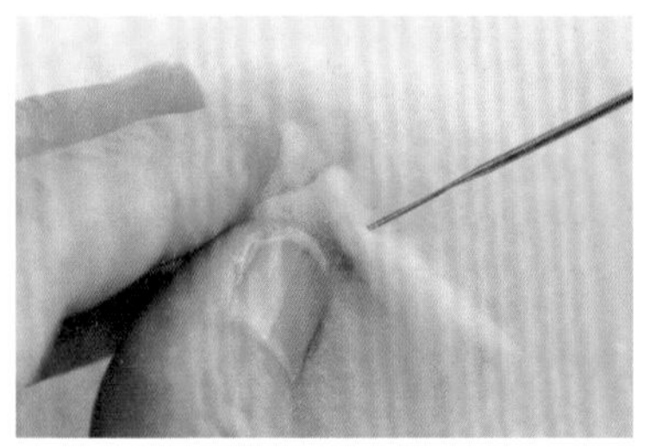

08 從皺褶側邊戳刺固定皺褶本身，再固定至主體上，讓皺褶稍微斜倒，模擬包子的收口。

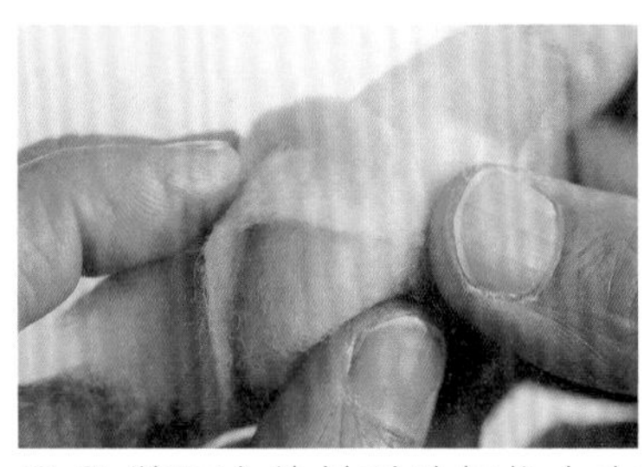

09 將下方的羊毛片包住大肉包主體的周圍。

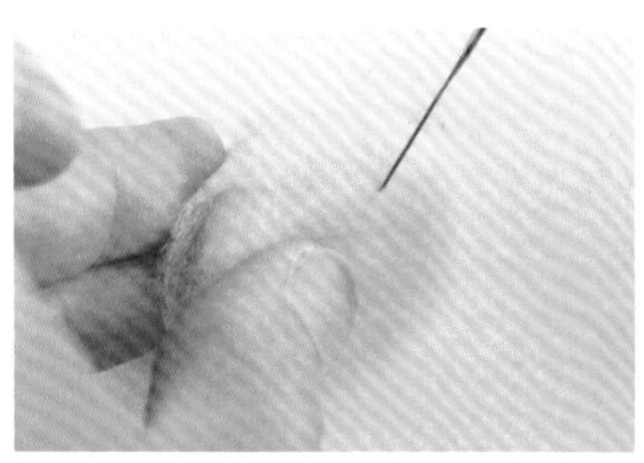

10 戳刺非摺痕的地方，將整個外皮固定到主體上。

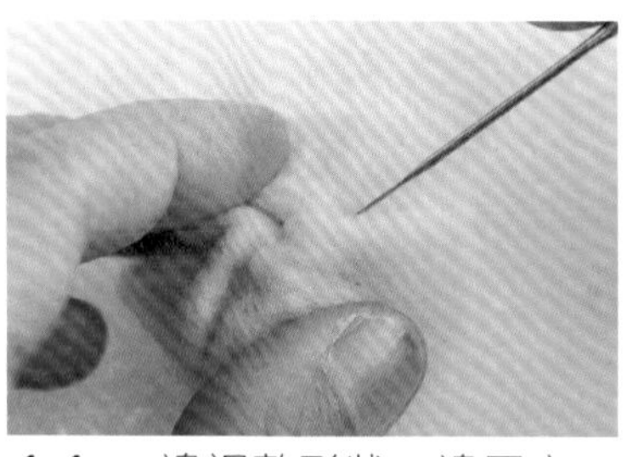

11 一邊調整形狀一邊固定。用戳針加強修飾上端皺褶，做出更明顯的高低差。

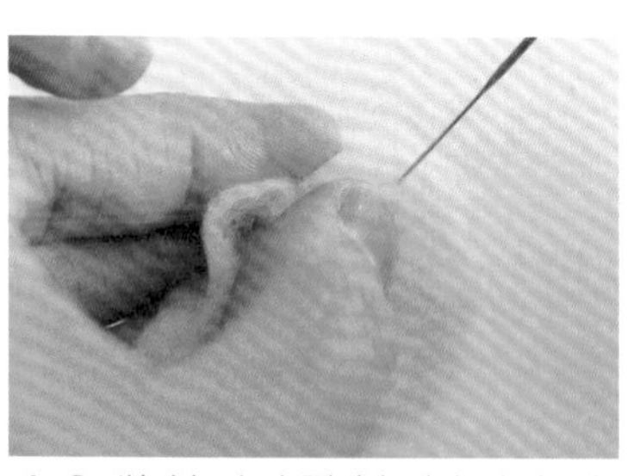

12 將羊毛片戳刺到大肉包底部。若不服貼可以先拉鬆後貼平再固定。

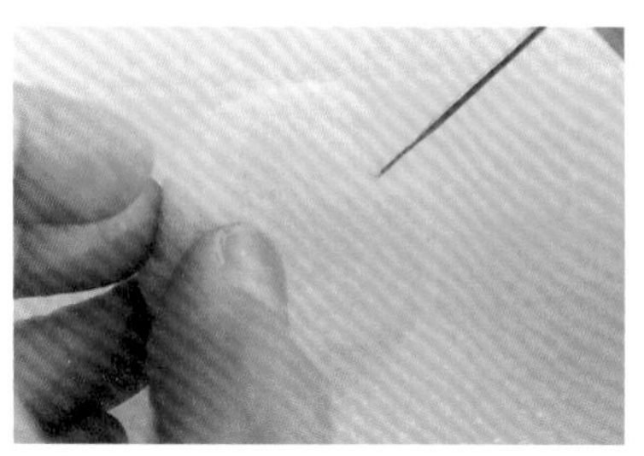

13 將大肉包的整體和底部都修飾平整。

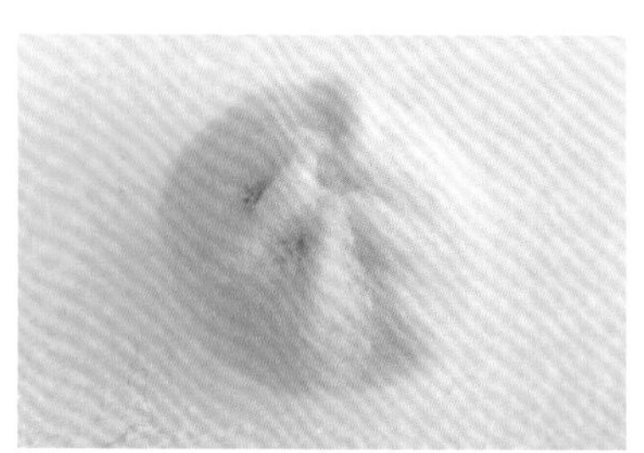

14 完成加上外皮的大肉包。

參・製作大肉包的紅點

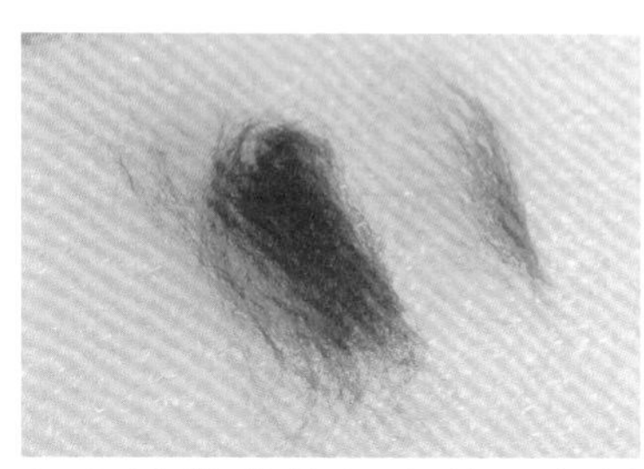

01 準備草莓紅和莓果色羊毛，分別撕成小片後，疊在一起撕毛混色。

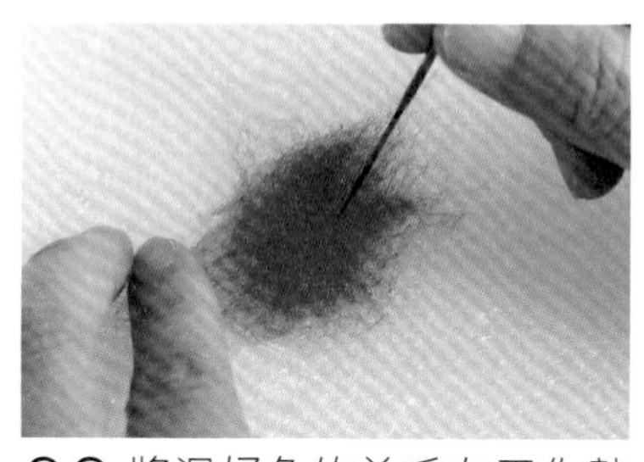

02 將混好色的羊毛在工作墊上氈化成平面的片狀。

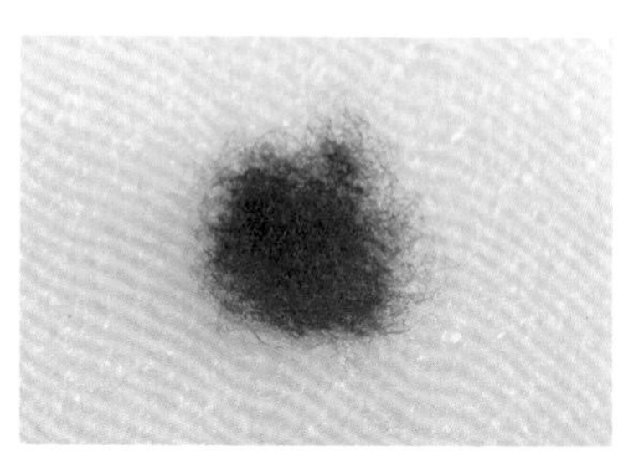

03 撕一小塊羊毛片，戳刺成接近圓形的片狀。

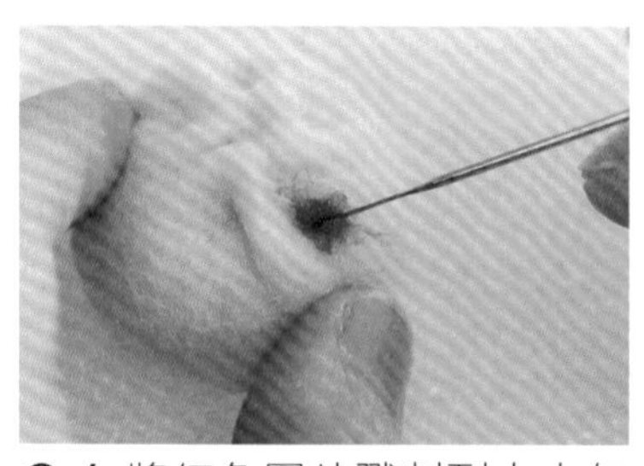

04 將紅色圓片戳刺到大肉包頂端的皺褶旁邊。

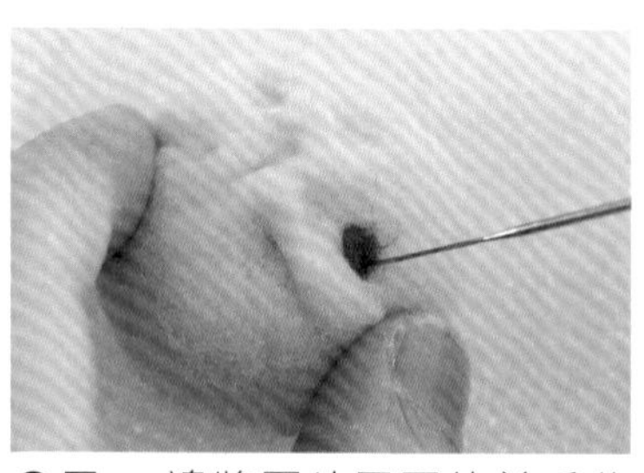

05 一邊將圓片周圍的羊毛收進肉包裡，一邊修飾形狀成圓點，完成！

no.12

麵 攤 小 吃 的 靈 魂 配 角

滷味拼盤（滷蛋豆干）

依照各家口味調配出油亮的滷汁後，添加八角、蔥段等辛香料，
再放入肉塊、豆製品、蛋、海帶等食材，慢慢燉煮到上色入味，
充滿家鄉味的滷味拼盤，是台灣人再熟悉不過的國民美食。
接下來要教大家用羊毛氈重現我最喜歡的滷蛋和豆干，
價錢平易近人，而且吸飽滷汁的誘人口感配飯配麵都很搭，
是很多媽媽的手路菜，也是到麵攤小吃必點的招牌小菜。

【準備材料】

①〈豆干主體〉基底麵糰毛 2.5g

②〈豆干外皮〉淺咖啡色羊毛、黃棕色羊毛、紅棕色羊毛

③〈切片豆干主體〉基底麵糰毛 0.5g

④〈切片豆干深色外皮〉淺咖啡色羊毛、黃棕色羊毛、紅棕色羊毛

⑤〈切片豆干淺色外皮〉基底麵糰毛、淺黃色羊毛、紅棕色羊毛、黃棕色羊毛、橙黃色羊毛

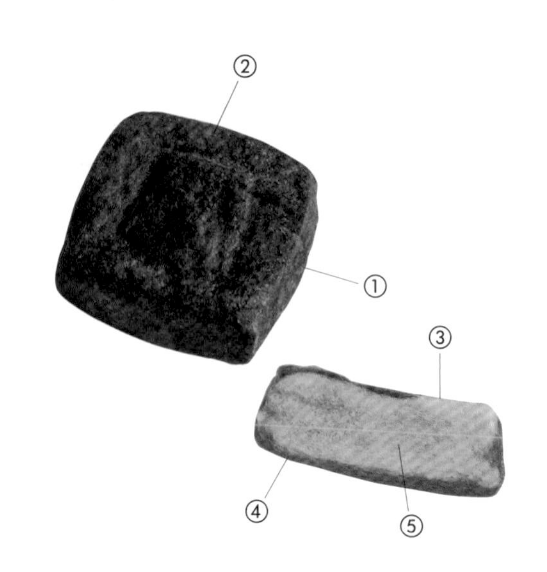

【製作步驟】

壹·製作豆干主體

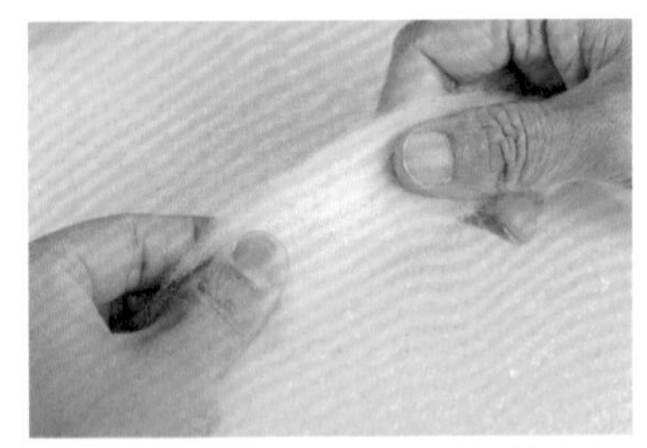

01 準備一段 2.5g 的基底麵糰毛，平整地拉開。

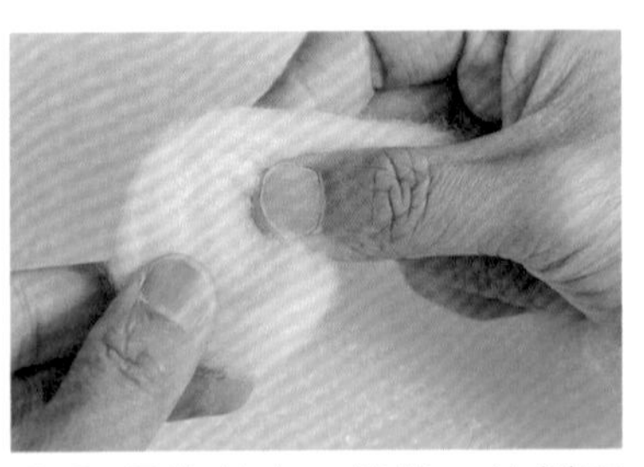

02 捏住其中一端後，往側面捲摺成接近扁平的圓形。

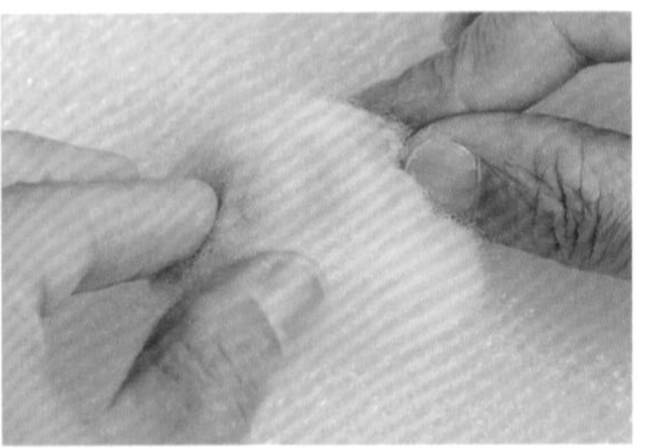

03 雙手捏緊接合處後，以淺針輕戳接合處稍微固定。

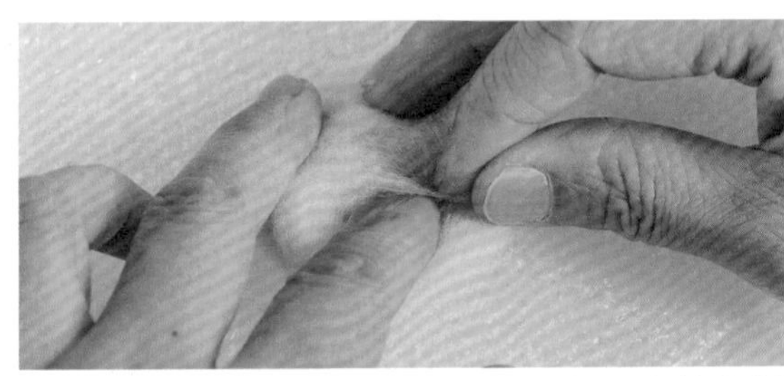

04 薄薄拉起最外層的羊毛，往下遮蓋住摺痕，讓表面平整。

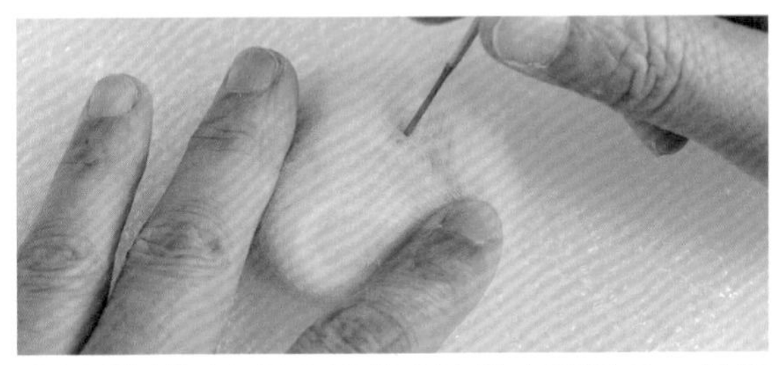

05 戳刺固定用來遮蓋摺痕的表面羊毛，並將整體氈化成略硬的狀態。

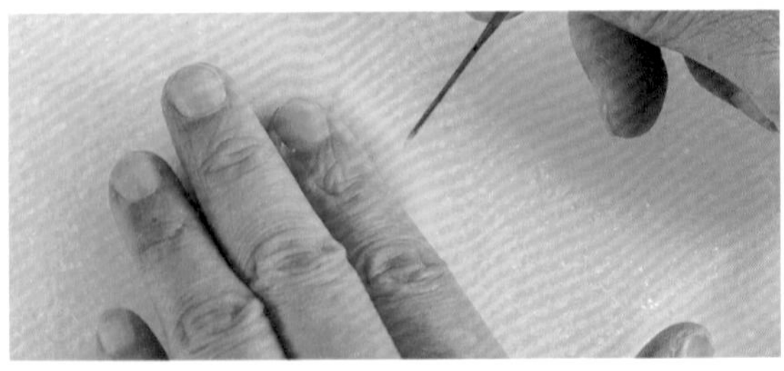

06 接著準備塑形出豆干的方塊狀。先以斜針戳刺四邊，大致將扁圓形修飾成方形。

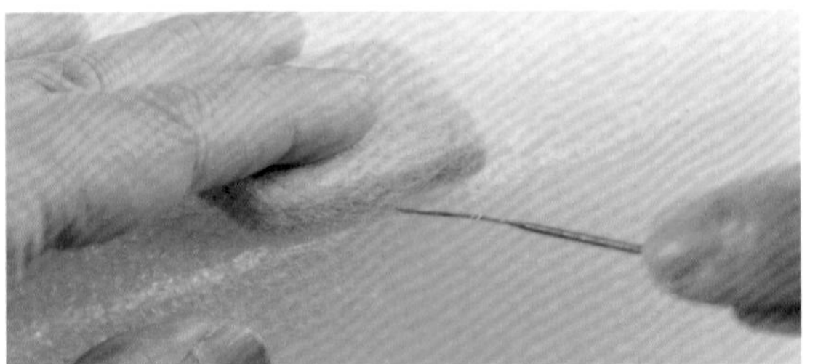

07 再將各邊對齊工作墊側邊，以平行針戳刺出筆直的線條，完成 5×5cm 豆干主體。

TIP 利用工作墊輔助可以戳出平整的側面，也比較不會戳到手。

貳·製作豆干外皮

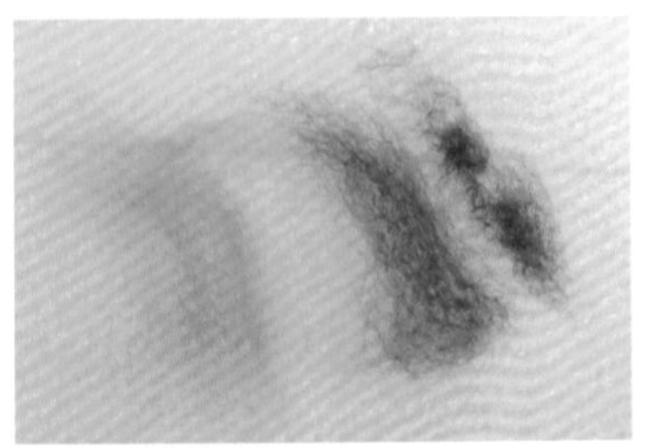

01 準備黃棕色、紅棕色和淺咖啡色的羊毛，先各自撕成小片後，疊在一起反覆撕毛混色。

02 羊毛混好色後在工作墊上戳刺氈化成面積大於豆干的平面片狀。

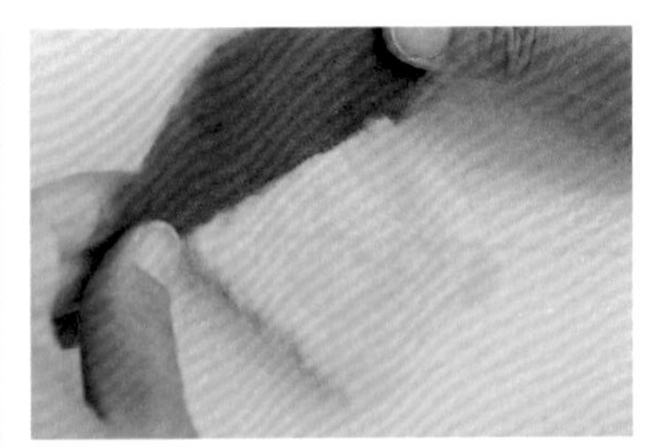

03 將混色羊毛片放到豆干主體上。

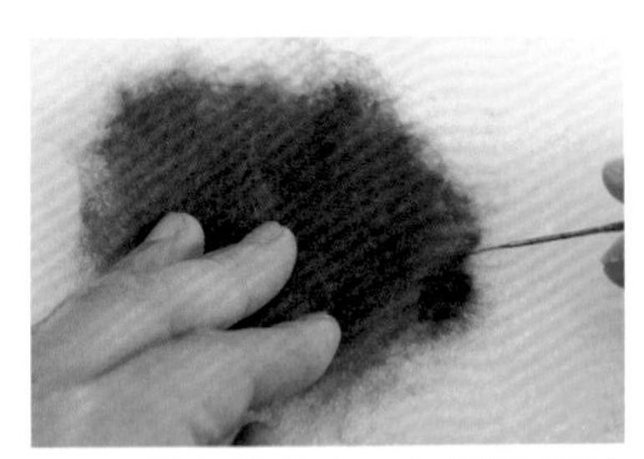

04 從主體其中一個側邊開始將羊毛片戳刺固定上去。

05 一邊固定羊毛片，一邊在豆干正面戳刺出較小的正方形，做出紋路。

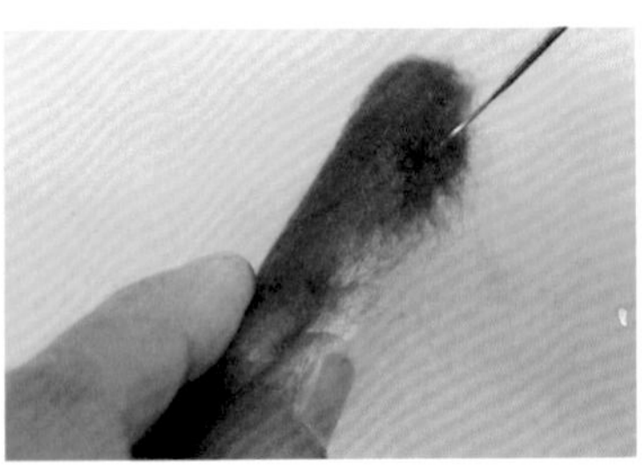

06 依序將羊毛片固定在四個側邊和完成中間紋路，將多的羊毛往下收到底部。

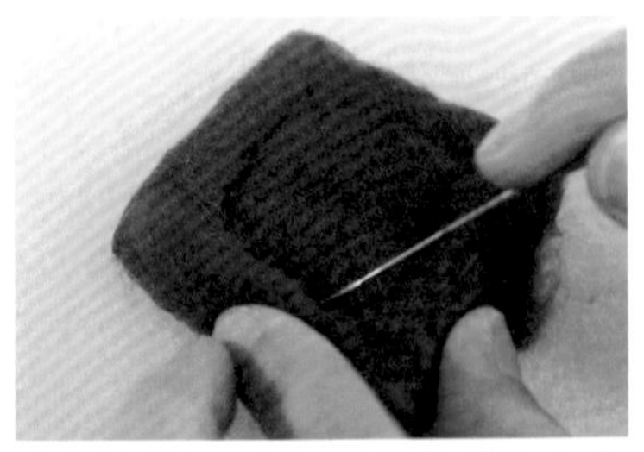

07 加強修飾整體的形狀和中間的紋路。

TIP 如果不想露出主體底部的顏色，背面可以再包一片混色羊毛片。

08 完成滷好的方塊豆干。

參·製作切片豆干主體

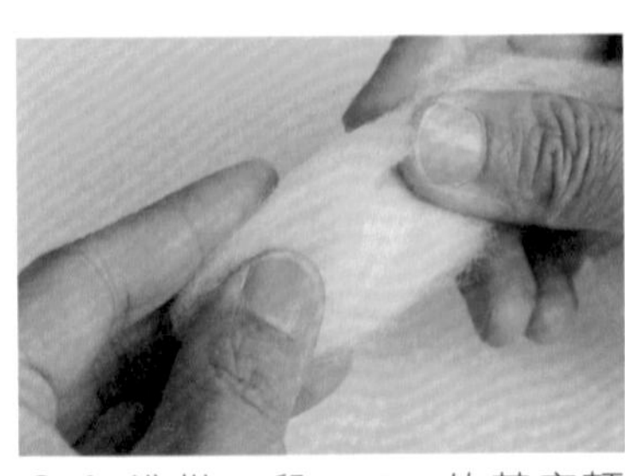

01 準備一段 0.5g 的基底麵糰毛，平整地拉開。

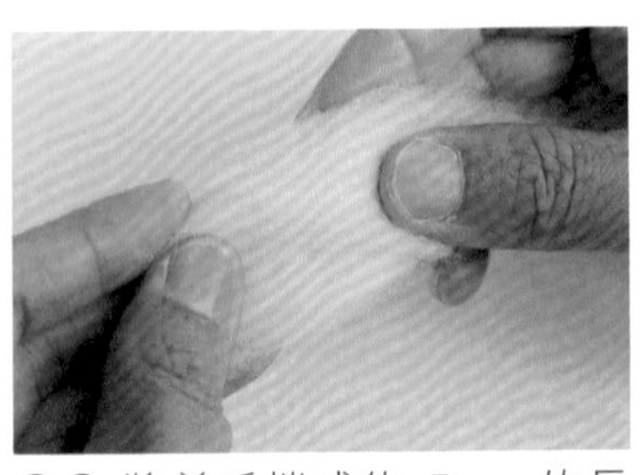

02 將羊毛捲成約 5cm 的長度，再將上方多餘的羊毛往下摺以遮蓋住摺痕。

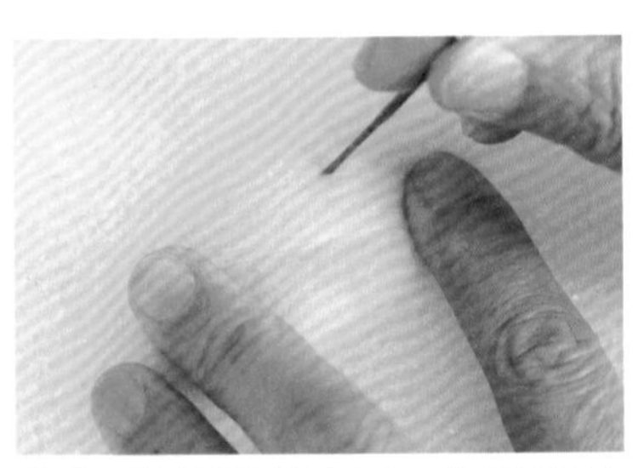

03 開始戳刺表面，將蓬鬆的羊毛表面氈化至平整。

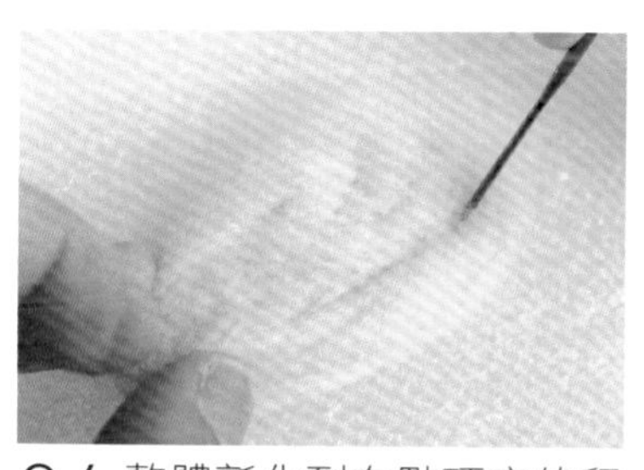

04 整體氈化到有點硬度的程度即可，不要戳太硬。

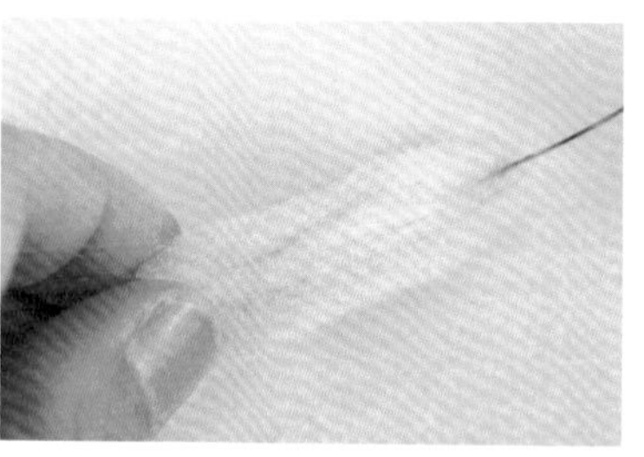

05 把戳針戳到羊毛其中一端，往上拉，將羊毛拉成細長條狀後稍微固定。

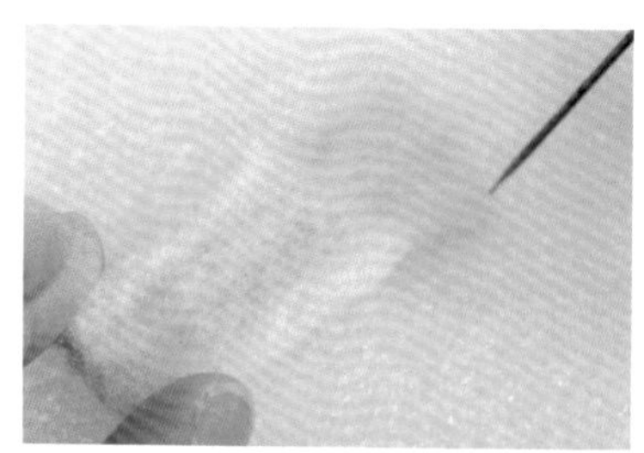

06 接著用手拉出上下左右各四個尖角，並將側邊修飾平整，做出 5×3cm 扁平長方形的切片豆干主體。

肆·製作切片豆干外皮

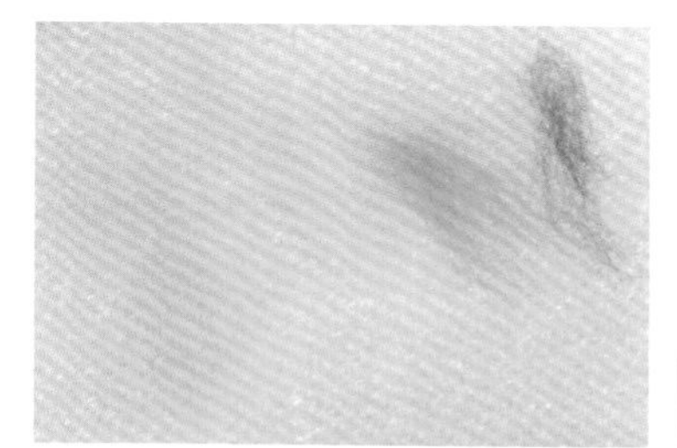

01 準備基底麵糰毛、淺黃色、紅棕色、黃棕色和少許橙黃色羊毛，先撕成小片後，疊在一起反覆撕毛，混出豆干外皮的淺色。

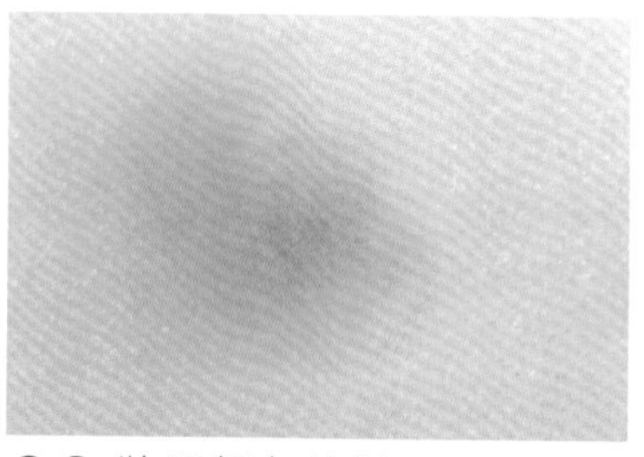

02 將混好色的羊毛在工作墊上戳刺氈化成大於豆干的平面片狀。

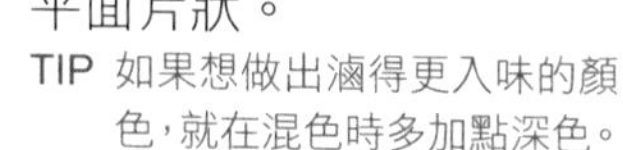

TIP 如果想做出滷得更入味的顏色，就在混色時多加點深色。

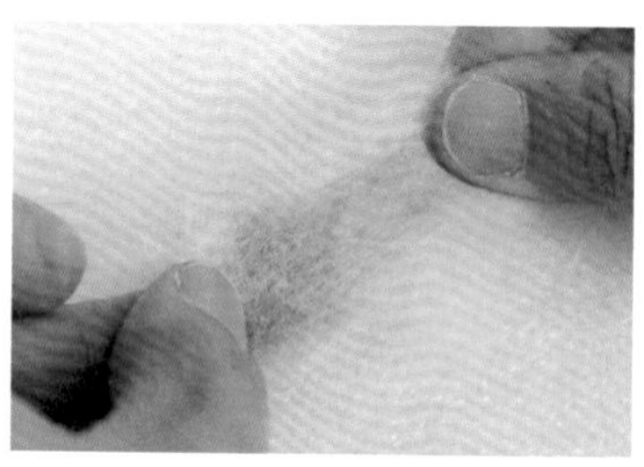

03 將混色羊毛片放到豆干的正面，同時確認大小。

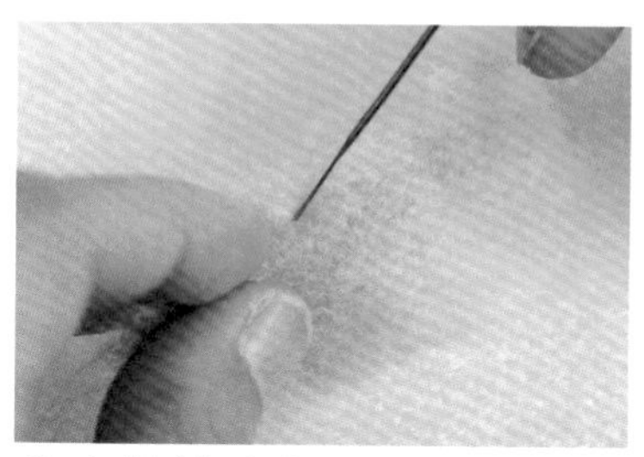

04 將羊毛片從豆干的側邊開始戳刺固定上去。

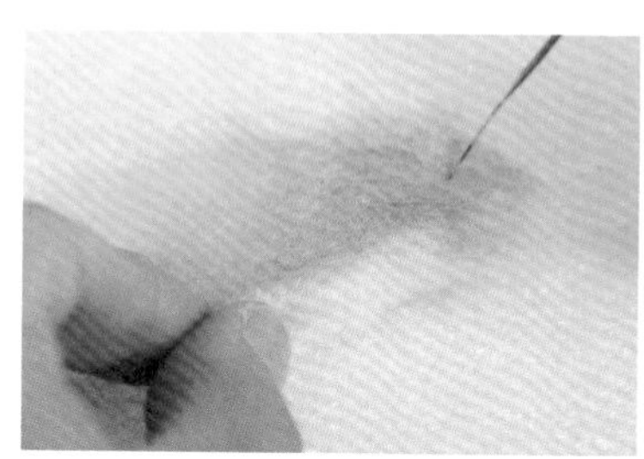

05 大略固定住側邊後，再將羊毛片平整地蓋住正面，並戳刺固定。

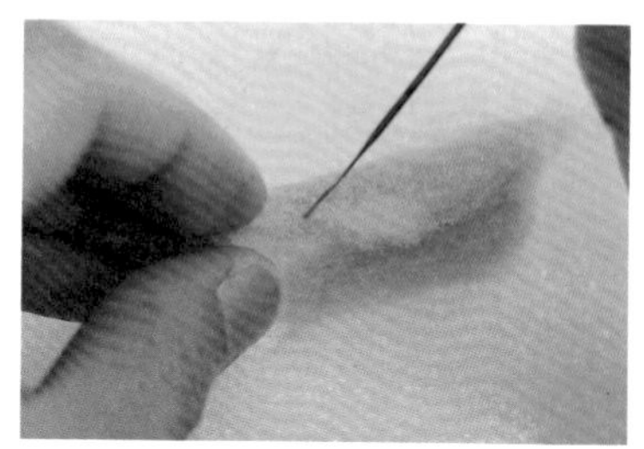

06 固定好正面後，再順著戳刺另一長邊的側面，將外皮全部固定上去。

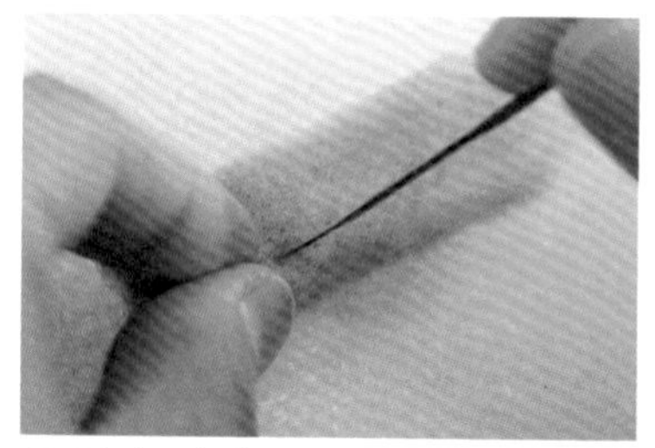

07 加強修飾豆干邊線，讓形狀更接近工整的長方體。

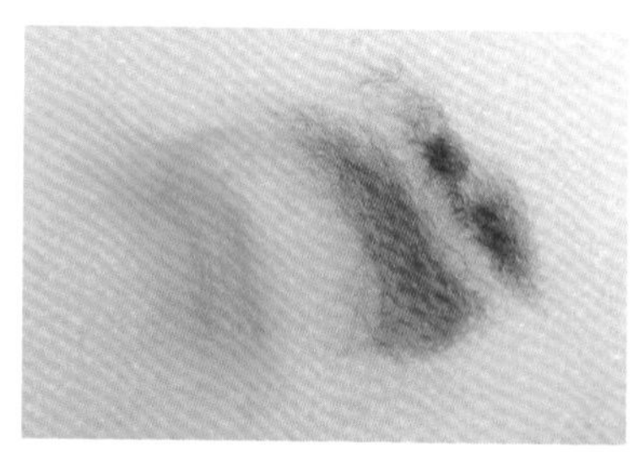

08 準備黃棕色、紅棕色和淺咖啡色羊毛，分別撕成小片後再疊合撕毛混色。

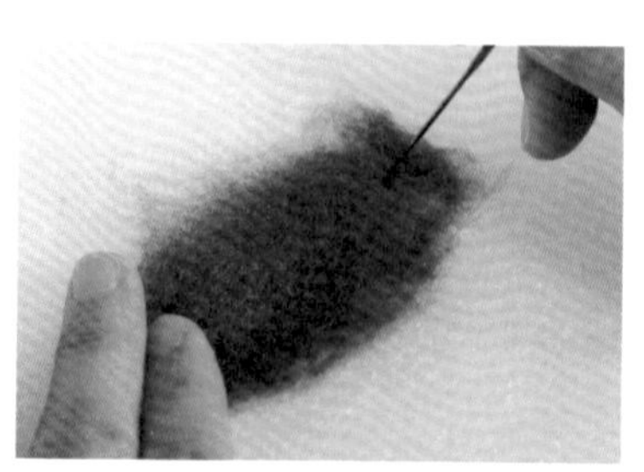

09 將混好色的羊毛在工作墊上戳刺氈化成大於豆干的平面片狀。

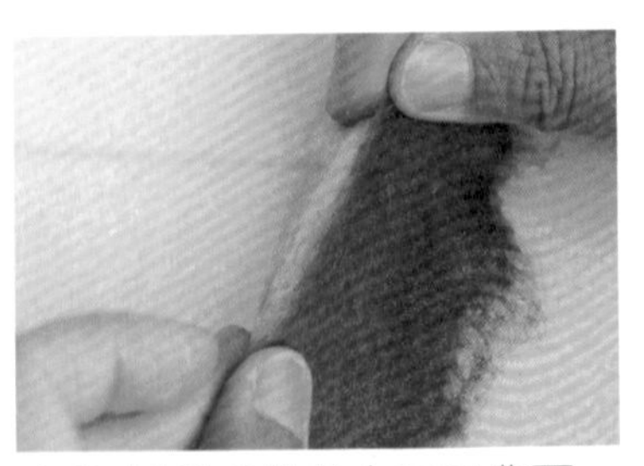

10 把羊毛片放在豆干背面，並將邊線對齊豆干側邊，同時再次確認大小。

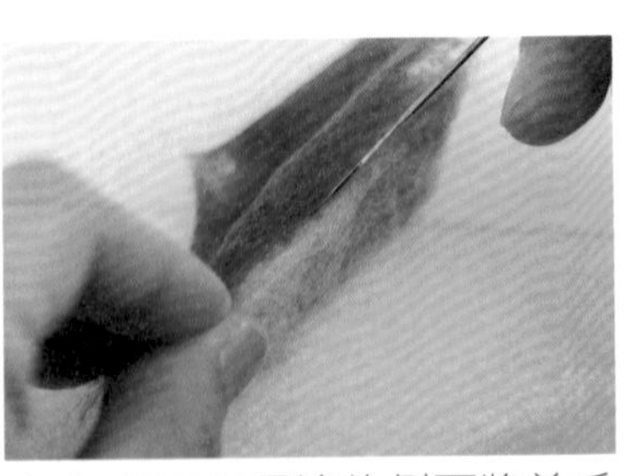

11 從豆干長邊的側面將羊毛片戳刺固定上去，邊戳要邊修飾豆干的形狀。

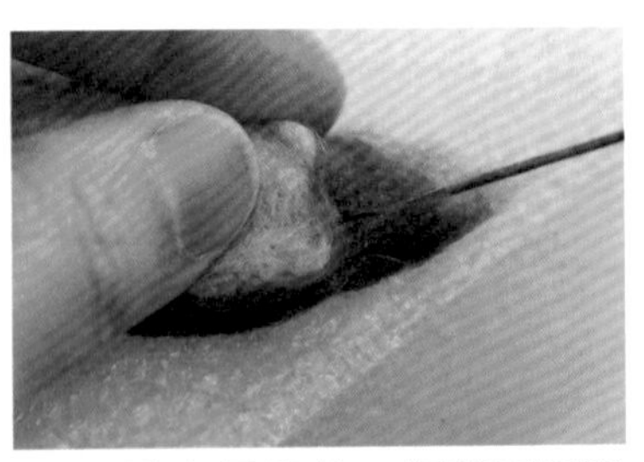

12 戳完長邊後，順著豆干形狀接著戳刺相鄰的短邊。

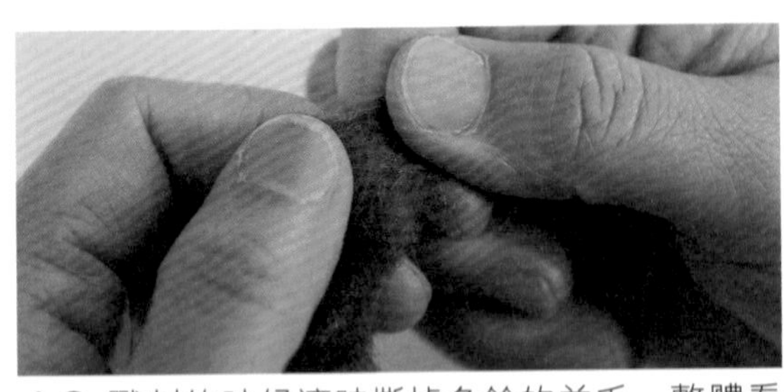

13 戳刺的時候適時撕掉多餘的羊毛，整體看起來才會平整。

TIP 尤其是在轉彎的地方，容易因為羊毛太厚，看起來凹凸不平。

14 順著豆干的形狀繞一圈，將羊毛片固定上去。背面也要稍微戳刺固定。

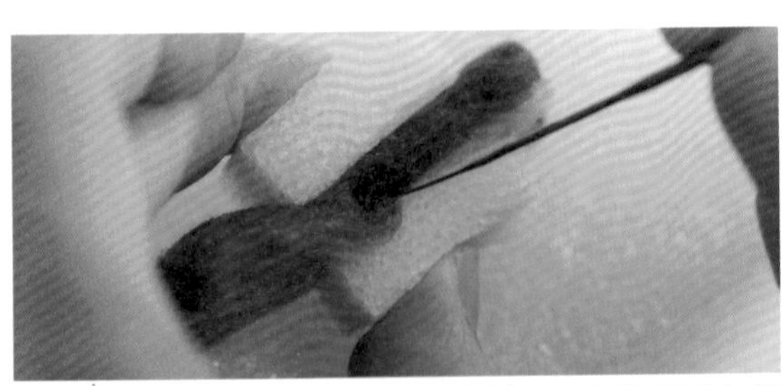

15 如果長邊的側面不好戳刺，可以用兩塊保麗龍夾住豆干再戳。

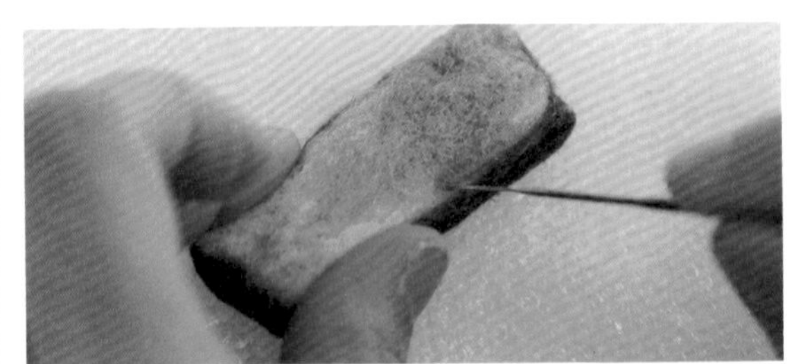

16 修飾整體形狀後，切片豆干即完成。

TIP 將外皮處理乾淨、無雜毛狀態即可。形狀不用太工整，否則就不像路邊小吃的切片豆干了。

【準備材料】

①〈**滷蛋主體**〉基底麵糰毛 4.5g

②〈**滷蛋蛋白**〉黃棕色羊毛

紅棕色羊毛

橙黃色羊毛

甜橙色羊毛

③〈**滷蛋蛋黃**〉甜橙色羊毛

橙黃色羊毛

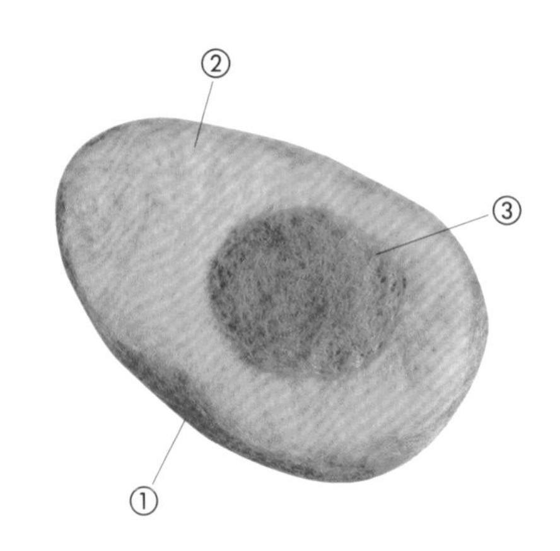

【製作步驟】

壹‧製作滷蛋的主體

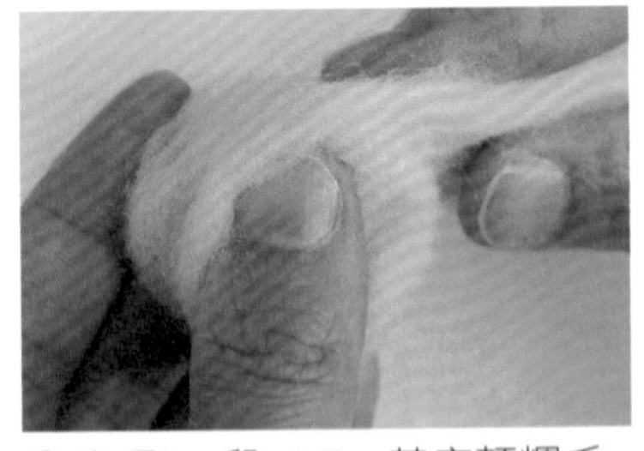

01 取一段 4.5g 基底麵糰毛，從一段往另一端捲摺。

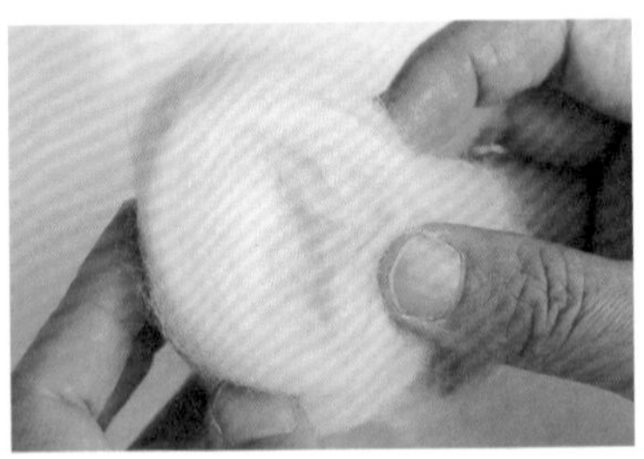

02 捲成一個胖胖的圓柱後，捏緊接合處，將形狀調整成橢圓形。

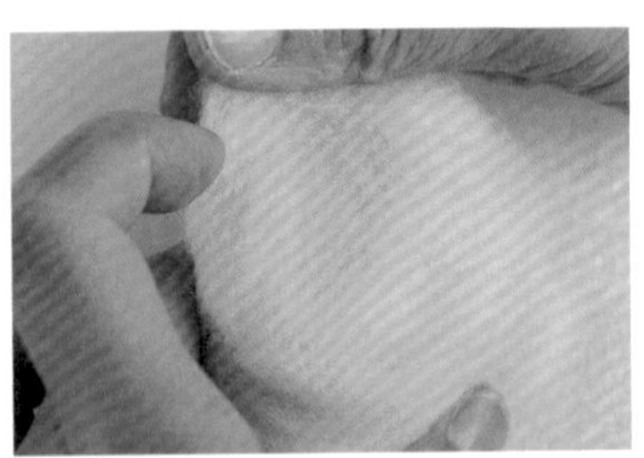

03 薄薄拉起最外層的羊毛遮蓋住摺痕，讓表面平整。

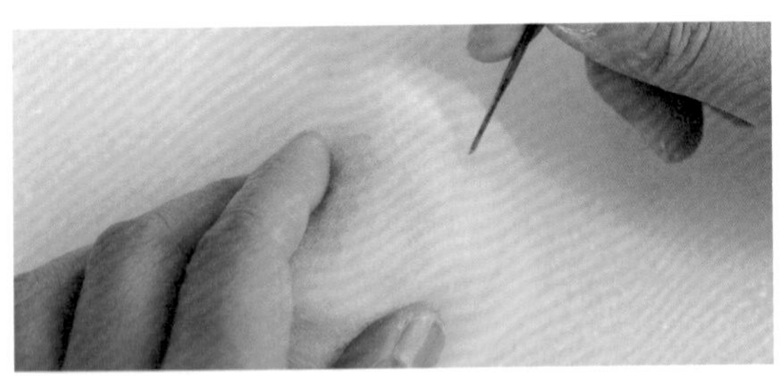

04 開始用戳針戳刺，遮蓋住摺痕。

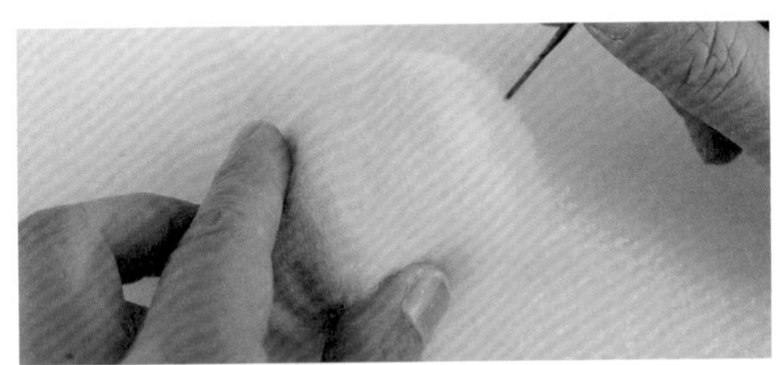

05 一邊戳刺一邊修飾形狀，做出上尖下圓、側面有著圓圓弧度的切半蛋形。

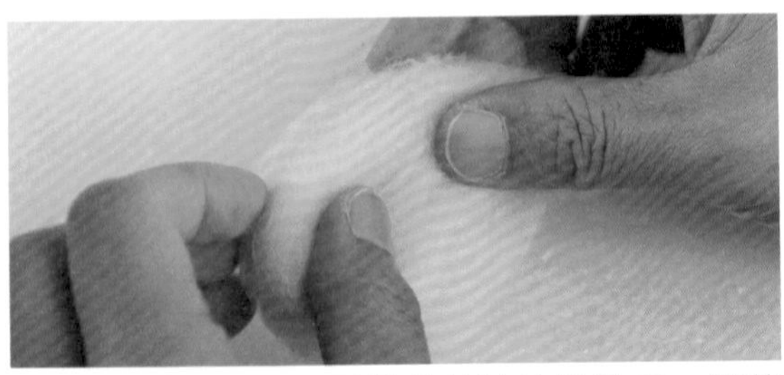

06 翻到另一面，同樣薄薄地拉起羊毛，遮蓋住摺痕，使表面平整。

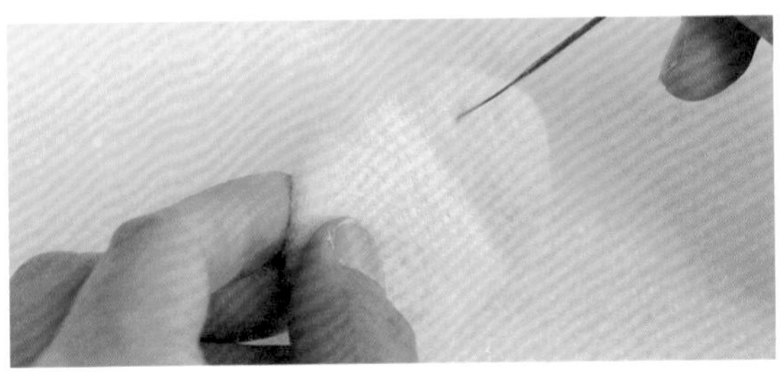

07 用戳針將放蛋黃的平面修飾平整，做出滷蛋的切面後，就完成 4×5.5cm 的橢圓滷蛋主體。

貳·製作滷蛋蛋白

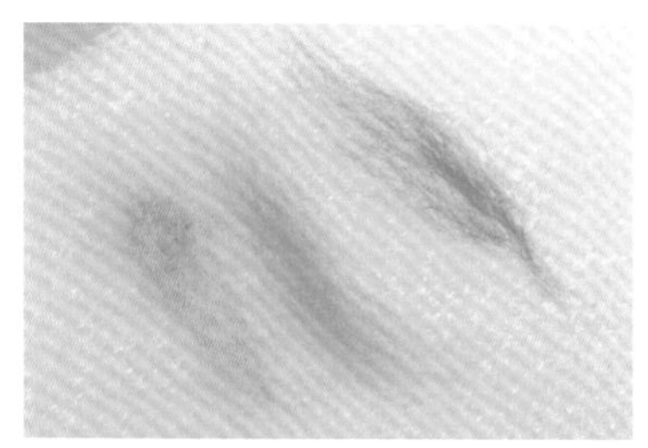

01 準備甜橙色、橙黃色、黃棕色和紅棕色的羊毛，分別撕毛後重疊混色。

TIP 加一點較亮的黃色，混出來的滷色才不會太黑。

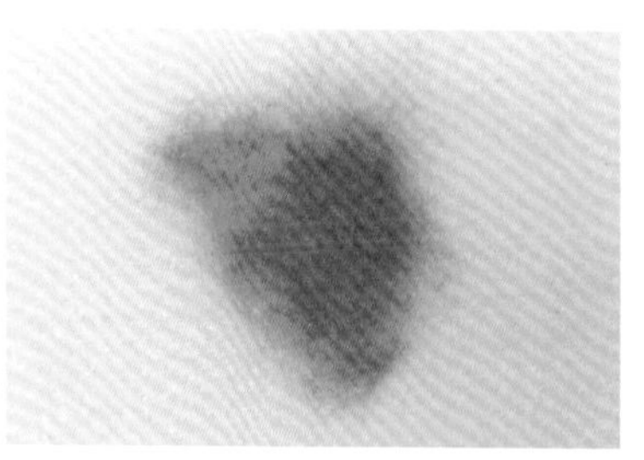

02 將混好色的羊毛在工作墊上戳刺氈化成可大略蓋住滷蛋圓弧面的片狀。

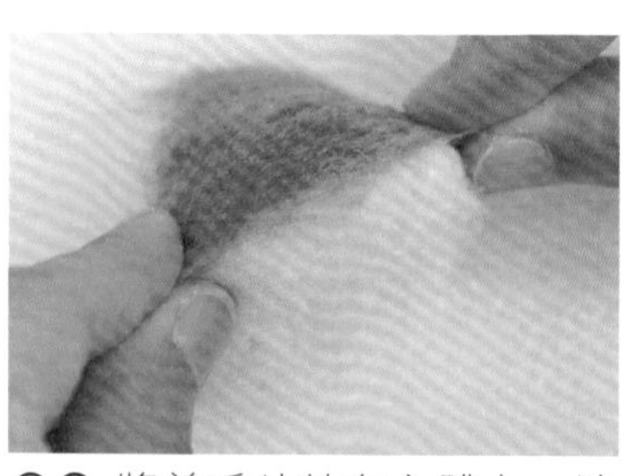

03 將羊毛片放在主體上，邊線對齊滷蛋的邊緣。

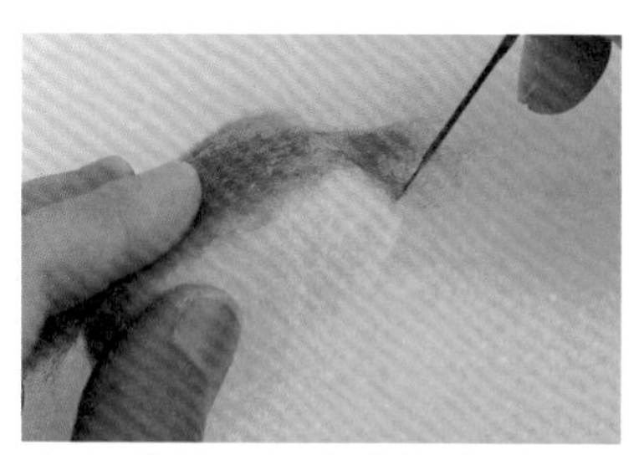

04 從滷蛋邊緣開始戳刺，將羊毛片與主體接合。

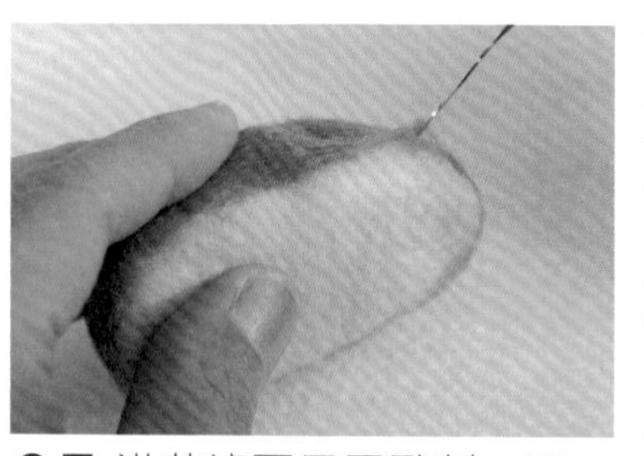

05 沿著滷蛋周圍戳刺一圈，讓羊毛片完全貼合。

TIP 先將羊毛片拉緊後貼到主體上再固定，是最為平整的方法。

06 修飾整體的形狀和邊線，完成滷好的蛋白。

參·製作滷蛋蛋黃

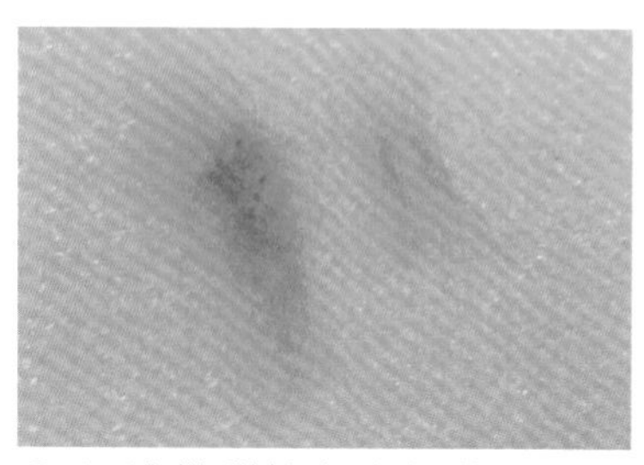

01 準備甜橙色和橙黃色的羊毛，分別撕成小片後重疊在一起，反覆撕毛混色。

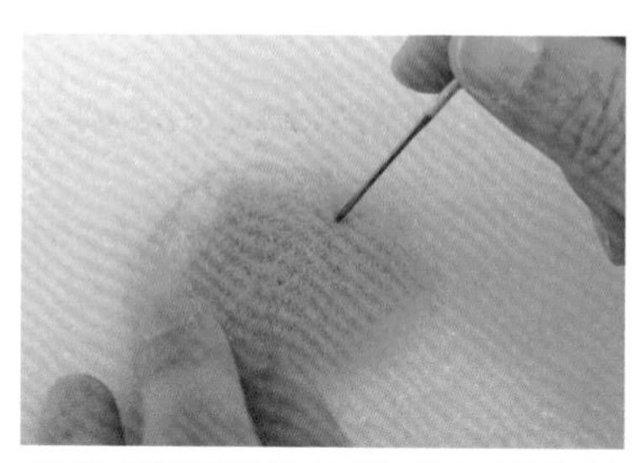

02 將混好色的羊毛在工作墊上戳刺氈化成接近圓形的羊毛片。

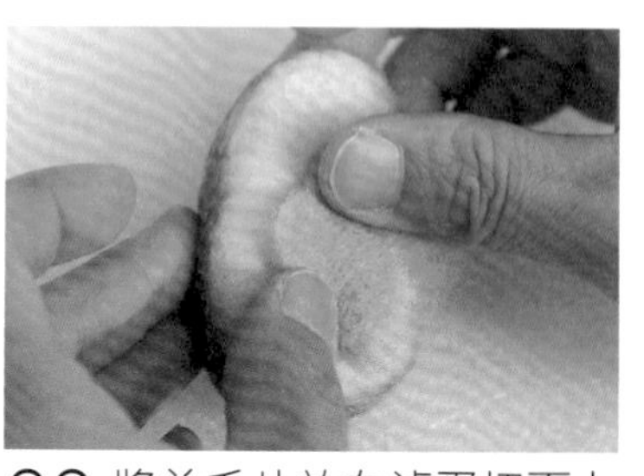

03 將羊毛片放在滷蛋切面上的中間偏下位置（蛋黃通常較靠近下方）。

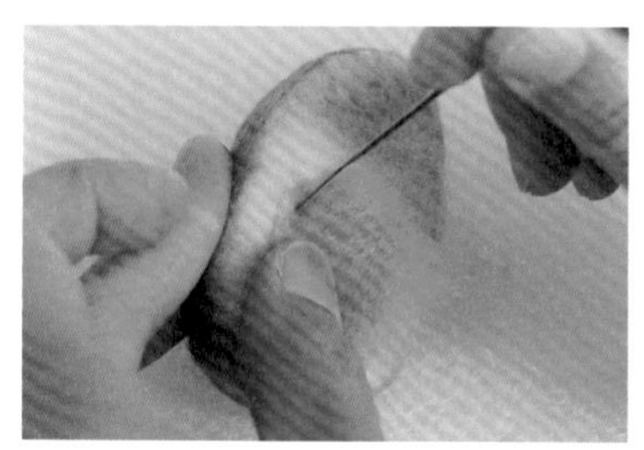

04 開始戳刺固定。一邊固定一邊將羊毛片修飾成線條清楚的圓形。

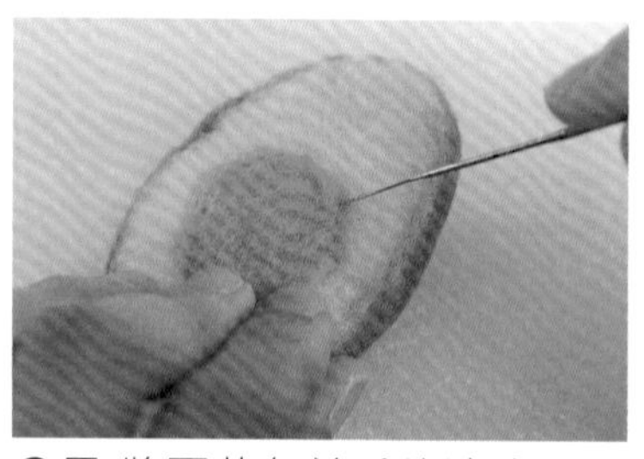

05 將蛋黃色羊毛的邊緣以斜針收進蛋白裡，同時調整形狀。

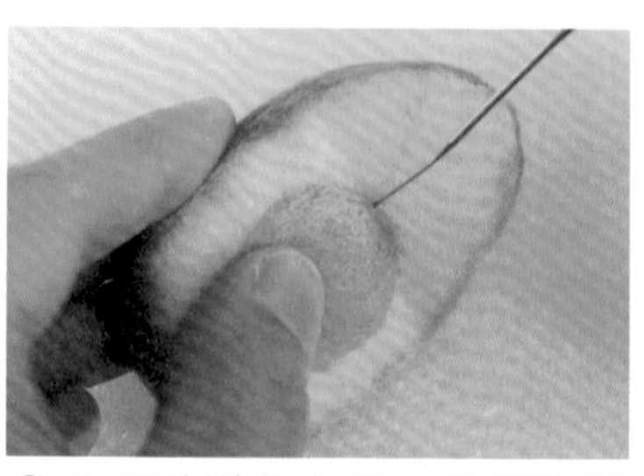

06 再次確認並修飾整體的形狀後，切成一半的滷蛋就完成了。

no.13

超人氣海味美食

蚵仔煎

關於台灣知名小吃蚵仔煎的由來，有個有趣的傳言。
傳說鄭成功在臺南攻打荷蘭軍隊時，荷蘭人將附近米糧全都藏起來，
無米可炊的鄭軍只好就地取材，將港邊的蚵仔拌蕃薯粉漿煎成餅吃，
想不到一時解飢的菜餚卻意外流傳了數百年，成為如今的夜市經典小吃。
蚵仔煎最讓我著迷的地方，其實是粉漿裹著蛋液的味道，
用羊毛氈做出煎得有些微焦的外皮，加上飽滿的蚵仔、翠綠的青菜，
最後再用白膠和仿醬汁調出蚵仔煎的靈魂——醬料，做得維妙維肖！

【準備材料】

①〈**蚵仔煎的粉漿**〉基底麵糰毛、淺黃色羊毛、黃棕色羊毛、橙黃色羊毛、紅棕色羊毛
②〈**蚵仔煎的青菜**〉青蘋果色羊毛、白色羊毛
③〈**蚵仔煎的蚵仔**〉淺灰色羊毛、鐵灰色羊毛、淺駝色羊毛、黑色羊毛
④〈**蚵仔煎的醬料**〉紅棕色羊毛、橙黃色羊毛、黃棕色羊毛、甜橙色羊毛
⑤〈**醬料的顏色**〉白膠 4ml
水 適量
仿醬汁－草莓醬 2ml
仿醬汁－蛋黃醬 0.4ml

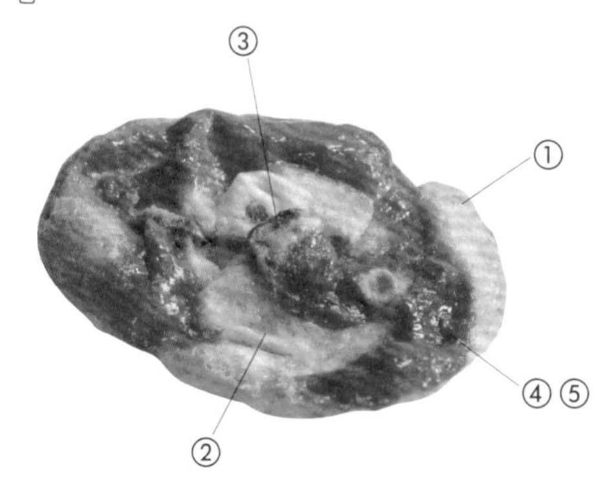

【製作步驟】

壹・製作蚵仔煎的粉漿

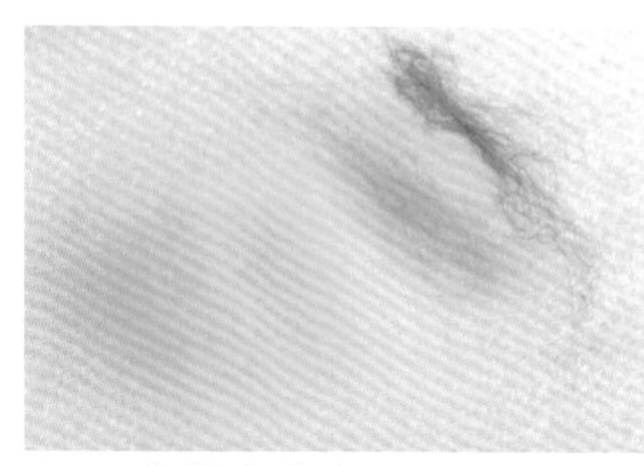

01 準備淺黃色、白色、橙黃色和紅棕色的羊毛，先分別撕成小片。

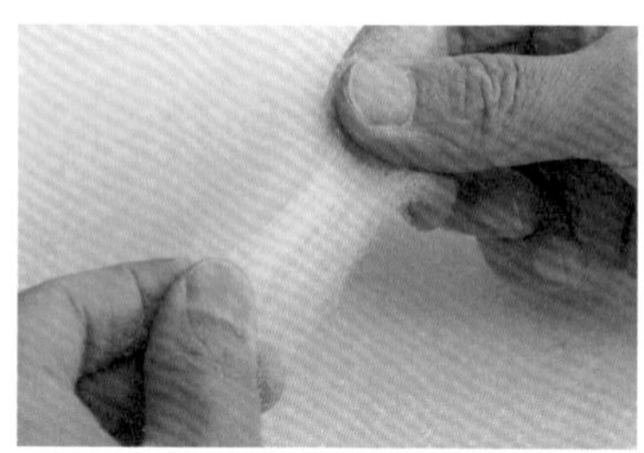

02 取少許淺黃色和白色羊毛，疊在一起撕毛混色。

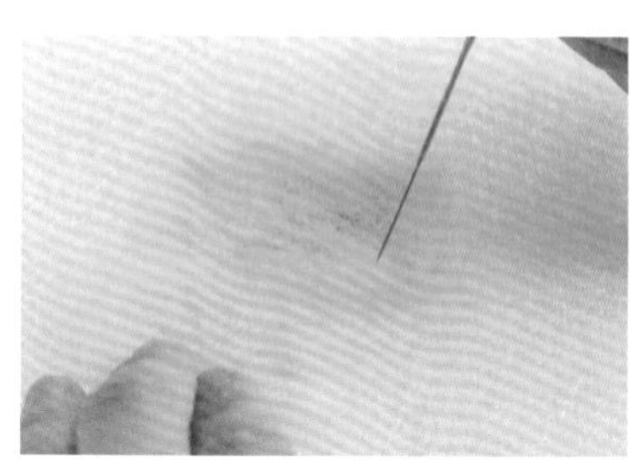

03 將混好色的羊毛鋪在工作墊上，戳刺氈化成片狀，完成淺色區域的粉漿。

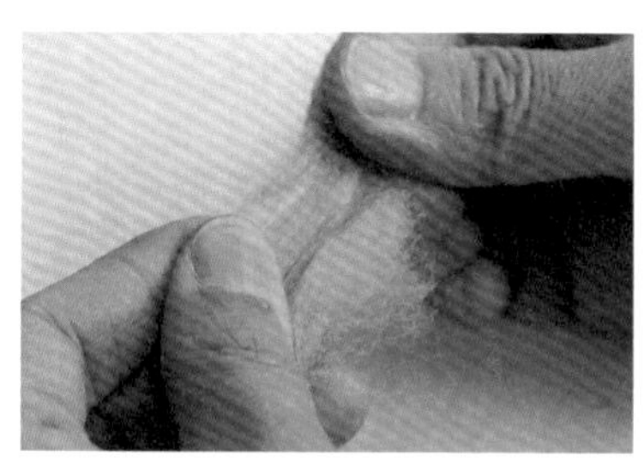

04 接著用淺黃色、白色、橙黃色和紅棕色羊毛，混出幾種不同深淺的顏色。
TIP 蚵仔煎層次多，做出不同顏色堆疊起來才會逼真。

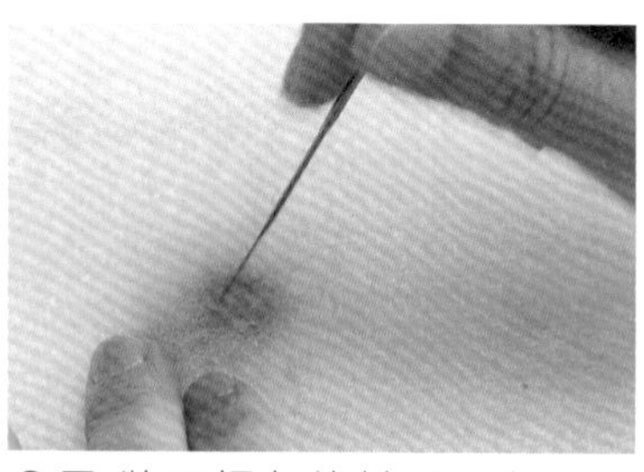

05 將混好色的羊毛，各自在工作墊上戳刺氈化成小塊的片狀，製作深色區域的粉漿。

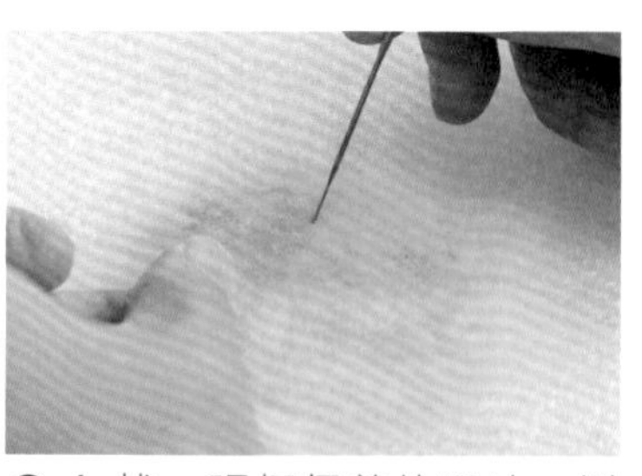

06 找一張蚵仔煎的照片，以淺色粉漿為底，邊對照照片的位置邊將深色羊毛片戳刺到淺色粉漿上。

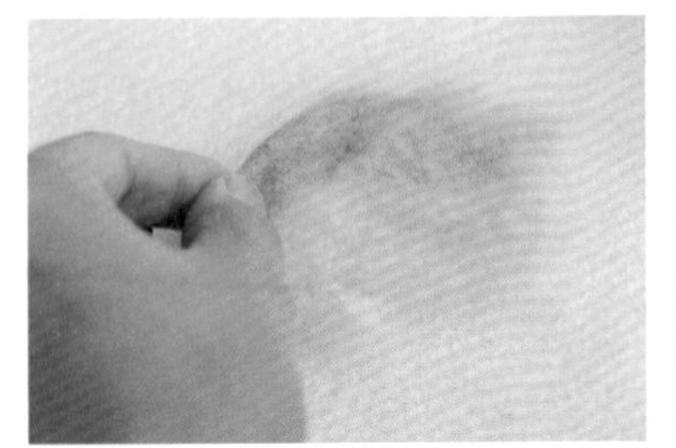

07 固定深色羊毛片時有些地方不要戳，保留粉漿的蓬鬆感和皺褶。

TIP 也可以用手指輔助抓出蓬鬆度，再以斜針戳刺固定。

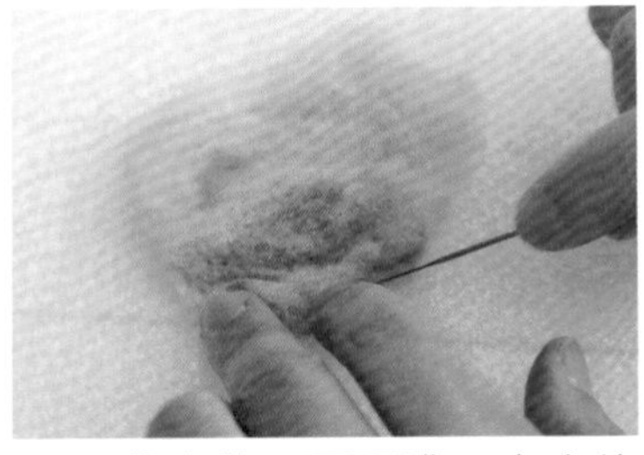

08 依序將不同深淺、大小的羊毛片戳刺固定到淺色粉漿上。

TIP 多做幾片深或淺色粉漿羊毛片，固定配料時會用到。

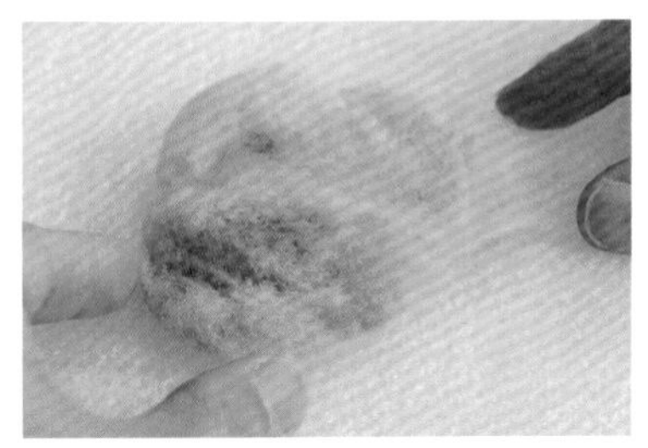

09 蚵仔煎粉漿完成的樣子。

貳・製作蚵仔煎的青菜

01 準備淺綠色、青蘋果色和白色羊毛，先分別撕碎再疊合混出不同深淺的綠色。

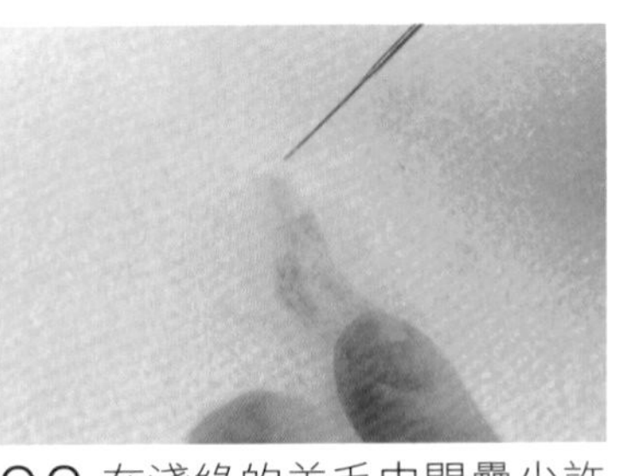

02 在淺綠的羊毛中間疊少許較深的綠色，在工作墊上戳刺氈化成長條的片狀。

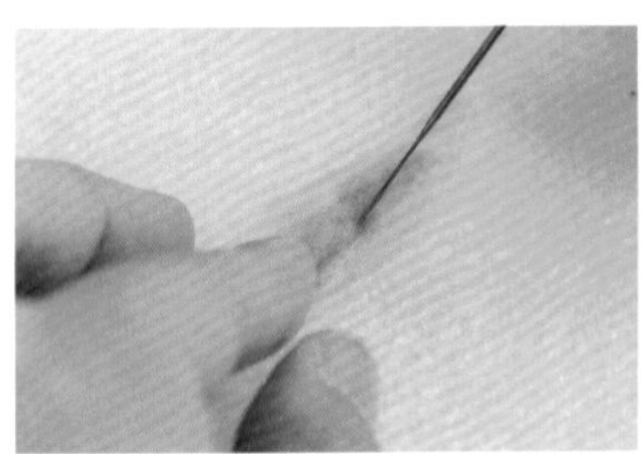

03 兩側稍微往內摺，讓邊緣較平整，並加強戳刺中間位置加深顏色。完成蚵仔煎上的青菜（小白菜）。

參・製作蚵仔煎的蚵仔

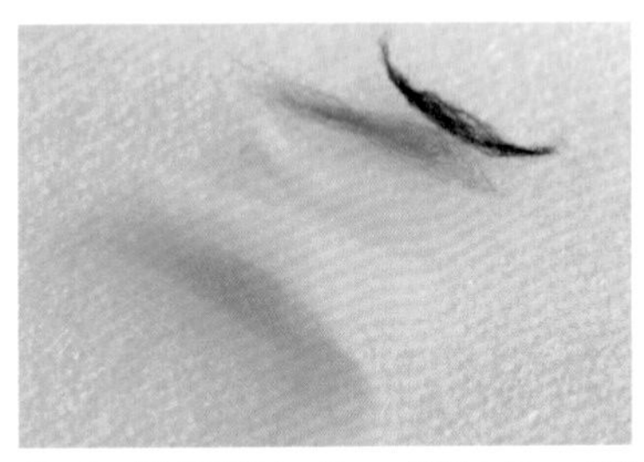

01 準備淺灰色、鐵灰色、淺駝色和少許黑色的羊毛，先分別撕成小片。

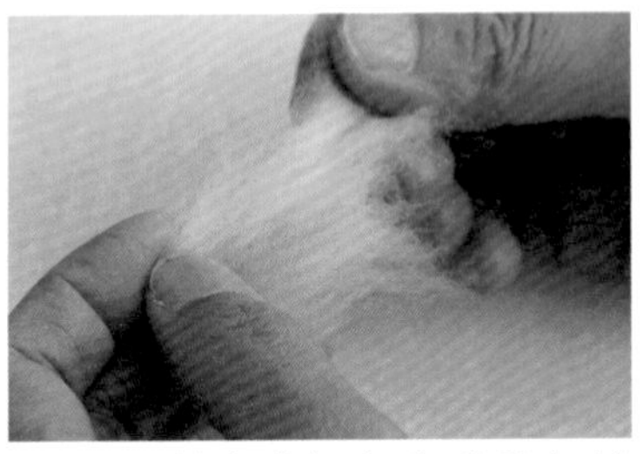

02 取其中淺灰色和淺駝色羊毛，疊在一起後反覆撕毛混色。

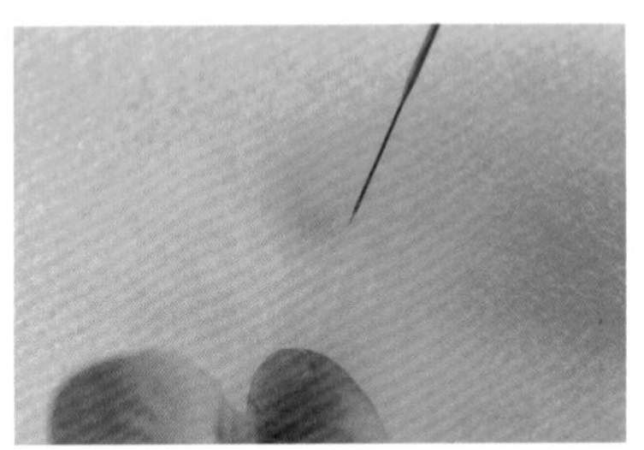

03 將混好色的羊毛鋪在工作墊上，戳刺氈化成淺色的片狀。

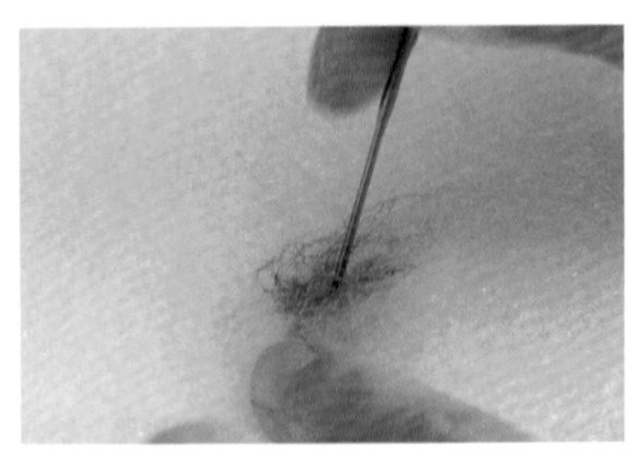

04 再取少許鐵灰色和黑色羊毛，疊在一起混成灰中帶黑的顏色。

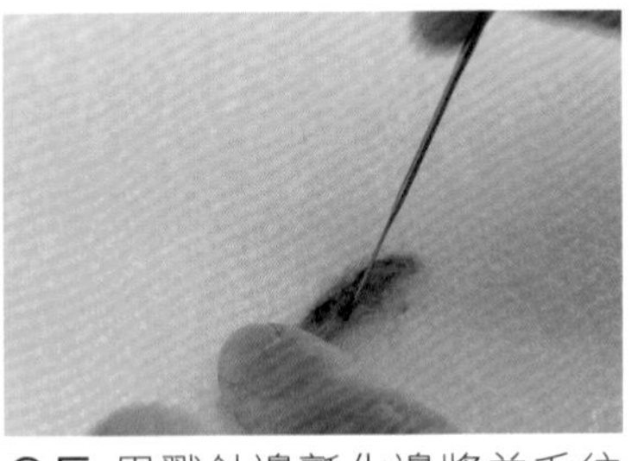

05 用戳針邊氈化邊將羊毛往兩側延伸，做出有細長黑色線條的長條片狀。

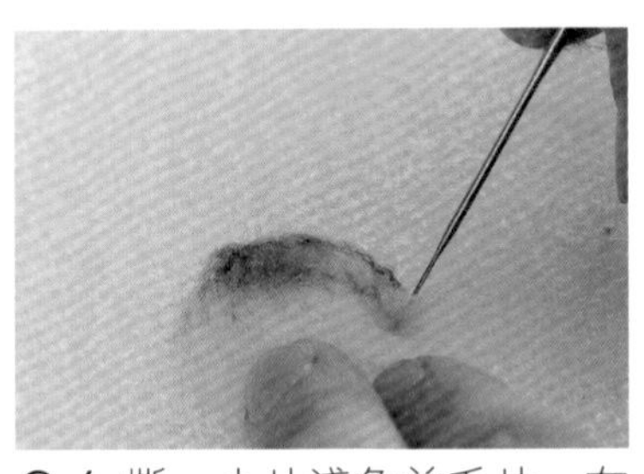

06 撕一小片淺色羊毛片，在邊緣放上一小段灰黑色羊毛片，稍微戳刺固定。

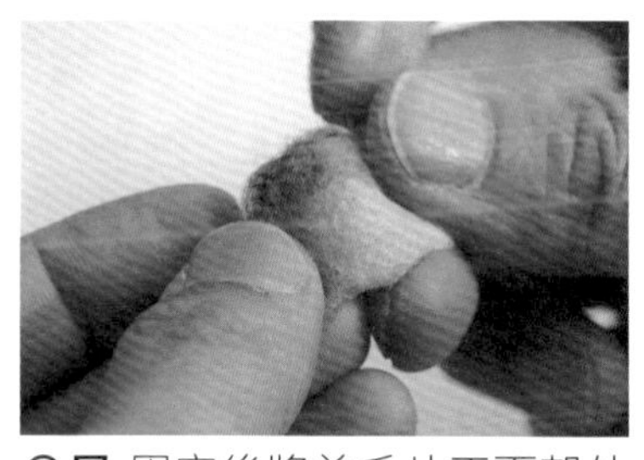

07 固定後將羊毛片正面朝外對摺，準備做出蚵仔蓬蓬的立體感。

TIP 若想做較大顆的蚵仔，對摺時可在內部塞一些羊毛。

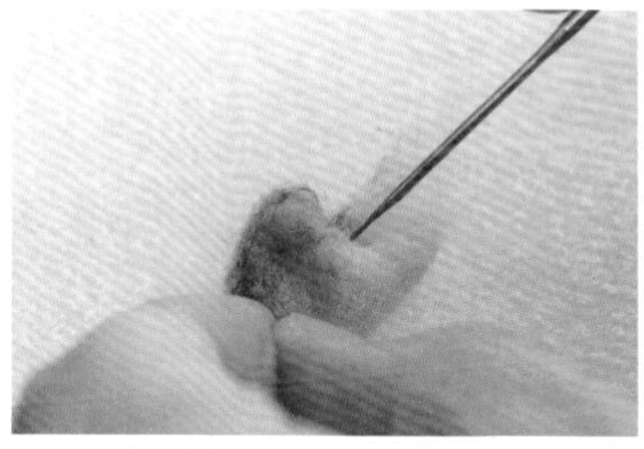

08 以斜針在灰黑色內部區塊稍微戳刺固定，並大致抓出蚵仔的大小。

TIP 以斜針戳刺，保留下方蚵仔肚子的蓬鬆感。

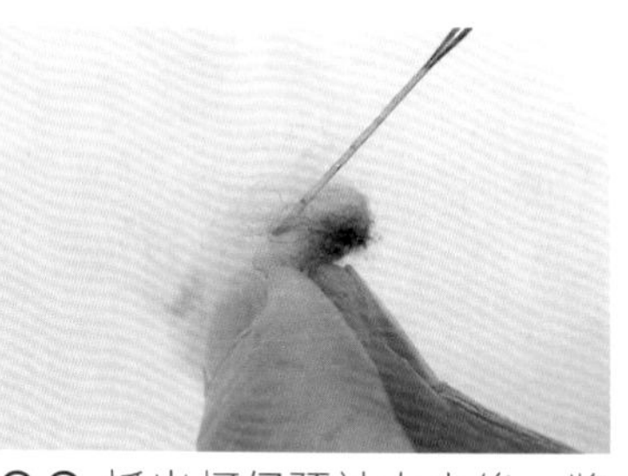

09 抓出蚵仔預計大小後，將兩端多餘的羊毛往後摺，戳刺到背面。

TIP 如果太多就撕掉一些。

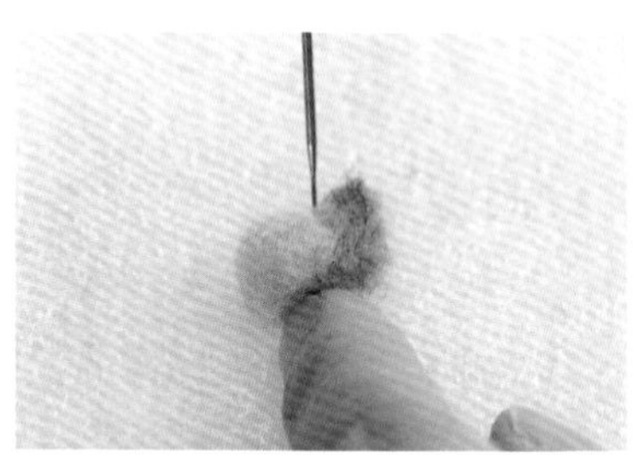

10 修飾整體的形狀，並加強戳刺深淺色的交界處，讓凹陷更明顯。

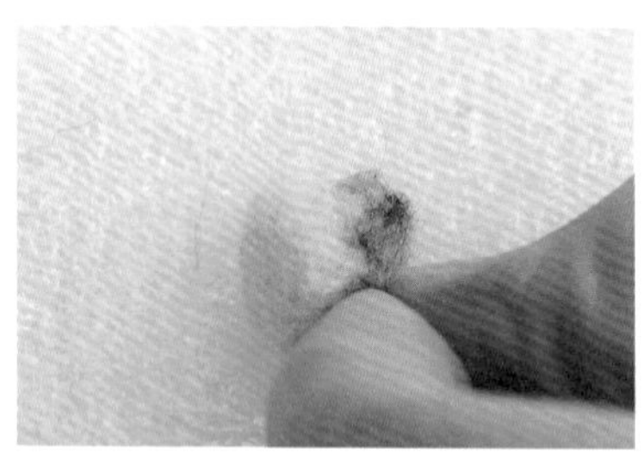

11 稍微用手調整形狀，蚵仔就完成了。用同樣方式多製作幾顆。

肆‧製作蚵仔煎的醬料

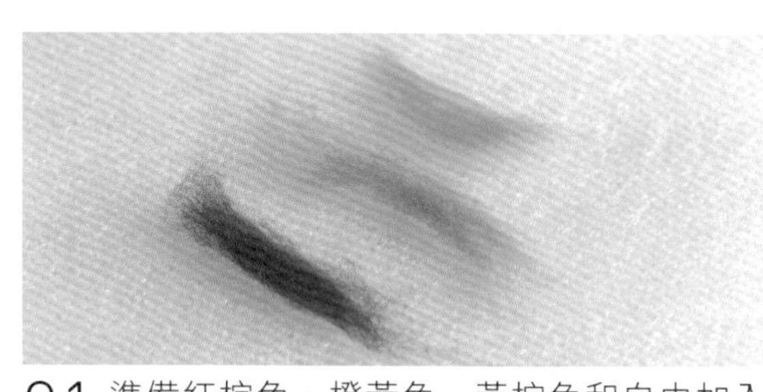

01 準備紅棕色、橙黃色、黃棕色和自由加入少許甜橙色羊毛，先分別撕毛。

TIP 想要加辣的醬料，就加入少許莓果色與甜橙色羊毛。

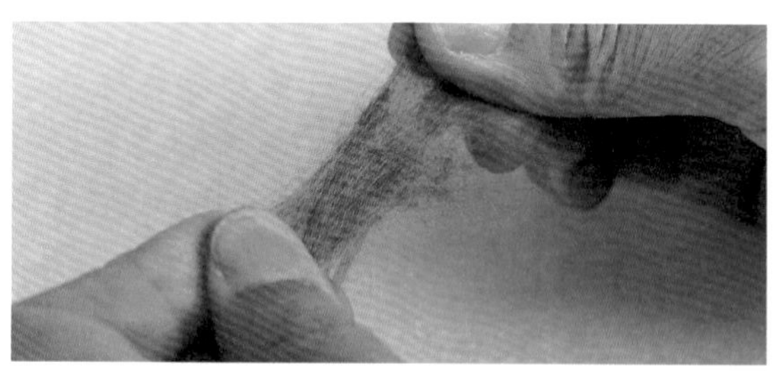

02 將羊毛疊在一起反覆撕毛混色，再鋪在工作墊上大略氈化成片狀，做出醬料。

伍‧組合蚵仔煎

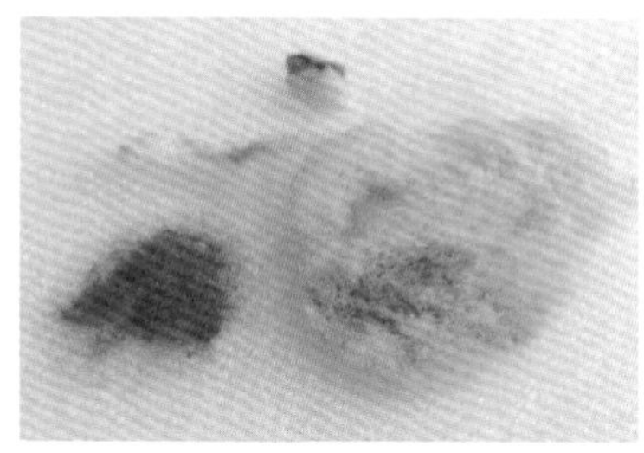

01 準備好醬料、青菜、蚵仔和粉漿，準備組合。

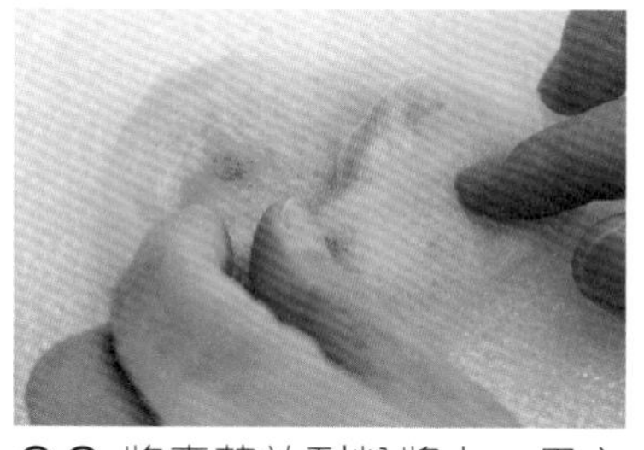

02 將青菜放到粉漿上，用之前預留的粉漿羊毛片蓋過下方表面後，戳刺固定。

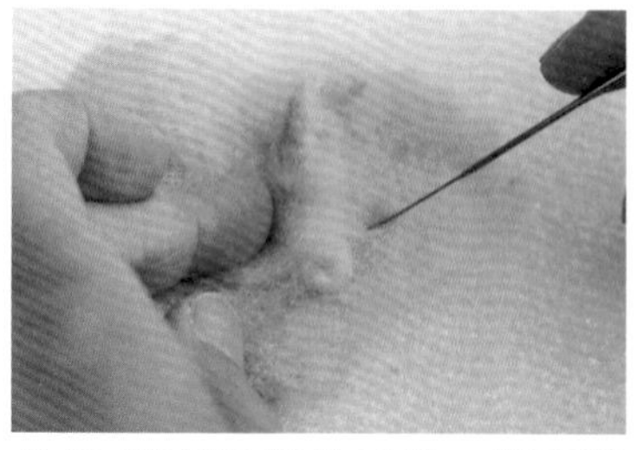

03 戳刺粉漿羊毛片，將青菜固定上去。依相同方式，隨意放幾片青菜並固定。

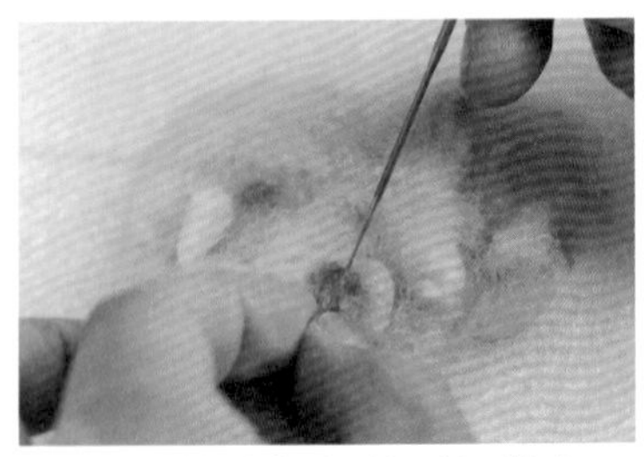

04 接著將蚵仔放到粉漿上，稍微戳刺固定。

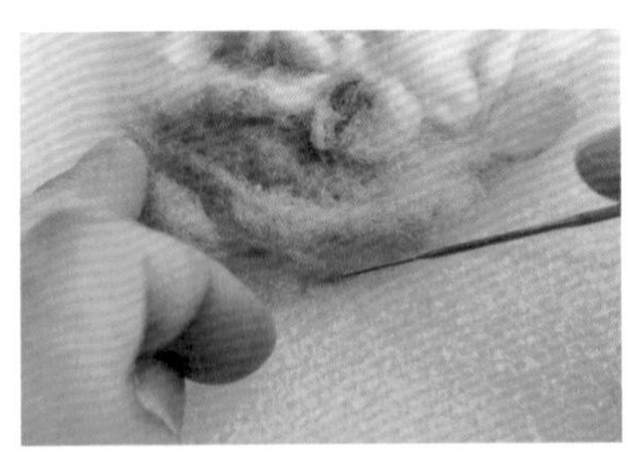

05 放好青菜和蚵仔後，可以用紅棕色羊毛做羊毛片，撕一點點固定到邊緣，做出煎過的焦邊。

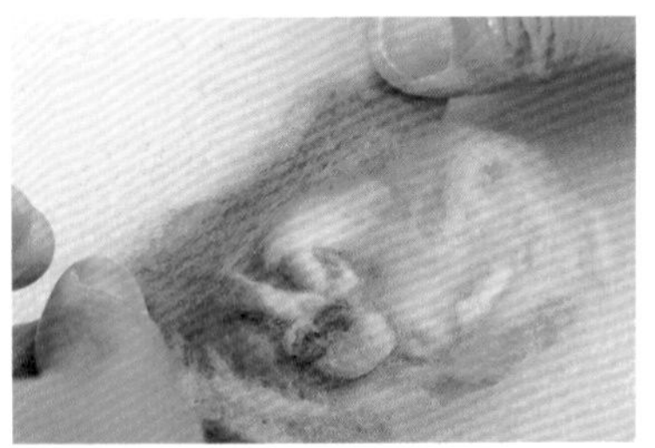

06 再一邊參考真實照片上的位置，一邊將醬料羊毛片拉長，鋪到粉漿上。

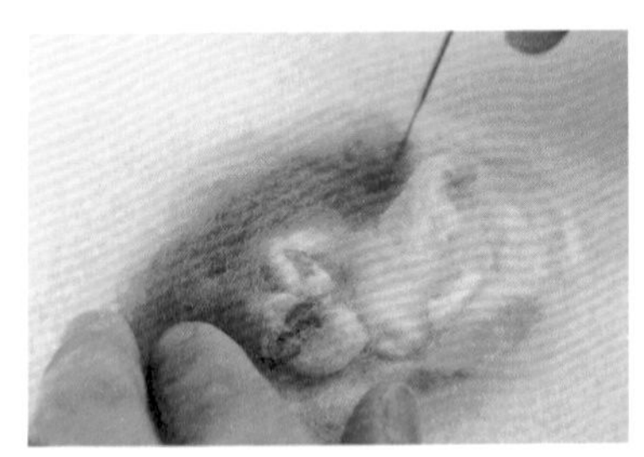

07 戳刺固定，並修飾出具流動感的形狀。

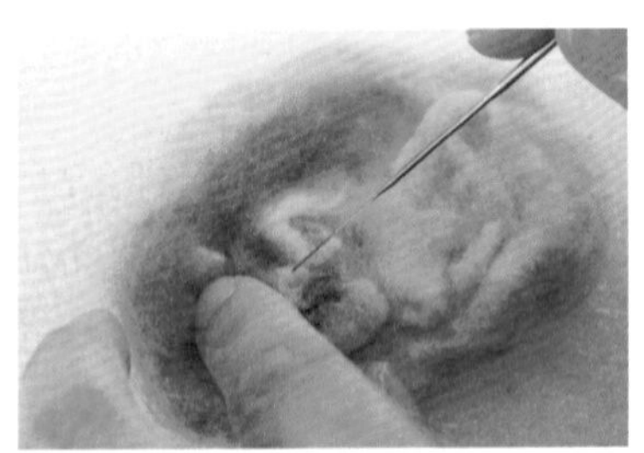

08 可以稍微蓋過青菜或蚵仔，讓整體更接近食物真實的樣子。

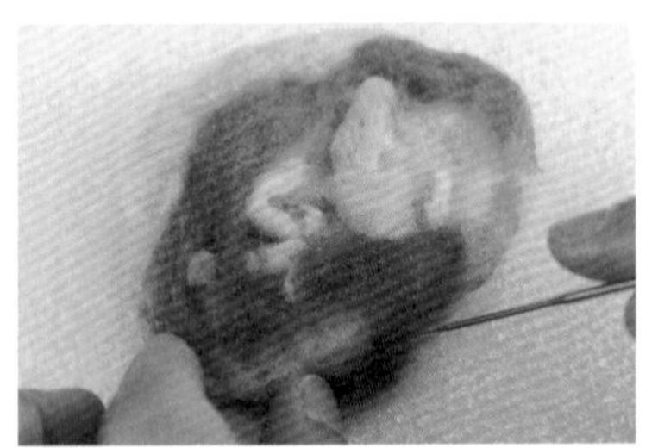

09 完成組合後的蚵仔煎。

伍・幫醬料上膠

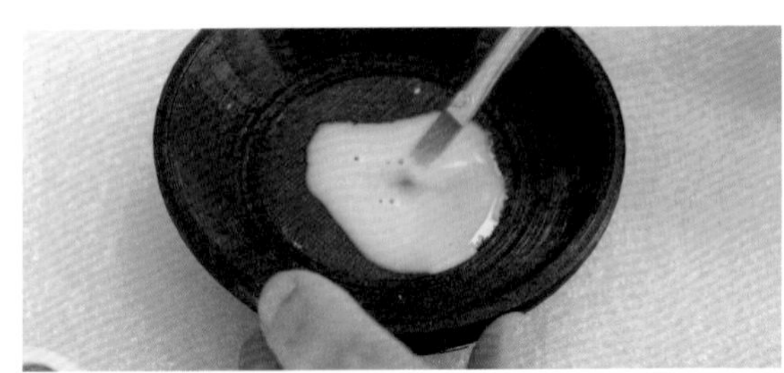

01 準備白膠混合少許水，調配成略濃稠的液態。狀態以水彩筆刷羊毛時，能順順地滑過去的濃稠度最佳。

02 用水彩筆沾白膠水塗抹在蚵仔煎表層，放在陰涼處晾乾，或用電風扇吹到全乾。

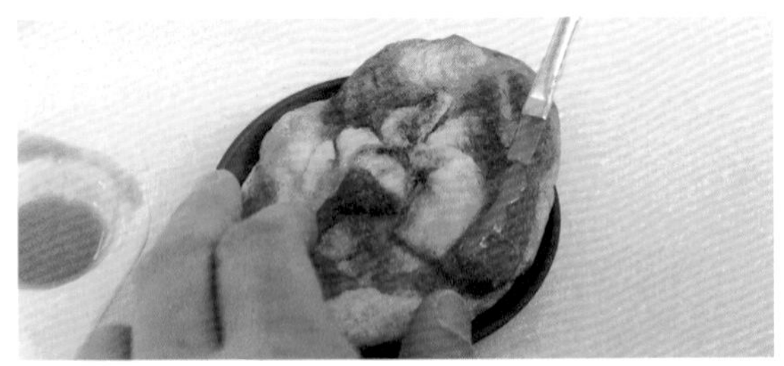

03 以 1：0.5：0.2 的比例混合白膠水：仿醬汁（草莓醬）：仿醬汁（蛋黃醬），沿著蚵仔煎醬料的位置塗抹上去。

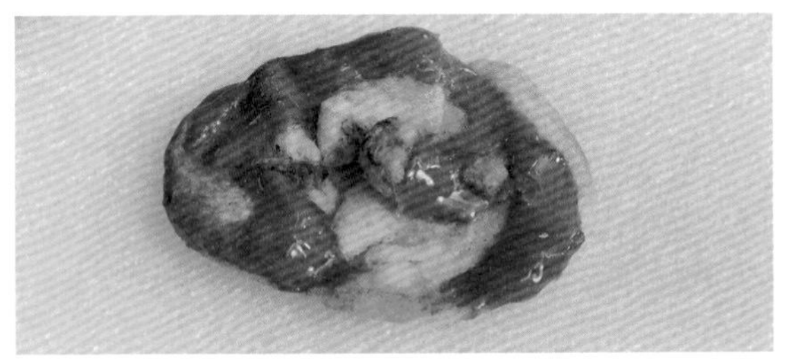

04 放在陰涼處或用電風扇吹到全乾，超逼真的蚵仔煎就完成了。

台灣曾經有近千個眷村，如今大多已經遷移、拆除。那些眷村裡的繁華和榮光雖然已經走入歷史，但就像很多作家寫小説紀錄他的年代一樣，我也希望透過羊毛氈，把我對眷村的記憶保留下來。我希望讓現在的孩子們有機會去感受，當時人與人之間的濃度，那些食物背後的情感，體會只屬於那個時代的、台灣最美的風景。

no.14

吸飽湯汁的餡料

韭菜盒子

內餡飽滿的韭菜盒子，在油鍋裡烙得金黃，
大口咬下後韭菜香配著酥脆又帶嚼勁的麵皮，
每次回家幸運吃到媽媽的這項拿手絕活，都讓我回味好幾天。
用羊毛氈做食物有時候就像真的在做菜，
將韭菜、豆干剪成小片，和釣魚線做的粉絲一起入餡，
自己做的別太小氣，多包點內餡才澎湃！

【準備材料】

①〈韭菜盒子的麵皮〉基底麵糰毛、淺黃色羊毛、
黃棕色羊毛（麵皮）
黃棕色羊毛、紅棕色羊毛、
橙黃色羊毛、淺黃色羊毛（煎痕）

②〈韭菜盒子的內餡〉絞肉：基底麵糰毛 0.8g
韭菜：海苔綠羊毛、薄荷綠羊毛、青蘋果色羊毛、
紅棕色羊毛、橙黃色羊毛
豆干：淺黃色羊毛、橙黃色羊毛、紅棕色羊毛
蛋鬆：奶黃色羊毛、橙黃色羊毛
粉絲：釣魚線 5cm

【製作步驟】

壹·製作韭菜盒子的內餡（絞肉）

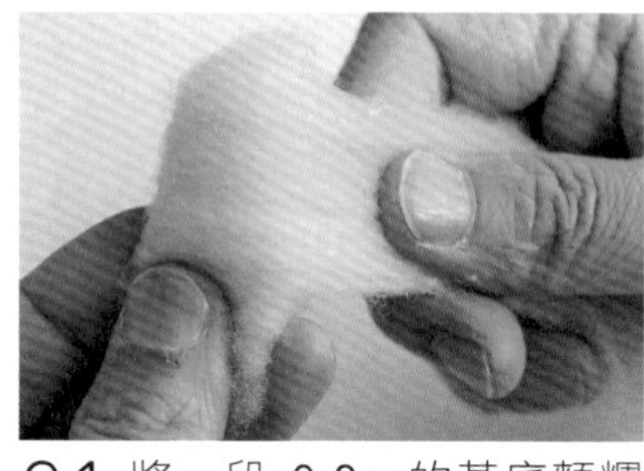

01 將一段 0.8g 的基底麵糰毛，捲成圓柱狀。

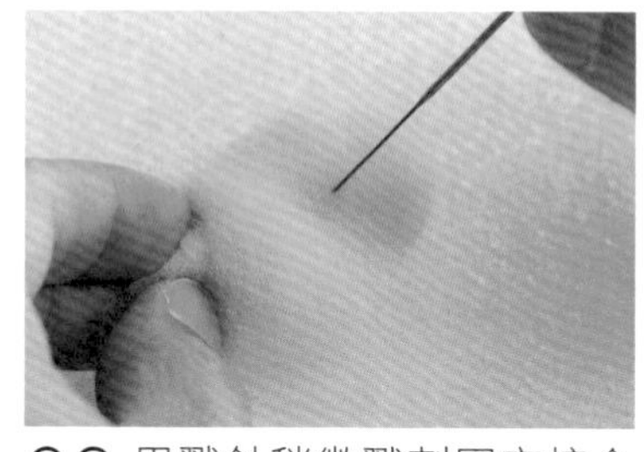

02 用戳針稍微戳刺固定接合處，氈化整體成扁橢圓。

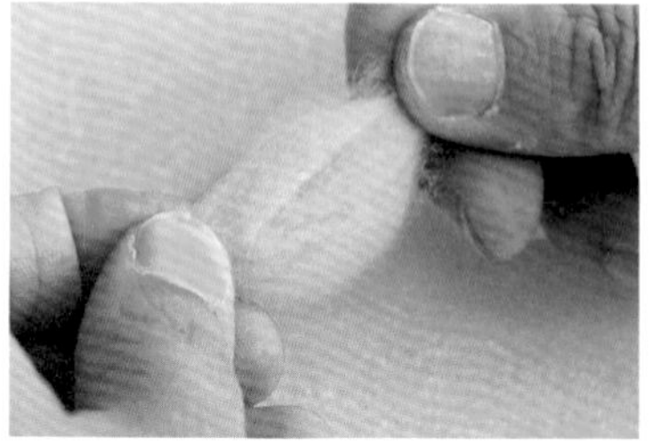

03 將其中一側羊毛向外拉，做出咬過一口的平面。

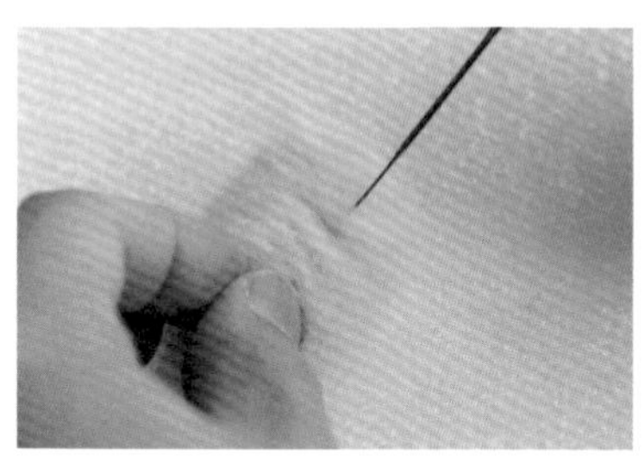

04 繼續用戳針戳刺氈化，將上方表面修平整。

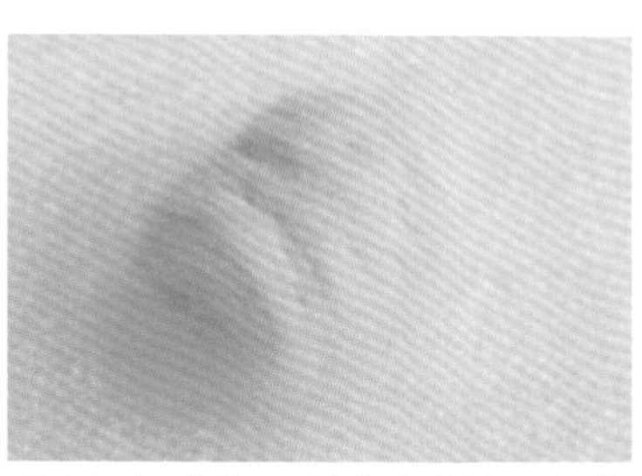

05 完成有一端為平面、上方微突的 4×3cm 橢圓形，做為內餡絞肉。

貳·製作韭菜盒子的麵皮

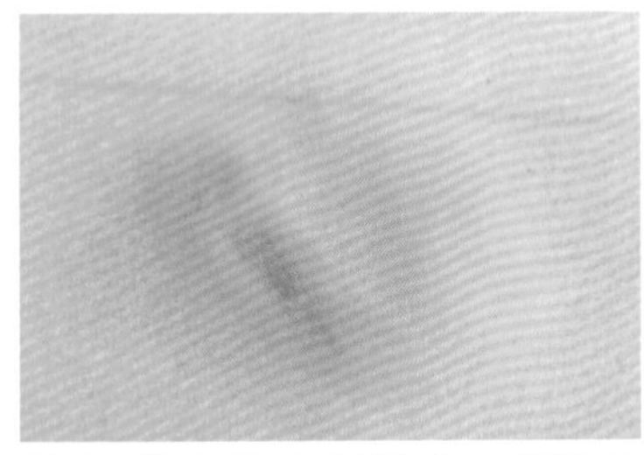

01 準備基底麵糰毛、黃棕色和淺黃色羊毛，先分別撕成小片。

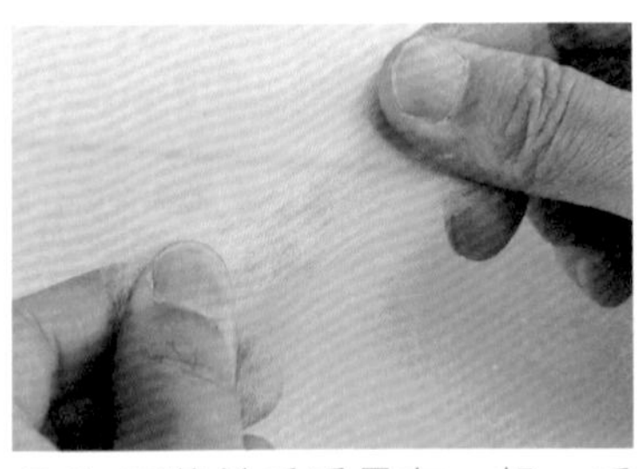

02 再將羊毛重疊在一起，反覆撕毛混色。

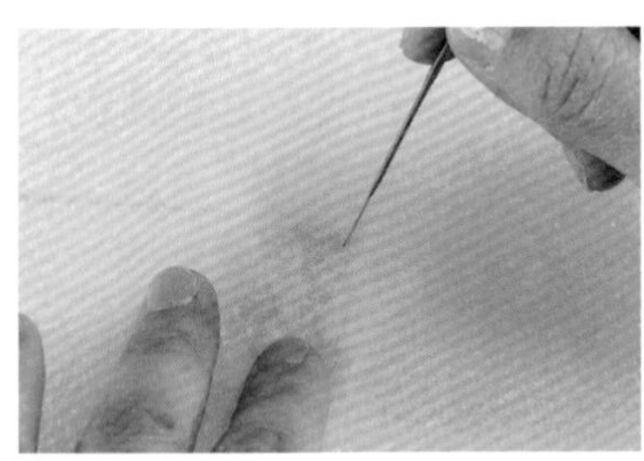

03 將混好色的羊毛在工作墊上戳刺氈化成片狀，做成韭菜盒子的麵皮。

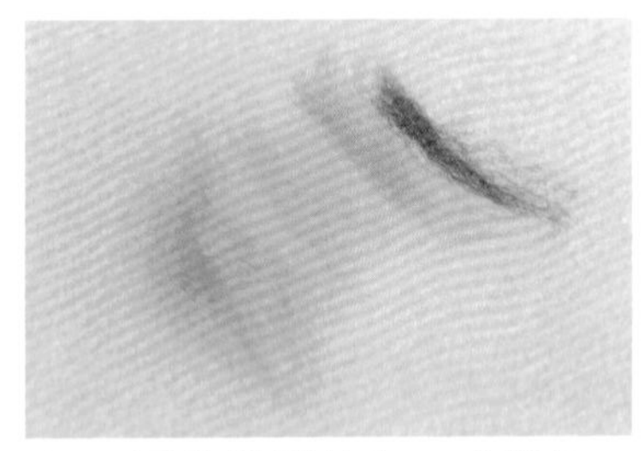

04 再準備橙黃色、淺黃色、黃棕色和紅棕色的羊毛。

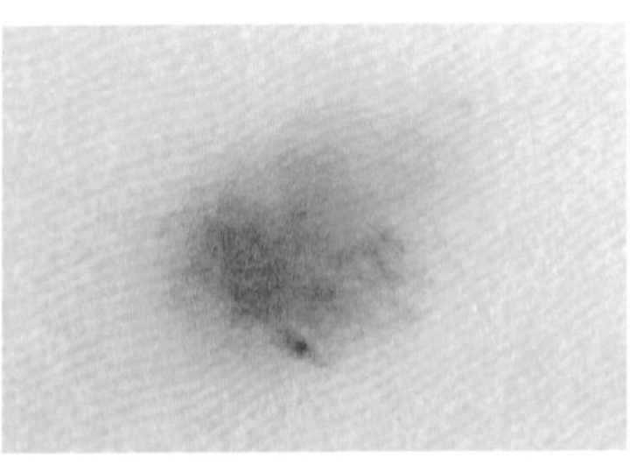

05 先各自撕小片後，疊在一起混色，做出麵皮上煎過的痕跡顏色。

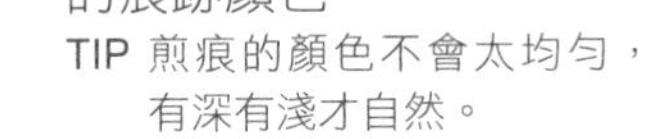

TIP 煎痕的顏色不會太均勻，有深有淺才自然。

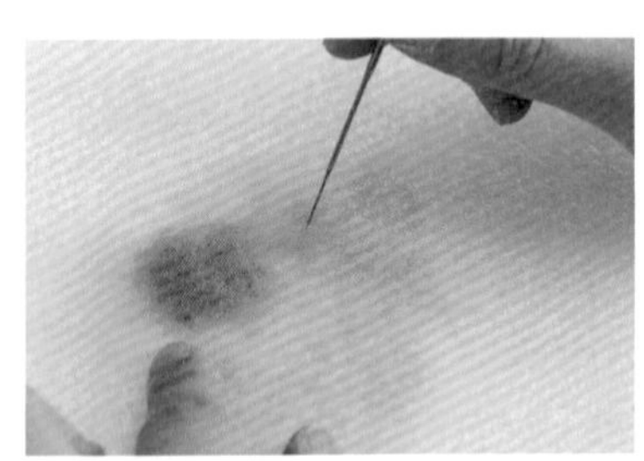

06 撕部分煎痕色羊毛放在麵皮上半部中間，並戳刺。

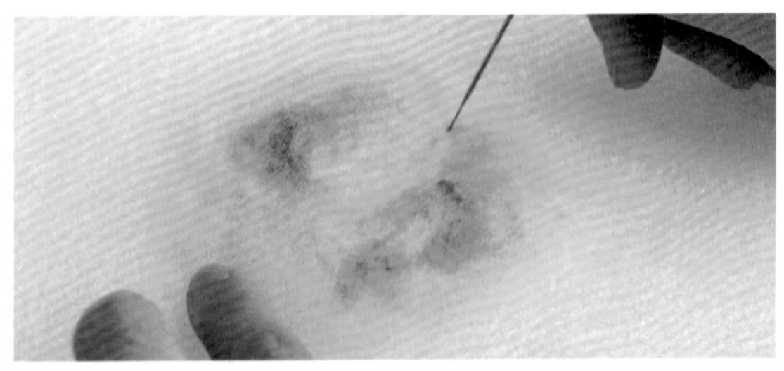

07 再將其餘煎痕色羊毛放在麵皮下半部中間，並戳刺固定。

TIP 煎痕大多會分布在韭菜盒子兩面貼在鍋子上的地方。

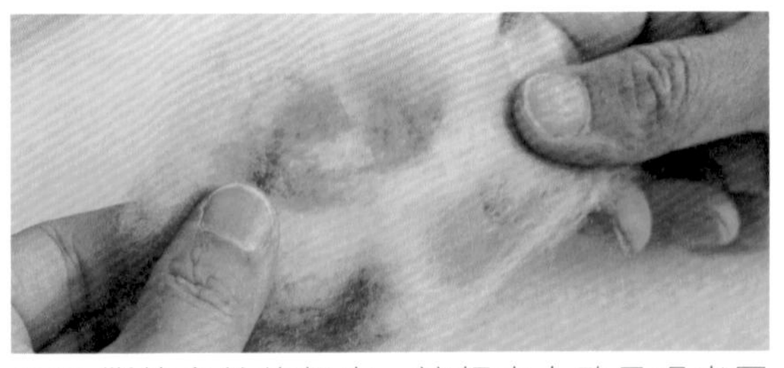

08 撕掉多餘的麵皮，讓麵皮大致呈現半圓形，煎痕在兩側，即完成。

參·製作韭菜盒子的內餡（韭菜）

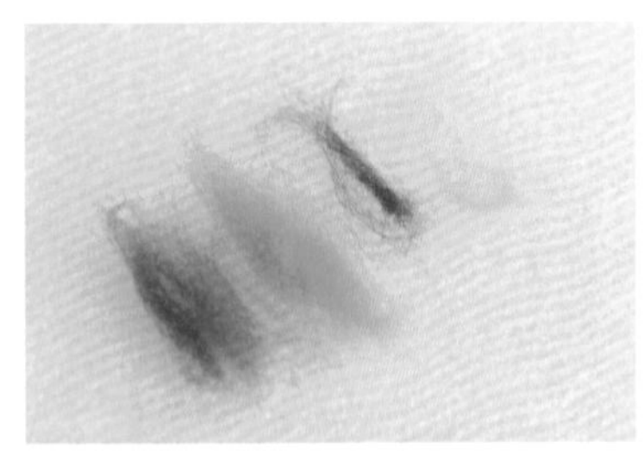

01 準備海苔綠、薄荷綠、紅棕色和青蘋果色的羊毛，分別撕成小片。

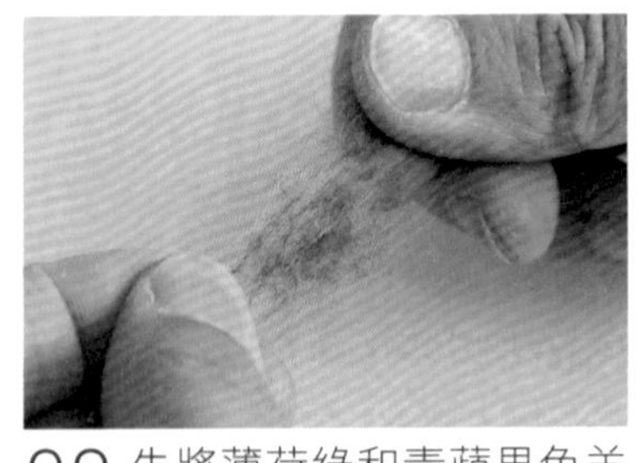

02 先將薄荷綠和青蘋果色羊毛疊在一起，反覆撕毛混出較深的綠色。

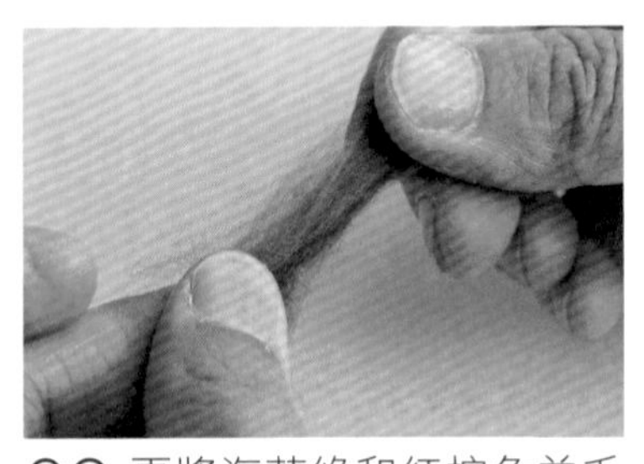

03 再將海苔綠和紅棕色羊毛疊在一起。

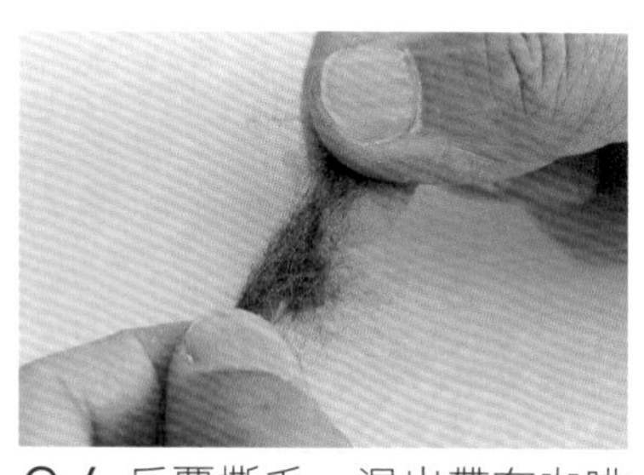

04 反覆撕毛，混出帶有咖啡色的綠色，做出煎過後顏色變深的韭菜色。

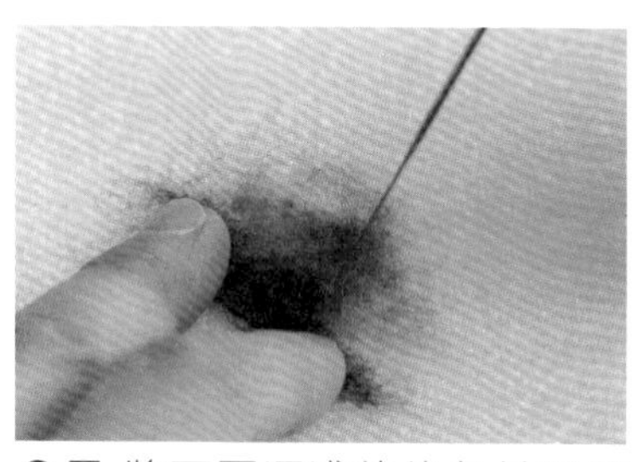

05 將不同深淺的綠色羊毛鋪在一起，在工作墊上戳刺氈化成片狀。

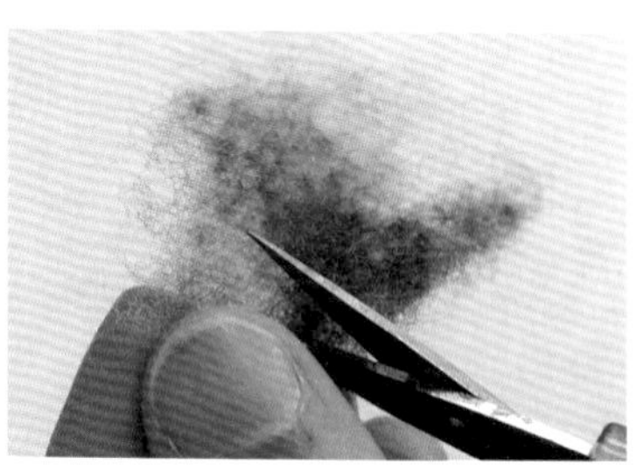

06 準備一把剪刀，先將混色羊毛片剪成長條狀。

07 再將剪成長條狀的羊毛，剪成一小段一小段。

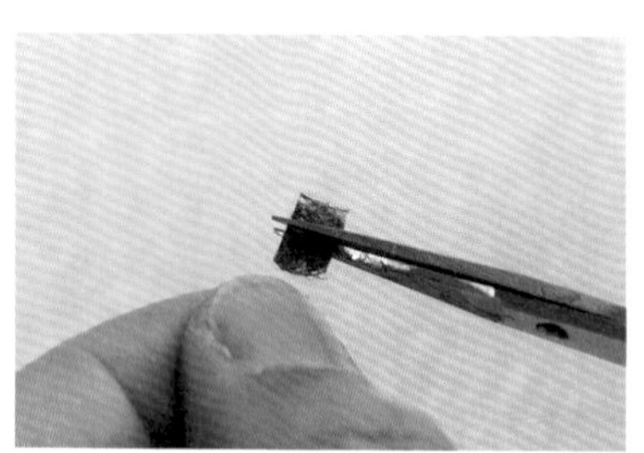

08 完成內餡裡的韭菜段。

肆·製作韭菜盒子的內餡（豆干）

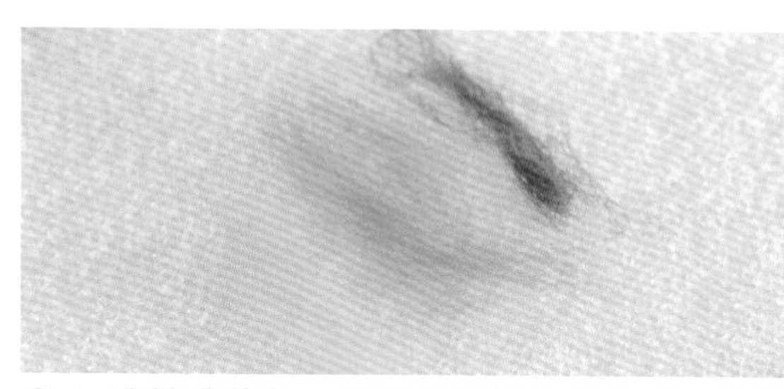

01 準備淺黃色、橙黃色和紅棕色羊毛，先撕成小片後再疊在一起反覆撕毛混色。

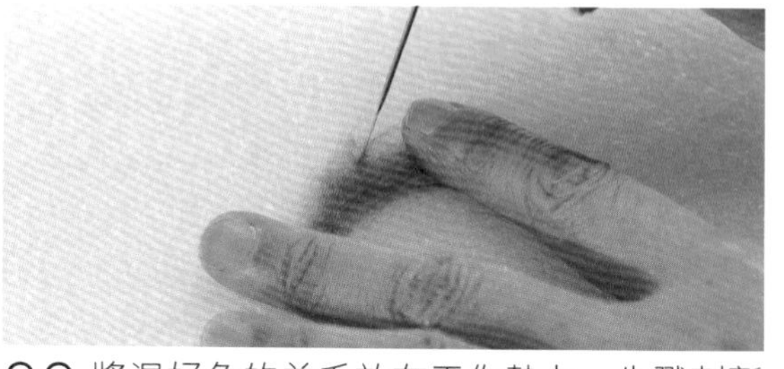

02 將混好色的羊毛放在工作墊上，先戳刺氈化成長條的片狀。

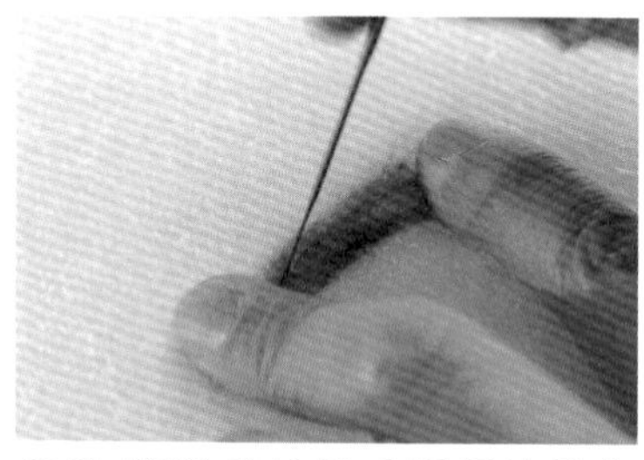

03 將羊毛片摺成細長的長方形，並戳刺固定接合處。

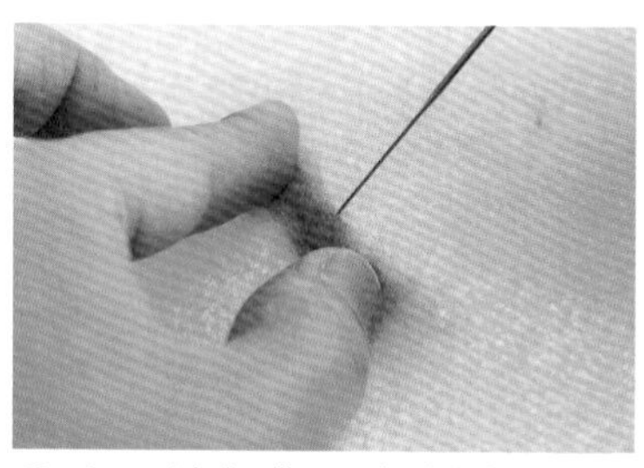

04 一邊氈化一邊將側邊修飾出筆直平整的線條。

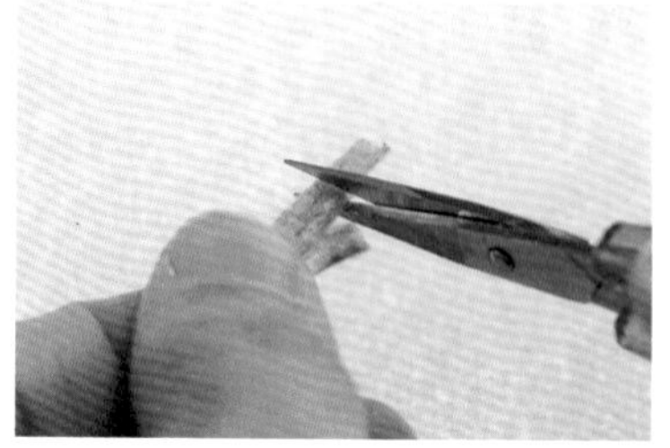

05 完成後用剪刀將羊毛片剪成一小段一小段，完成內餡的豆干。

伍‧製作韭菜盒子的內餡（蛋鬆）

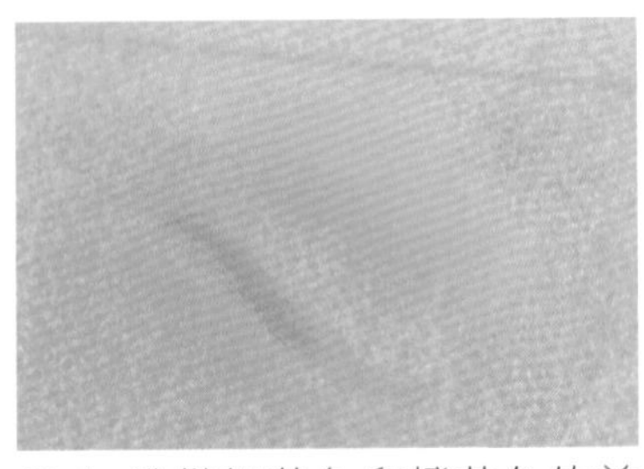

01 準備奶黃色和橙黃色的羊毛，先分別撕成小片後，疊在一起撕毛混色。

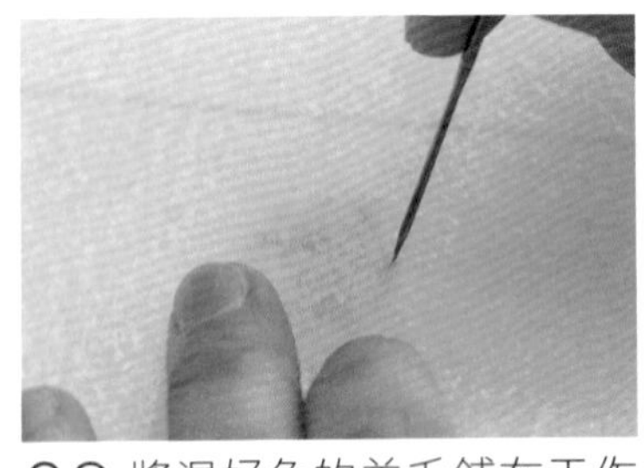

02 將混好色的羊毛鋪在工作墊上，大略氈化成片狀。

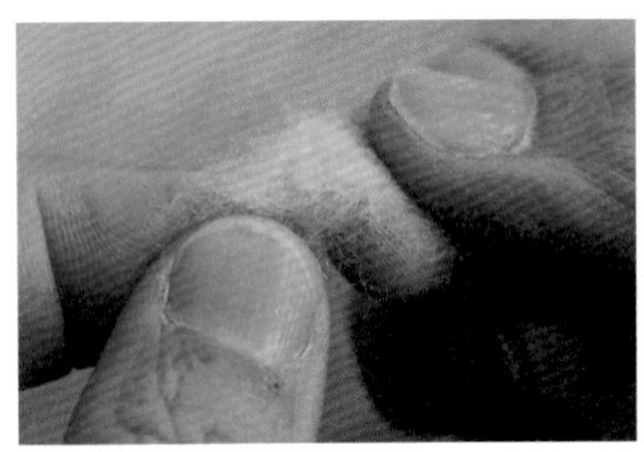

03 將羊毛片撕成小塊對摺並戳刺固定，做成蛋鬆。

陸‧組合麵皮和內餡的絞肉

01 將內餡放在半圓形麵皮的中間。

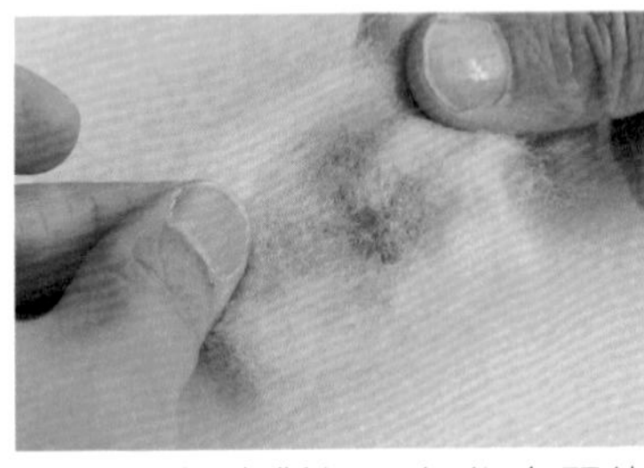

02 將麵皮對摺，包住中間的內餡。

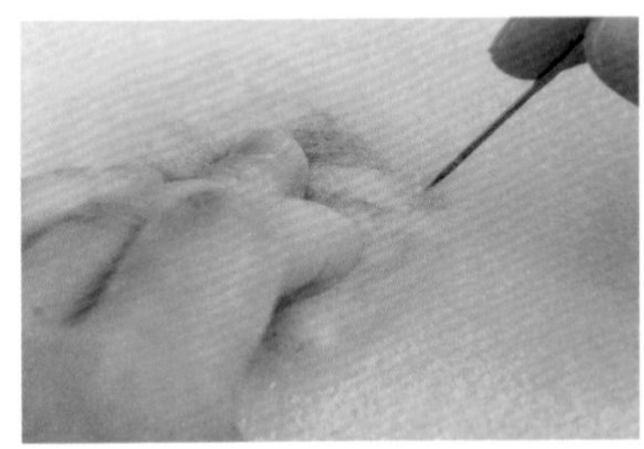

03 用戳針從麵皮的外圍開始戳刺固定。

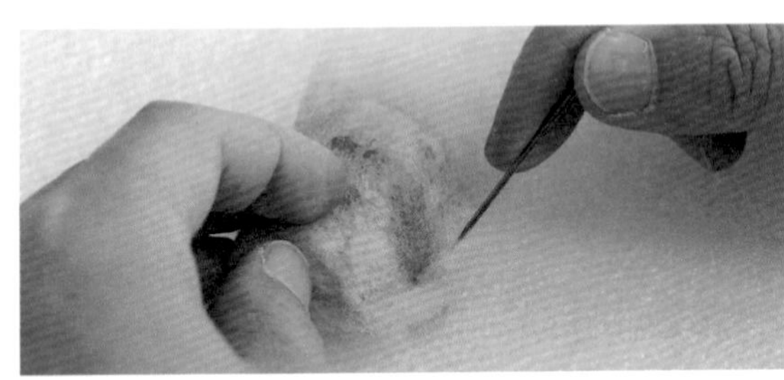

04 沿著麵皮中間的內餡戳刺一圈，固定出大略的韭菜盒子形狀。

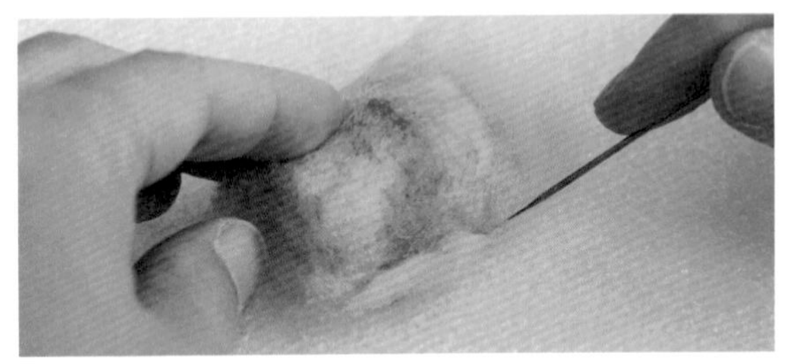

05 將麵皮邊緣往內摺，一邊戳刺固定一邊修飾成像用手捏過的形狀。

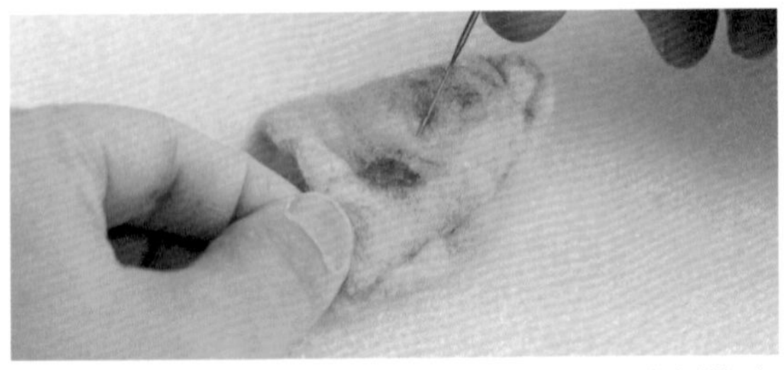

06 用戳針修飾整體的形狀，並稍微戳刺接合內餡與外皮，讓彼此固定得更牢。

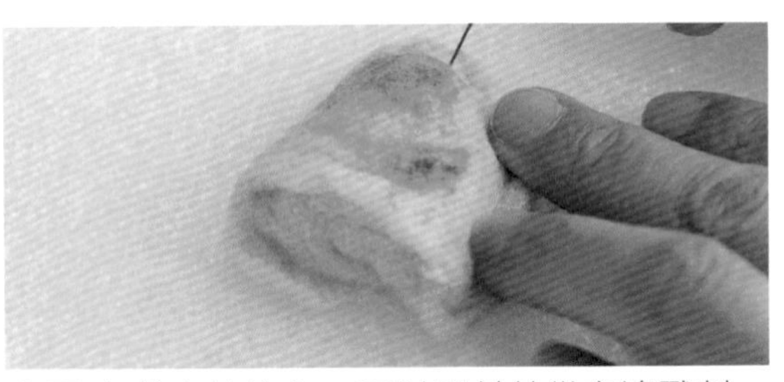

07 有煎痕的地方，可以用斜針從旁邊戳刺，加強立體感。

柒．放上內餡的韭菜、豆干和蛋鬆

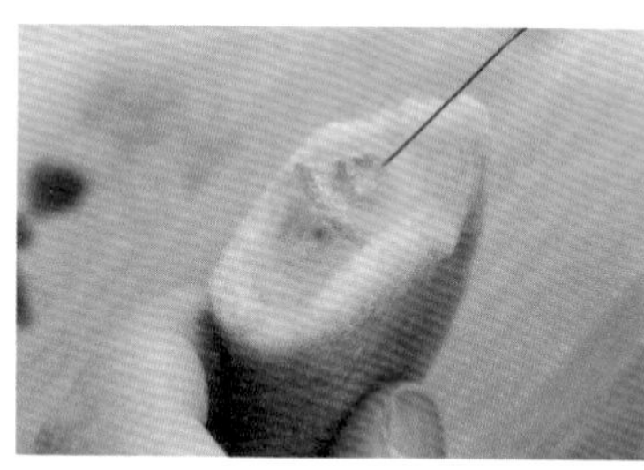

01 隨意將內餡的豆干放到韭菜盒子的絞肉切面上，戳刺固定。

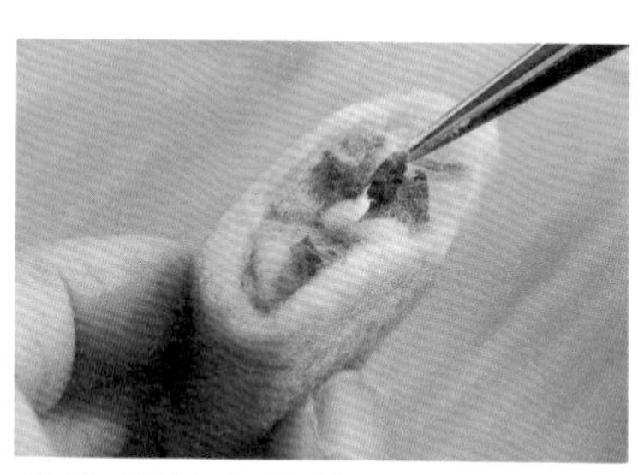

02 再放上韭菜段，稍微戳刺固定。

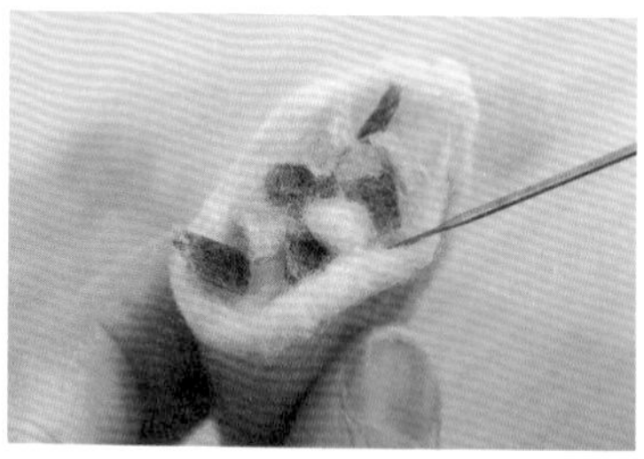

03 在空隙處放上蛋鬆，稍微戳刺固定。

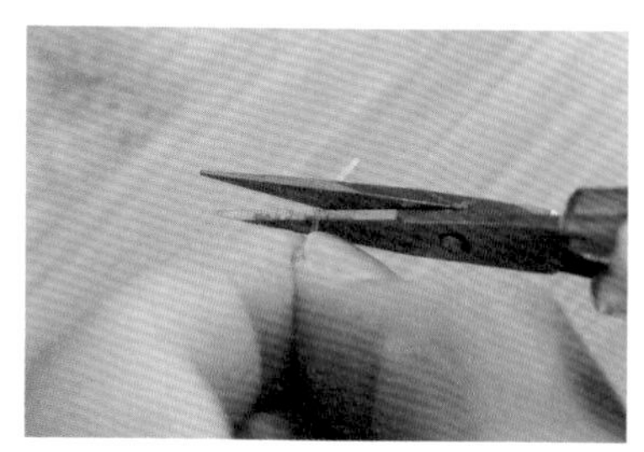

04 將釣魚線以剪刀剪成小段以做為內餡中的粉絲。

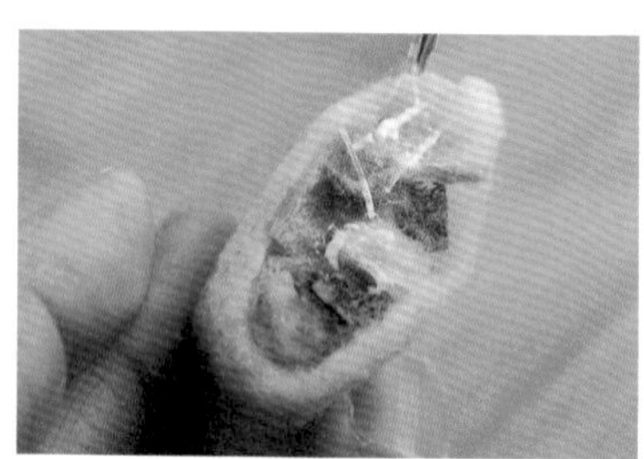

05 用白膠將粉絲黏到內餡平面上，完成韭菜盒子。

TIP 內餡光靠戳刺容易掉，用白膠黏比較牢固。

no.15

廚房好夥伴

大同電鍋

大同電鍋在台灣的歷史已經將近一甲子，
不論時光如何快轉，廚房中電鍋的位置始終沒有變過。
電鍋是最早出現在台灣灶腳的科技身影，
取代了大灶生火的麻煩，同時還有蒸、煮、滷的功能，
對很多身在異鄉的遊子來說，更是和家鄉味的唯一連結。
使用羊毛氈製作的電鍋可大可小，此處教的是迷你可愛的精巧版，
稍微做點加工，還可以變成各種實用的生活小物。

【準備材料】

①〈電鍋的鍋子〉粉色羊毛*6g
②〈電鍋的鍋蓋〉鐵灰色羊毛*1.5g
黑色羊毛
③〈電鍋的開關〉白色羊毛
黑色羊毛
④〈電鍋的把手〉黑色羊毛

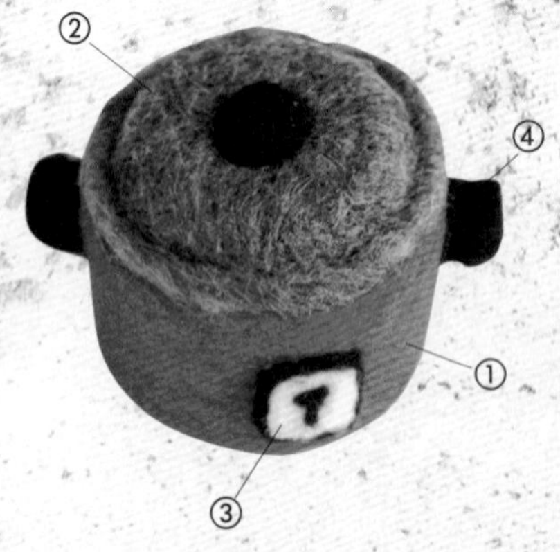

【製作步驟】

壹·製作電鍋的鍋子

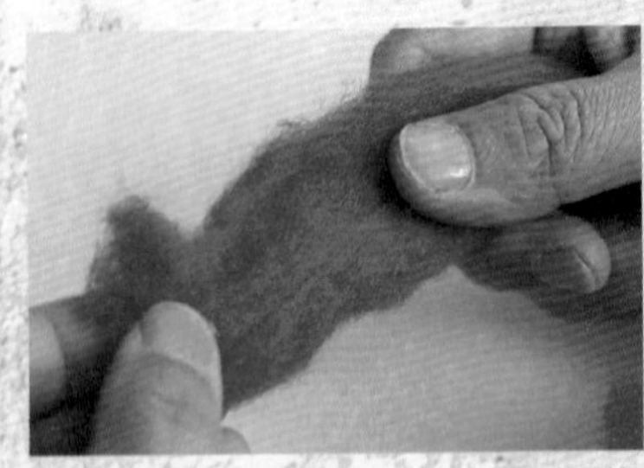

01 準備一段 6g 的粉色長條狀羊毛，先拉平整。
TIP 寬度約等同電鍋的大小，但氈化後會再小一點。

02 將羊毛從一端往另一端捲起來。
TIP 捲的時候可用手指捏住上下兩端，以捲成兩側較平整的圓柱狀。

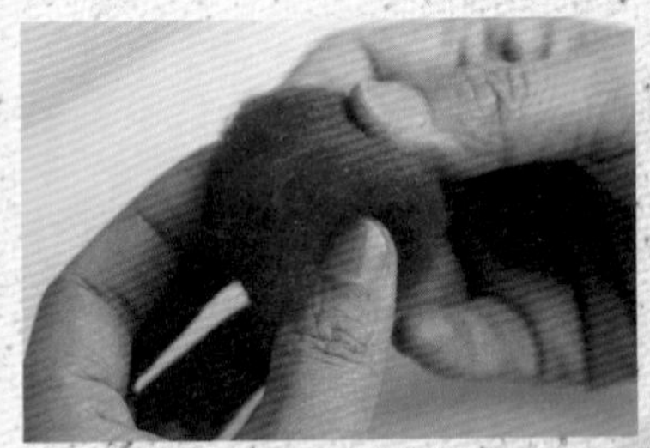

03 捲成一個直徑約 3.5cm 的圓柱狀後，捏緊接合處。

04 用戳針戳刺接合處固定。

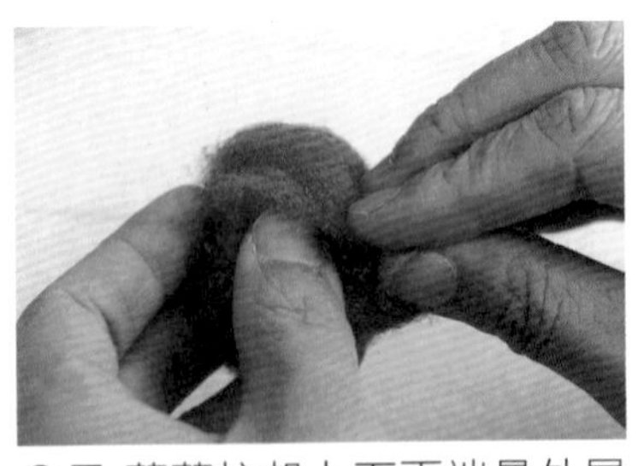

05 薄薄拉起上下兩端最外層的羊毛，往下拉以遮蓋住捲起的摺痕。

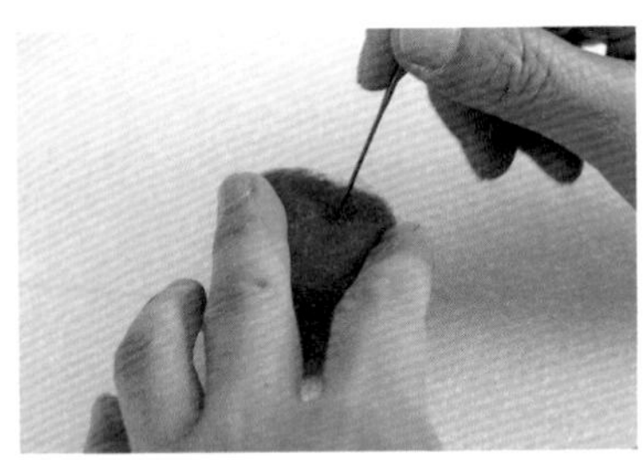

06 接著戳刺包覆好的羊毛，將兩端的表面氈化平整。

07 再用戳針戳刺側面，並修飾整體，做出表面皆為平滑的鍋子。

08 在鍋子外圍向內一點的位置，沿著圓周戳刺一圈，做出之後要蓋鍋蓋之處。

TIP 圓的內側為鍋蓋大小，外側為鍋子上的金屬處。

貳・製作電鍋的鍋蓋

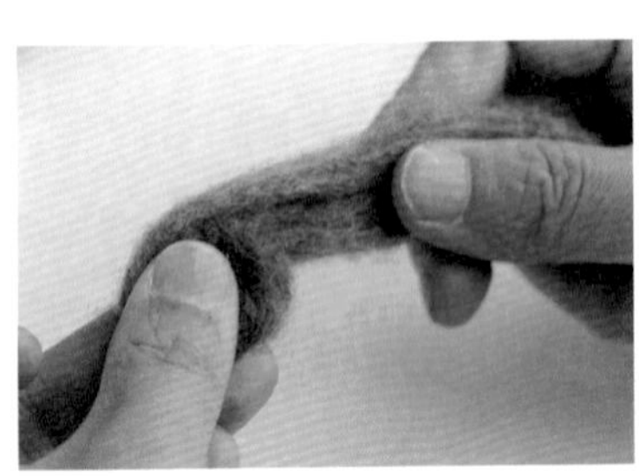

01 取一段 1.5g 的鐵灰色長條狀羊毛，從一端開始往另一端捲摺。

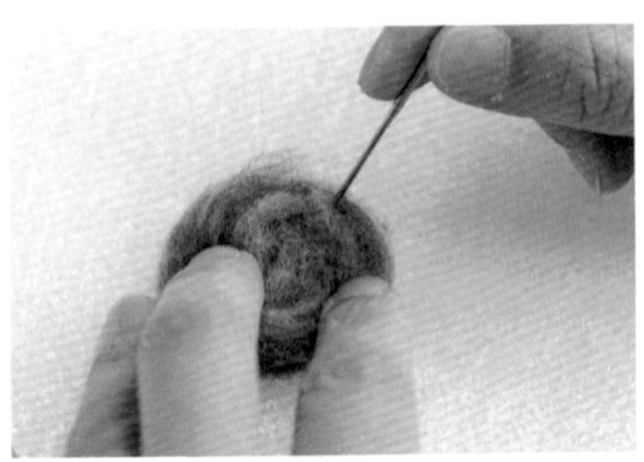

02 將羊毛捲摺成稍微大於鍋子、中間厚四周薄的扁平圓形後，戳刺接合處固定。

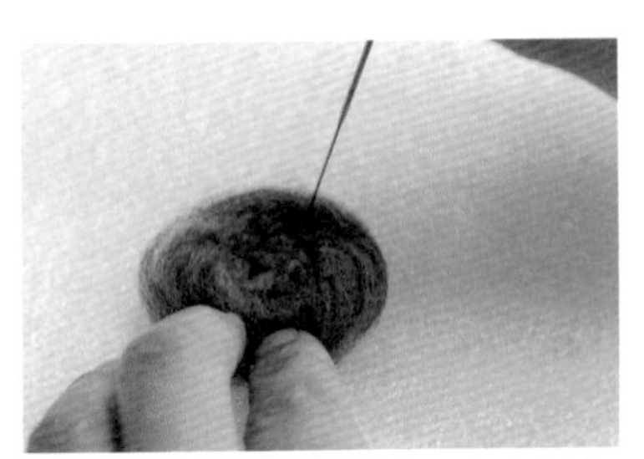

03 用戳針稍微將整體戳刺氈化，不需要戳得太扎實，以方便與鍋身接合。

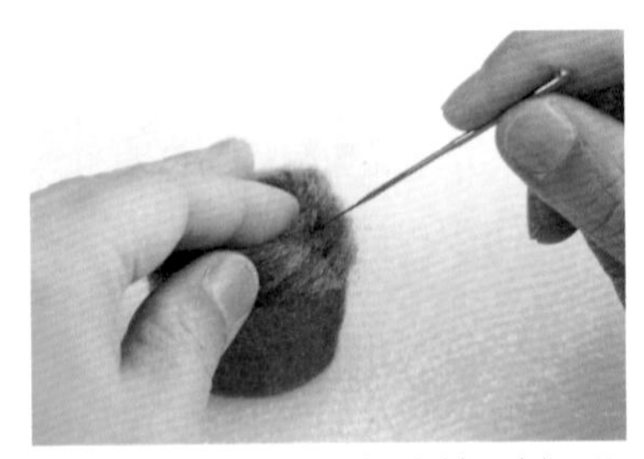

04 將鐵灰色羊毛放到鍋子上，開始戳刺固定。

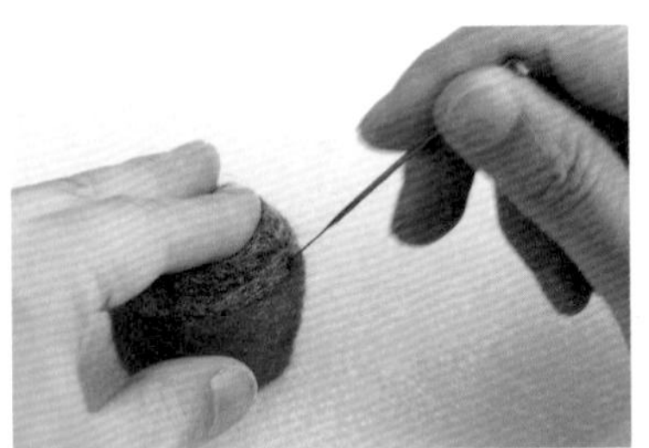

05 一邊氈化讓鍋蓋和鍋子接合，一邊沿著鍋子修飾鍋蓋的線條。

TIP 先用深針戳刺固定，再以淺針修飾線條。

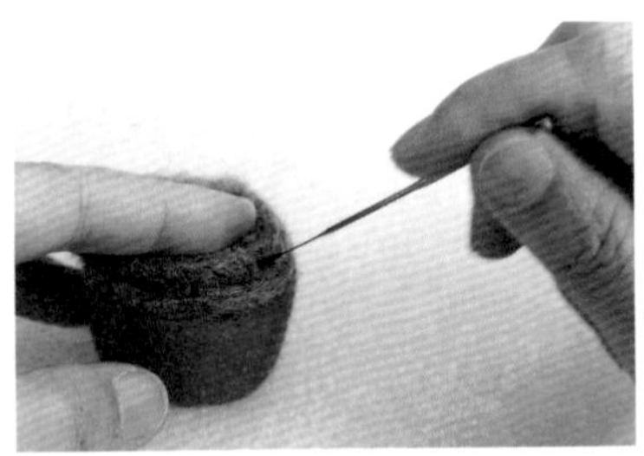

06 戳刺的時候用手壓住鍋蓋頂端，抓出預留的高度，再從側面以斜針塑形。

TIP 需做出鍋子的金屬處（外圈）和中間突起的鍋蓋。

08 用戳針加強修飾出上窄下寬的鍋蓋形狀，並讓鍋蓋和金屬處的交界線更明顯。

09 準備一小搓黑色羊毛，對摺成小小的半圓弧狀。

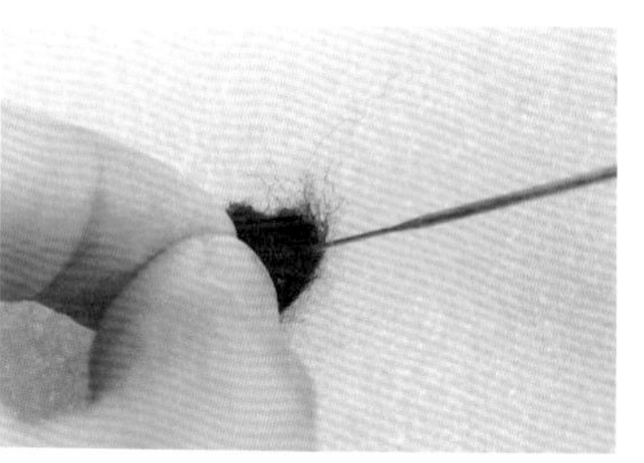

10 將周圍鬆散的羊毛戳刺往內收，修飾成圓形。

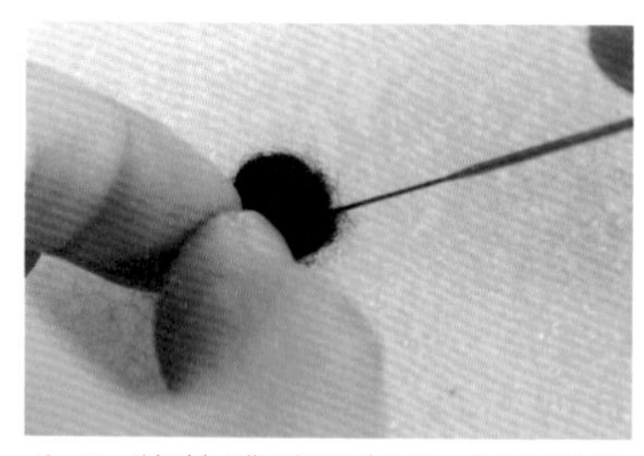

11 將整體稍微氈化成圓餅狀即可，不需戳得太扎實。

12 接著將黑色圓餅狀戳刺到鍋蓋正中間，並將外圍往內收小，做出鍋蓋的把手。

參·製作電鍋的把手

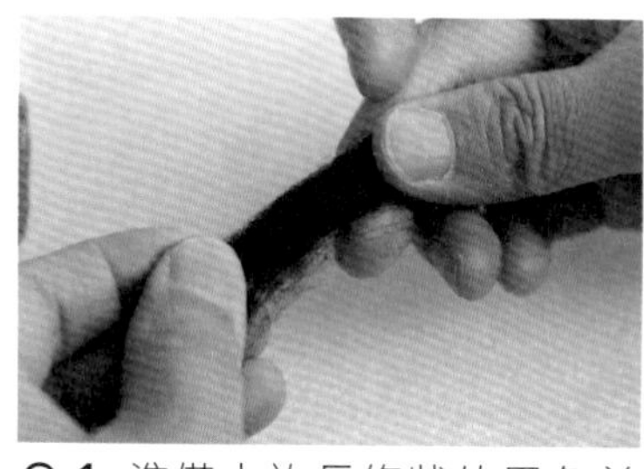

01 準備少許長條狀的黑色羊毛，平整地拉開。

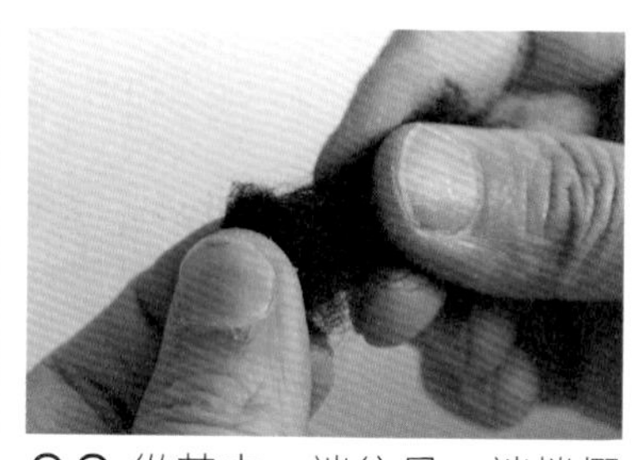

02 從其中一端往另一端捲摺過去。

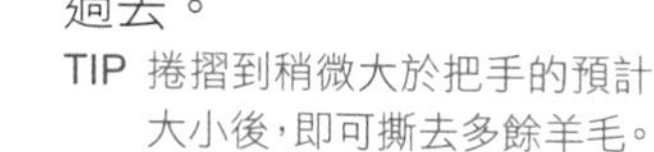

TIP 捲摺到稍微大於把手的預計大小後，即可撕去多餘羊毛。

03 捲摺完後，用手捏緊接合處並戳刺固定。

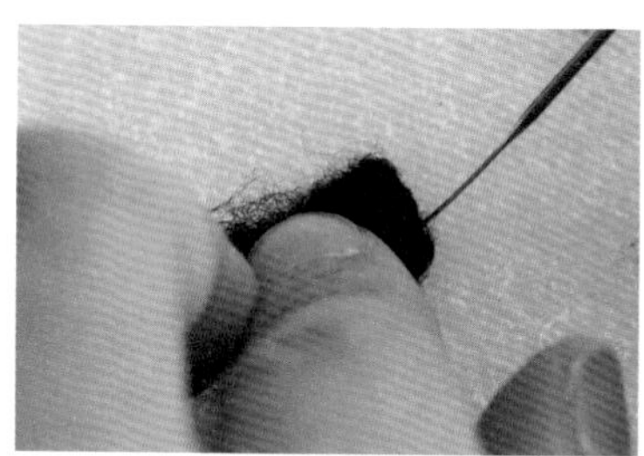

04 整體稍微戳刺氈化，並將其中一側戳平成方形。

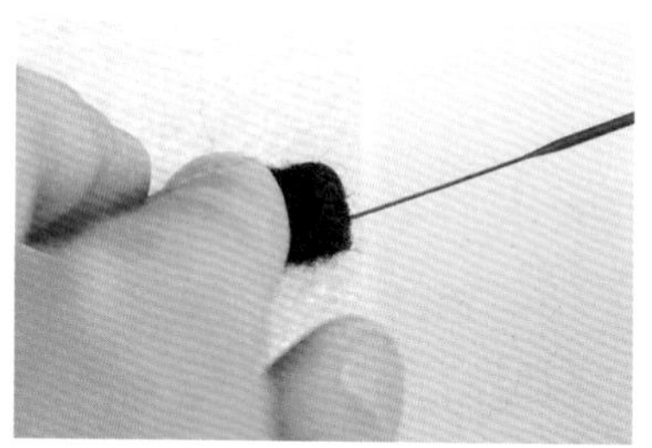

05 將方形邊緣對齊工作墊側面，修飾出平整的線條。

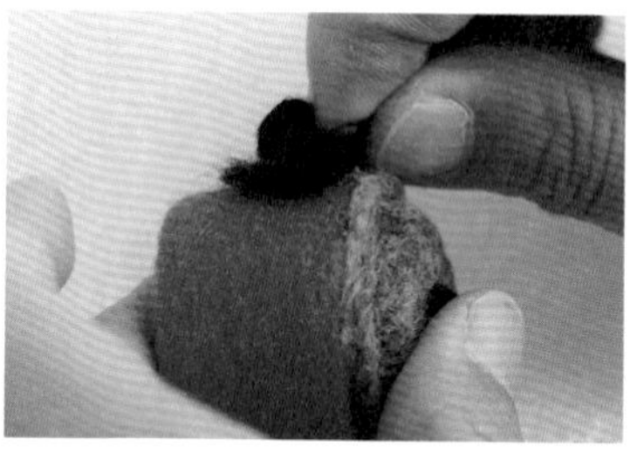

06 拉鬆把手活毛狀態的一側，放到鍋子側面要安裝把手的位置。

TIP 「活毛狀態」指尚未完全氈化的時候。

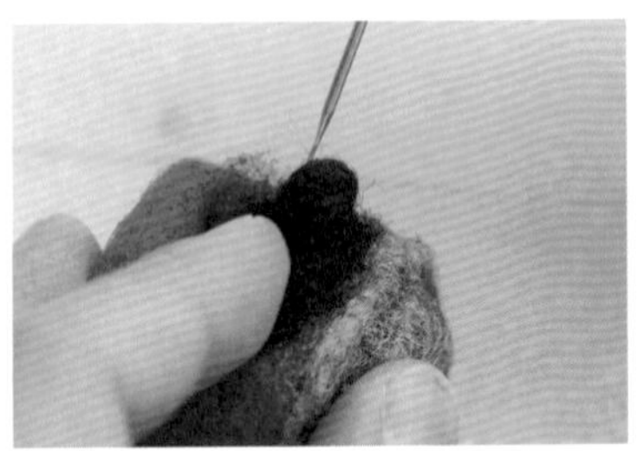

07 先將把手稍微戳刺固定在鍋子上，再將外圍羊毛戳刺收進鍋子裡。

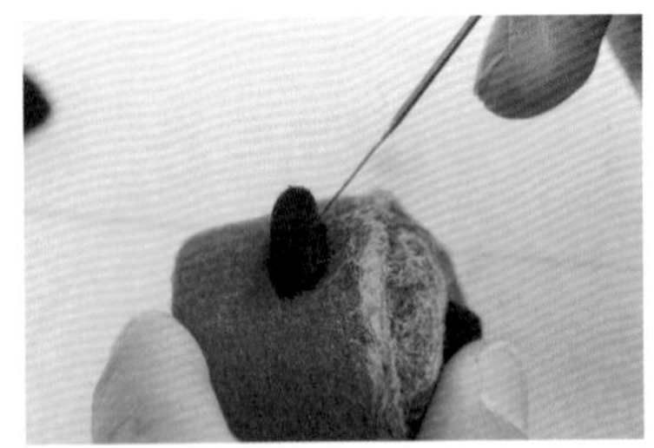

08 修飾完整體形狀，並以同樣方式製作另一側把手，即完成。

肆·製作電鍋的開關

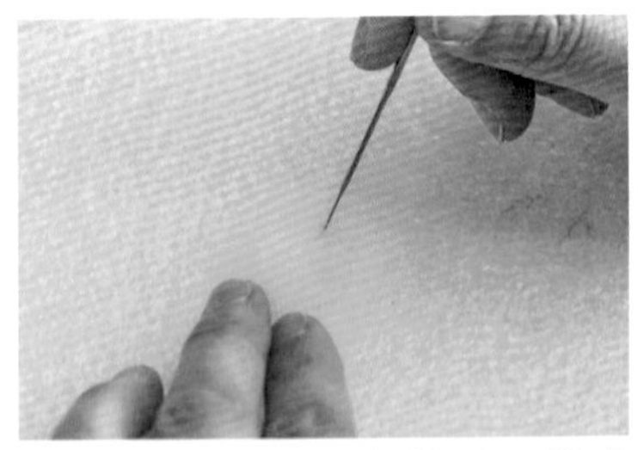

01 準備少許白色羊毛，撕成小片後鋪在工作墊上，大略氈化成薄薄的片狀。

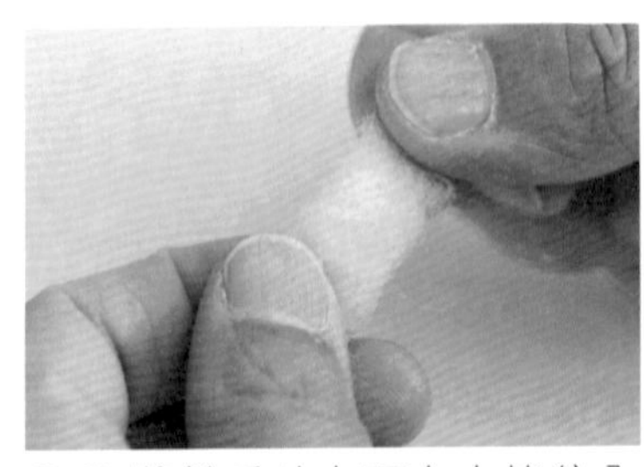

02 將羊毛片上下左右皆往內摺，變成一個長方形。

03 將長方形短邊朝上，放在鍋子中間偏下的位置。

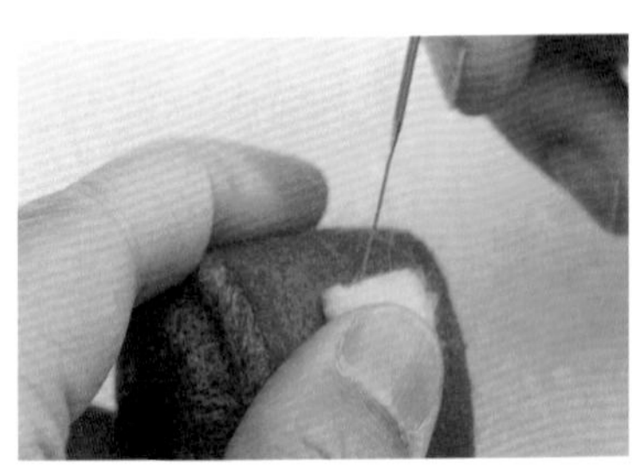

04 先戳幾針深針固定後，用淺針將羊毛片四邊戳進鍋內，收成筆直的線條。

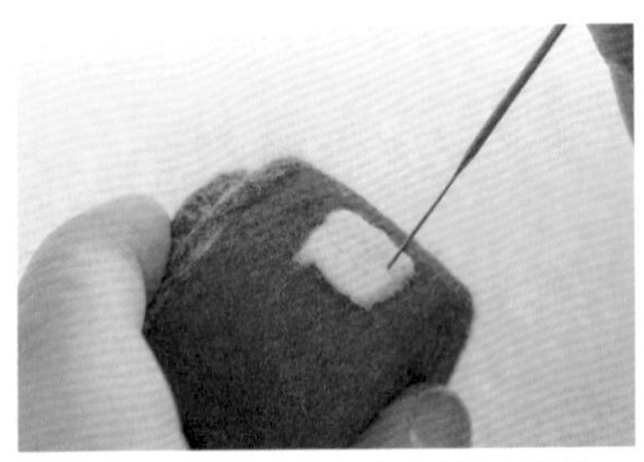

05 加強戳刺長方形的平面，以確實固定。

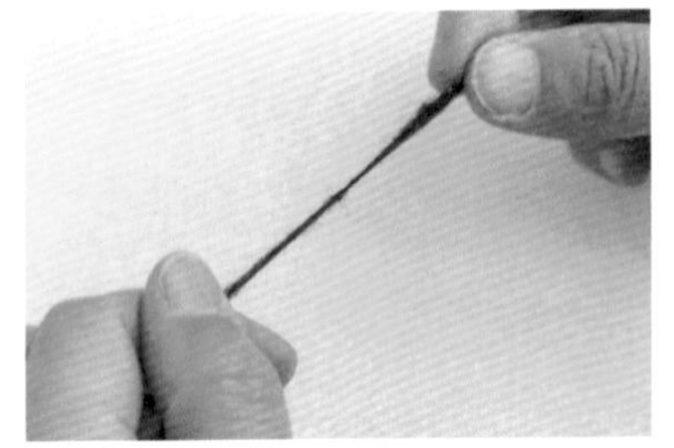

06 準備一搓黑色羊毛，搓捻成細長的條狀。

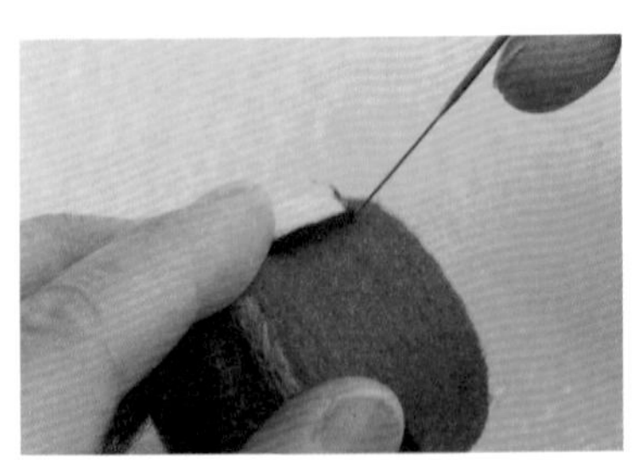

07 將黑色細長條羊毛沿著白色長方形的周圍，用斜針戳刺固定上去。

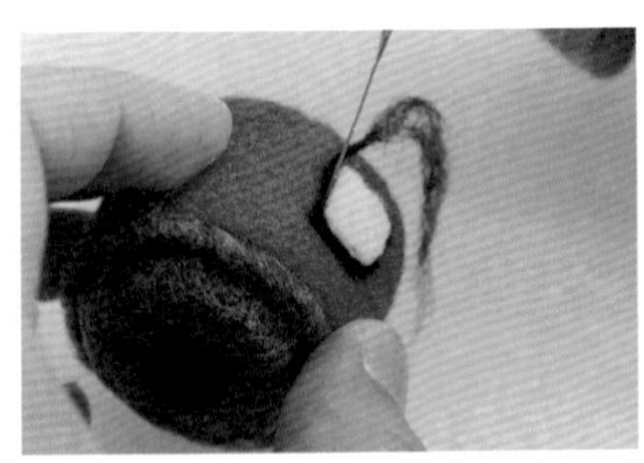

08 用黑色長條羊毛繞白色長方形一圈，一邊固定一邊戳刺緊實。

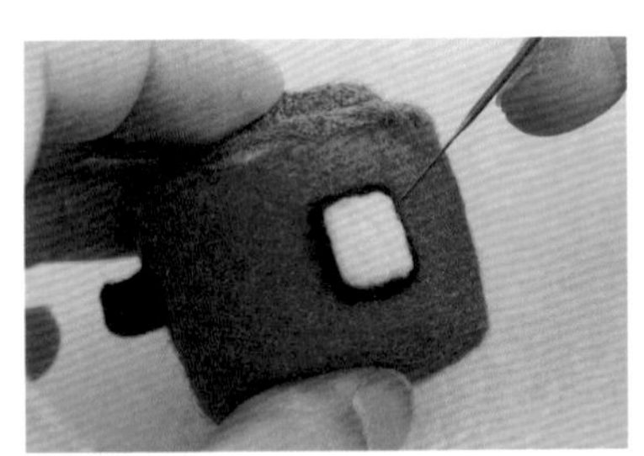

09 繞完一圈後撕去多餘的羊毛，並將外圍蓬鬆處再戳進鍋子裡。

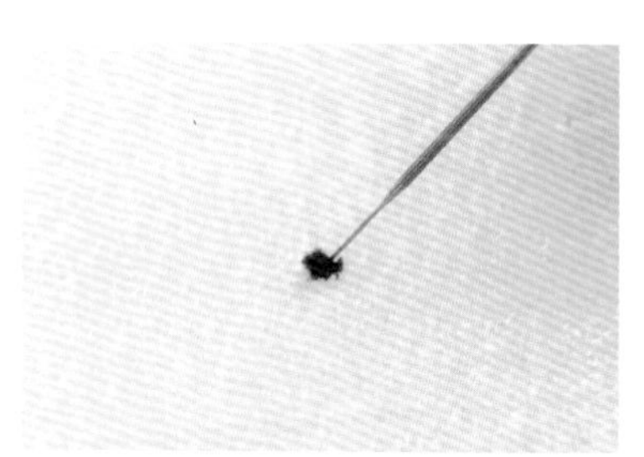

10 準備極少量的黑色羊毛，取戳針戳刺成小圓點。

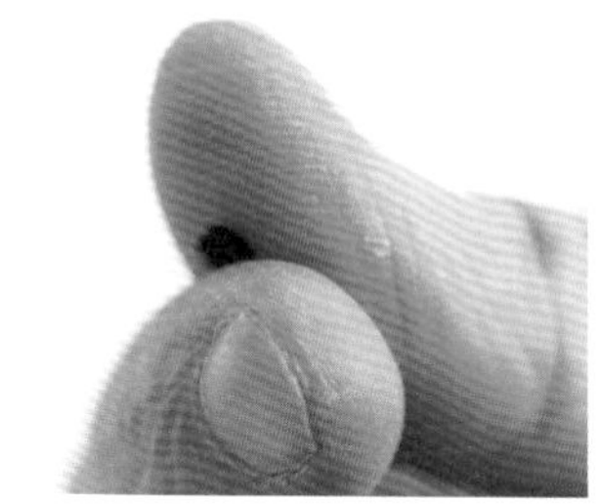

11 用手將黑色圓點稍微壓扁，方便之後固定。

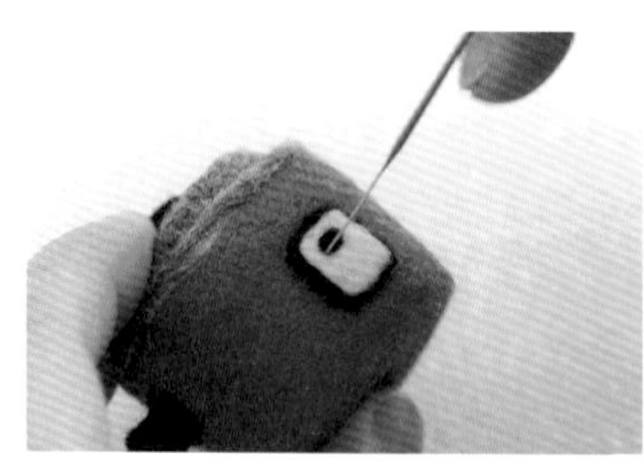

12 將黑色圓點先固定到白色長方形中間偏上的位置，再調整成橫的橢圓形，做為按鍵。

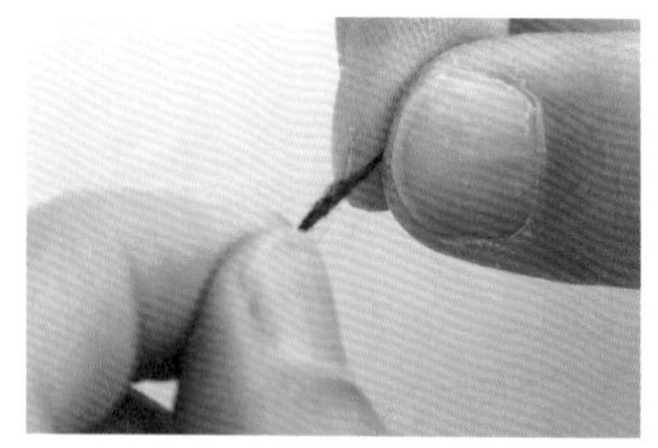

13 再準備極少量黑色羊毛，用手搓捻成細長條狀。

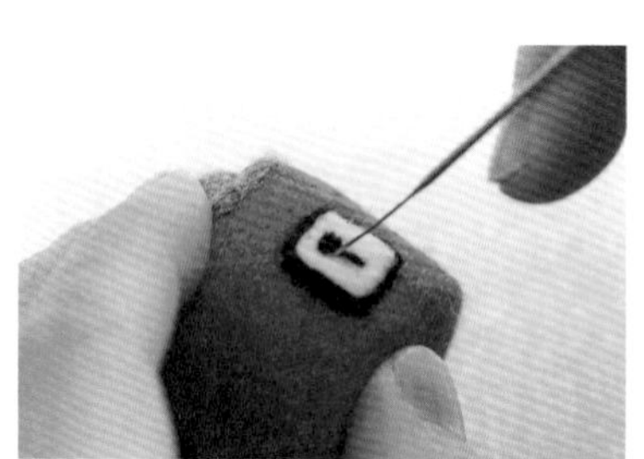

14 將黑色細長條羊毛垂直固定到按鍵正下方，即完成大同電鍋。

Column

熱騰騰的香氣

白飯

白飯在亞洲飲食文化中，佔有不可動搖的地位。
雖然現在很多人為了健康考量提倡減醣，
但從小用味蕾記憶的白飯滋味，卻是戒不掉的。
在早期清苦的年代，白飯更是代表寬裕的幸福象徵。
製作白飯需要花費很多耐心，將飯粒一顆顆固定到表面後，
還要再用一層薄透的羊毛略為遮掩，才顯得自然。
說起來有點像台灣人的個性，付出越多，總是越含蓄。
此處將白飯做成電鍋的內鍋飯，但學會做法後其實可以自由運用，
換成圓形或三角形的飯糰也很可愛。

【製作步驟】

壹·製作白飯

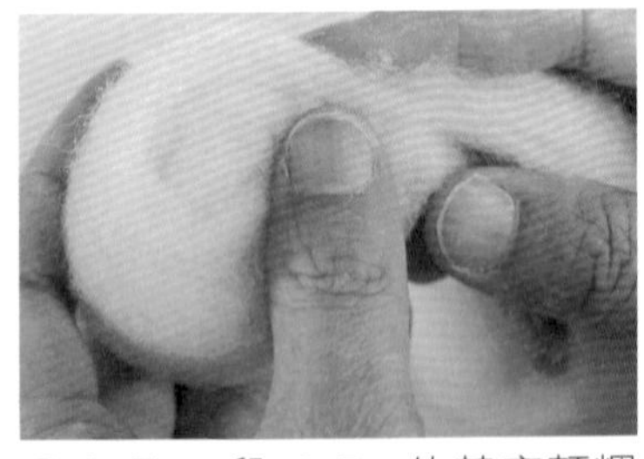

01 取一段 6.5g 的基底麵糰毛，從其中一端往另一端捲起。

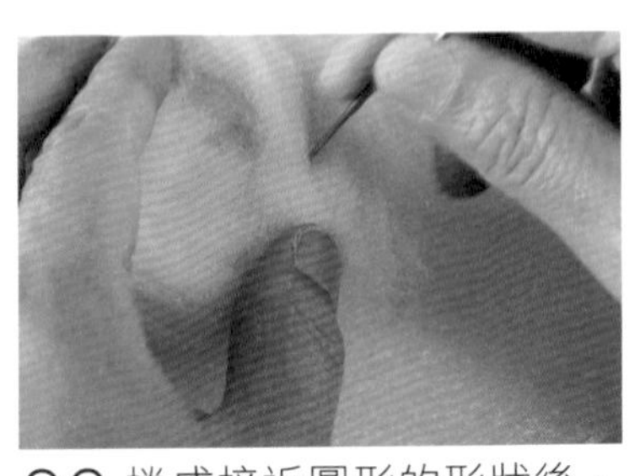

02 捲成接近圓形的形狀後，戳刺接合處固定。

TIP 形狀可以依照要做的品項調整，如果要做御飯糰就塑形成三角形。

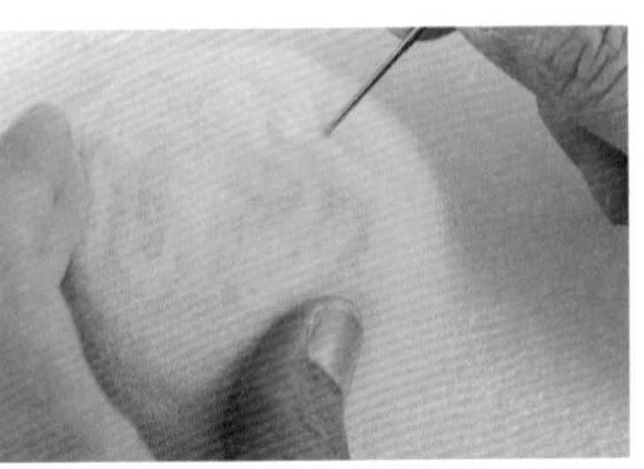

03 稍微將整體塑形，並將兩面有摺痕處修飾成平面，做直徑 5.5cm 的主體。

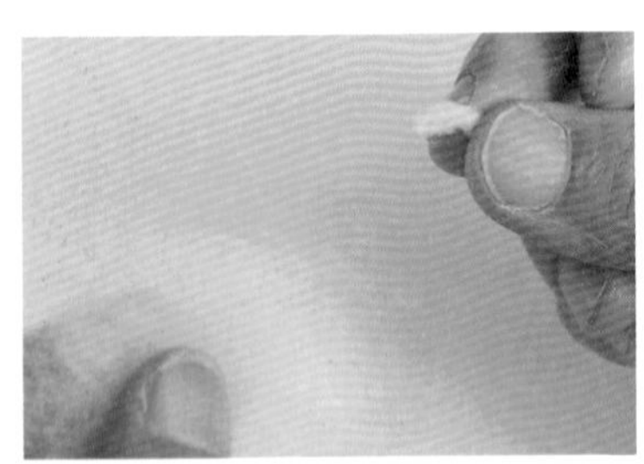

04 準備白色的羊毛，用手撕下一小片後，再搓捻成長條顆粒狀。

05 搓捻出很多個白色長條顆粒，做為飯粒。

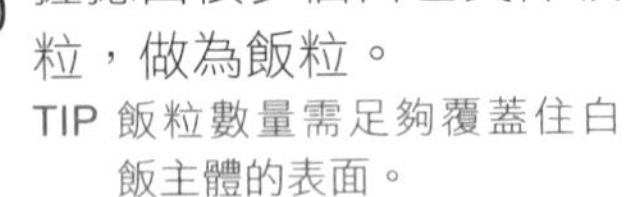

TIP 飯粒數量需足夠覆蓋住白飯主體的表面。

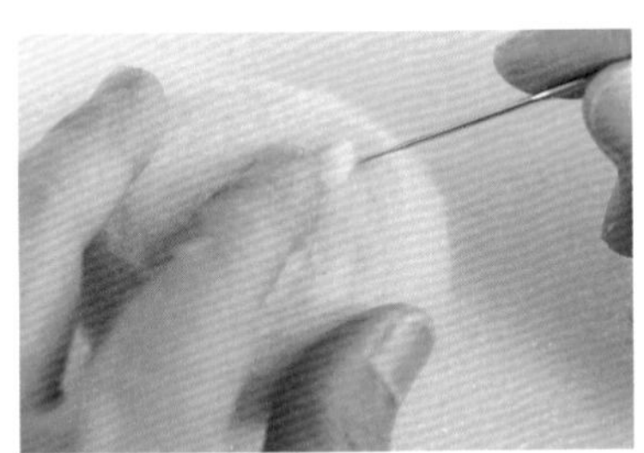

06 將飯粒戳刺固定到白飯主體的平面上。

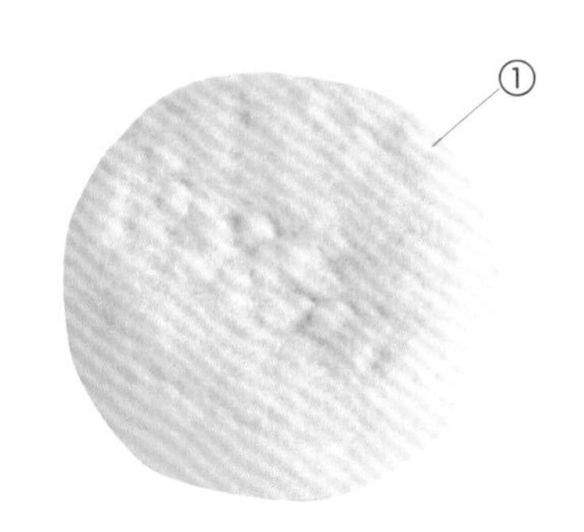

【準備材料】

①〈**白飯**〉基底麵糰毛 6.5g
白色羊毛

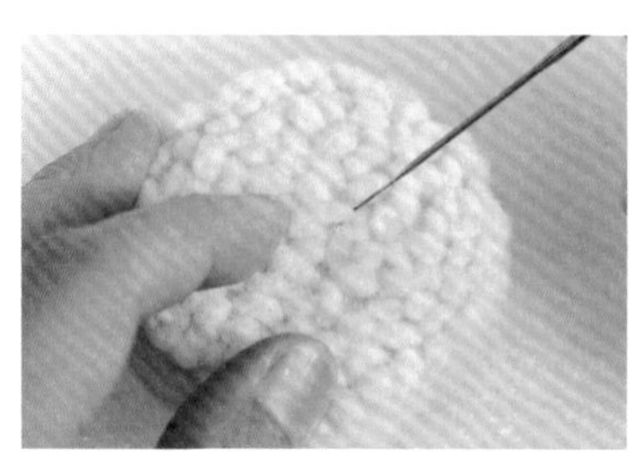

07 依序將飯粒一顆一顆戳刺到主體上，直到完全覆蓋表面。

08 準備白色和淺黃色的羊毛，分別撕成小片後再反覆撕毛混色。

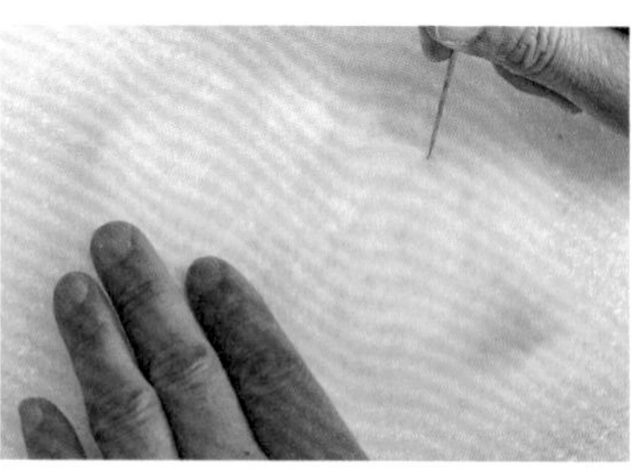

09 將混好色的羊毛薄薄地鋪在工作墊上，戳刺氈化成片狀。

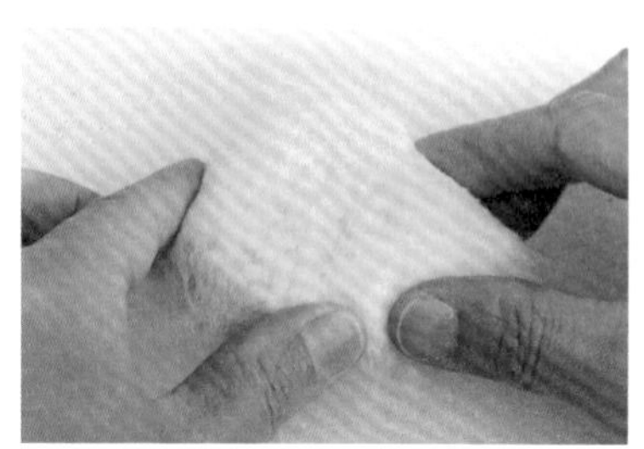

10 將羊毛片覆蓋在主體有飯粒的那面上。

TIP 煮好的飯帶點黏稠感，所以再鋪上一層羊毛，色澤才會更自然。

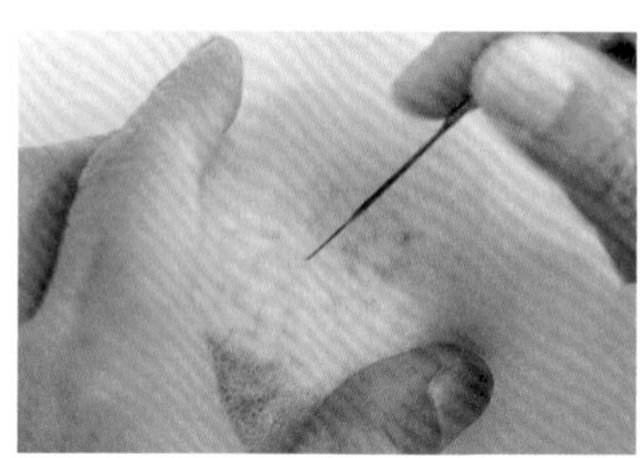

11 用戳針沿著米粒的紋路戳刺，固定住羊毛片。

TIP 如果羊毛片太緊密看不到底下飯粒，要先稍微拉鬆。

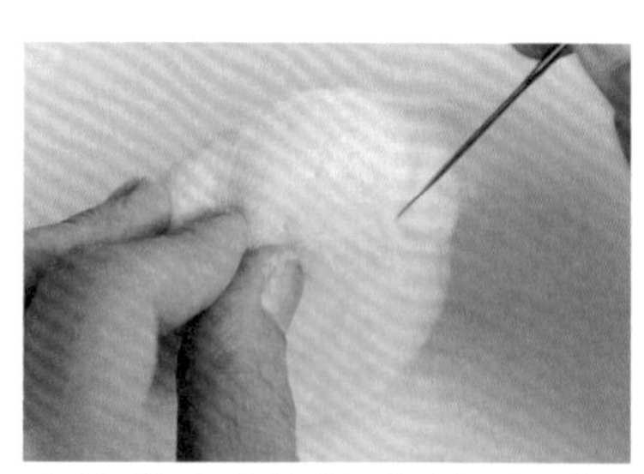

12 將多出的羊毛片包覆到白飯背面後，戳刺固定。

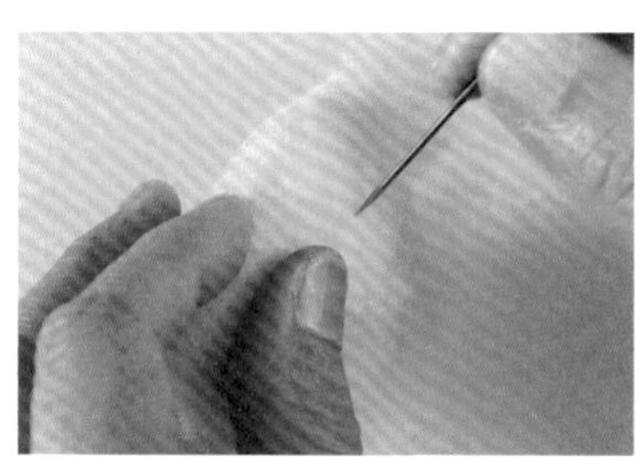

13 順著輪廓將羊毛片固定到主體上，若有不合的地方可先拉鬆羊毛片再戳刺。

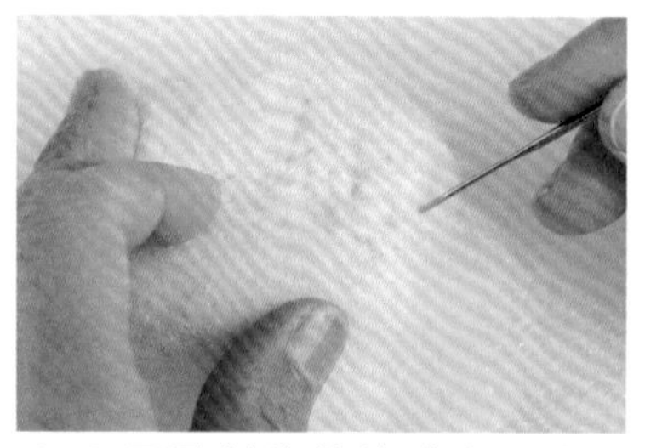

14 用戳針修飾整體的形狀，讓混色羊毛片下的飯粒自然地若隱若現。

15 完成粒粒分明的白飯。

第 肆 章

羊毛氈再加溫 變身實用小物的方法

CHAPTER 04

Take these garments,
earth.
save you
nor left
hapless
all wome
hand in
who save
fallen,
declare it—
otherwise,
is foolish to
Be happy
has not made me
has given glorio
a deed!
woman,
Hades!
to mankind;
(After liste
patience, Admetus
It was not
your presence is that of a
wear these garments of
gifts for her burial. You
nor will to d
woman, a s
and my mo
Yet it h
your son,
live.
I should
You
passed
son
not

no.01

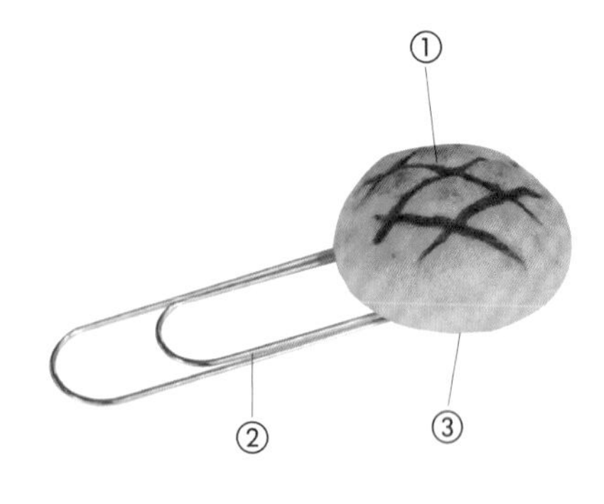

菠蘿麵包書夾

此處用的菠蘿麵包稍微大一點，做法相同，只是增加了羊毛量。
迴紋針造型的書夾是我在材料行買的，選擇自己喜歡的就好，
不需要被太多的規則侷限住，自由發揮創意，
才能夠體會手作帶來的成就感與樂趣！

【準備材料】

① 羊毛氈菠蘿麵包
（製作步驟請參考第 30-35 頁）
② 迴紋針書夾（長約 5cm）
③ 淺黃色不織布（約 2cm×2cm）

【製作工具】

熱熔膠槍

【製作步驟】

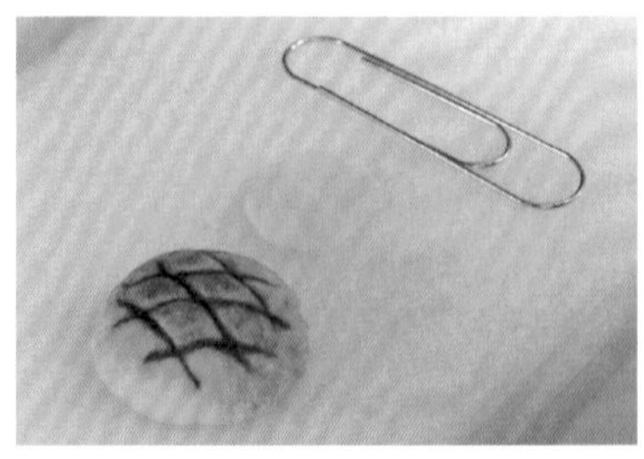

01 準備羊毛氈菠蘿麵包、迴紋針書夾和一塊不織布。
TIP 不織布尺寸略大於書夾、小於菠蘿麵包即可。

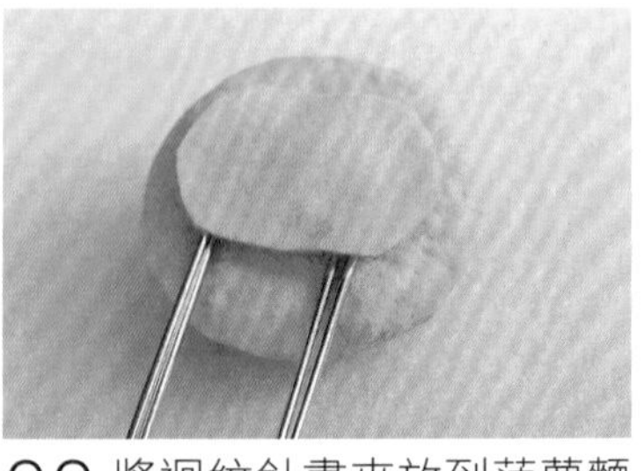

02 將迴紋針書夾放到菠蘿麵包的背面，再蓋上不織布並確認大小。

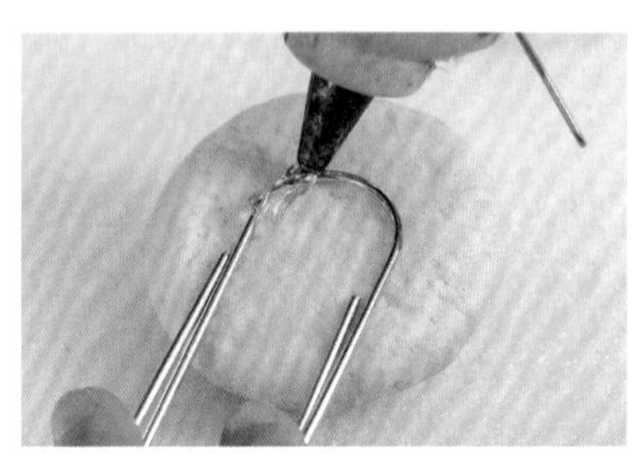

03 準備固定。先在迴紋針書夾上擠一點熱熔膠，讓書夾固定到菠蘿麵包上。

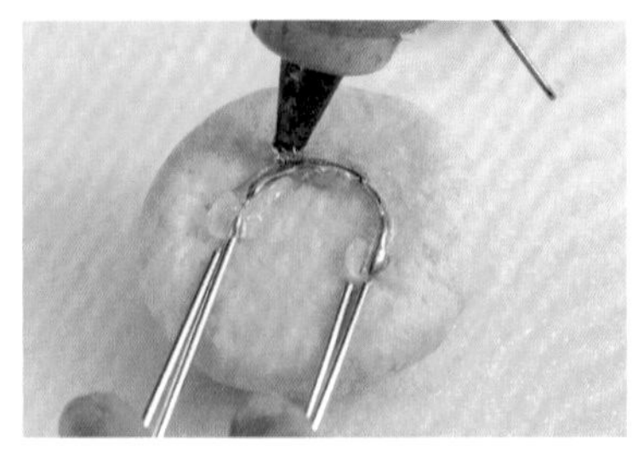

04 確定好書夾的位置後，在迴紋針頭周圍大量擠上熱熔膠，準備黏上不織布。

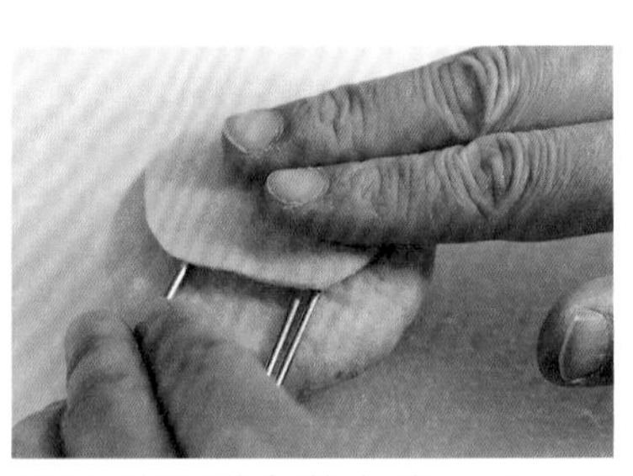

05 將不織布蓋上後，壓一下固定，膠乾後即完成。

no.02

肉鬆麵包耳環

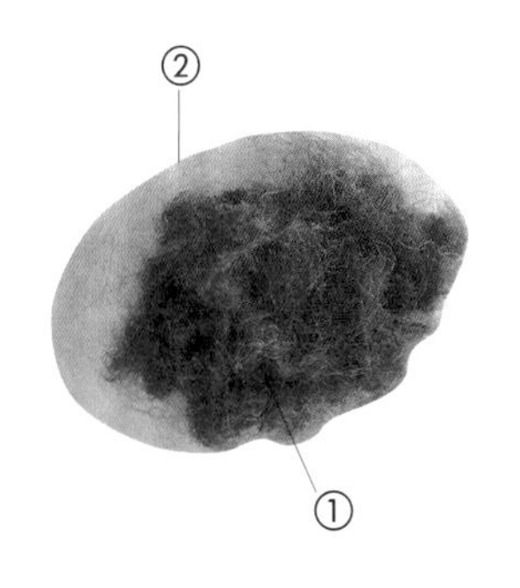

羊毛氈麵包可以運用在很多地方，麵包做大做小步驟都差不多，
只要依照需求決定就可以了，但是當耳環的麵包如果太大，
用熱熔膠黏著的穩定度可能不夠，需要加強固定。
耳針和耳夾在材料行都有賣，選擇自己喜歡的款式即可，
同樣的做法也可以改成項鍊、手環等飾品。

【準備材料】

① 羊毛氈肉鬆麵包
（製作方法請參考第 36-39 頁）
② 耳針或耳夾

【製作工具】

熱熔膠槍

【製作步驟】

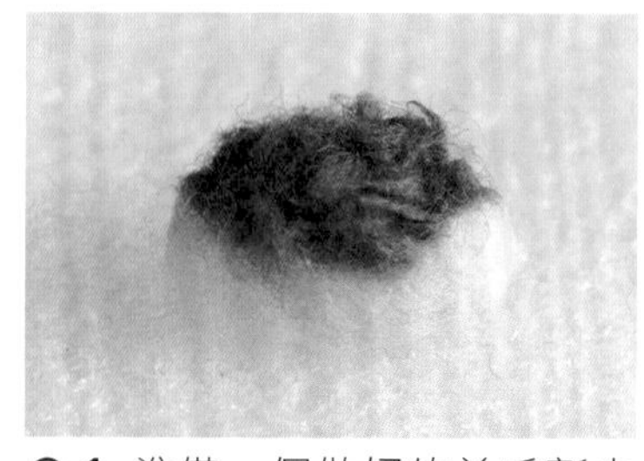

01 準備一個做好的羊毛氈肉鬆麵包。也可以任意替換成喜好的羊毛氈麵包。

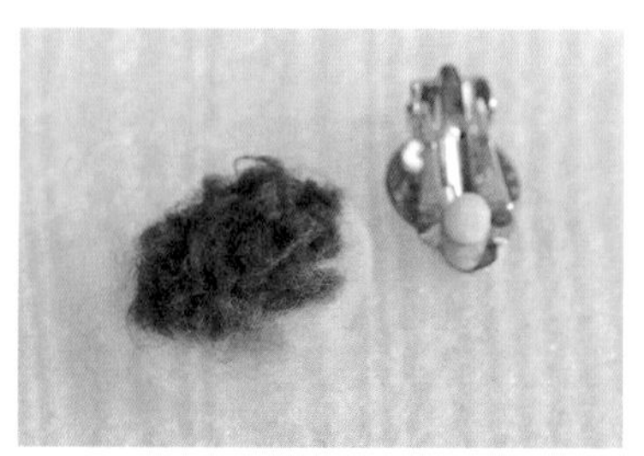

02 準備好耳針或耳夾，注意耳針或耳夾接合的平台面積不能比麵包大。

TIP 耳針和耳夾在材料行都可以買到。

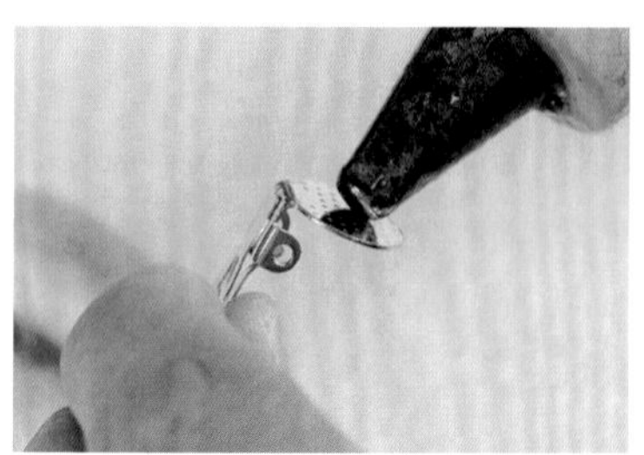

03 將熱熔膠擠到耳針或耳夾的接合平台上後，黏到麵包背面，即完成。

no.03

炸彈麵包
鑰匙圈

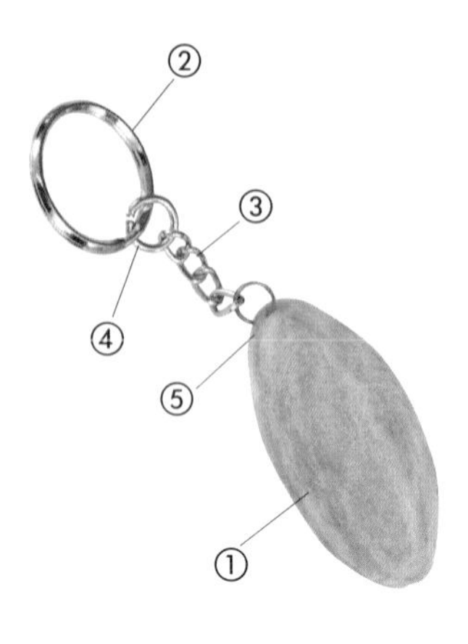

鑰匙圈是我最早開始販售的元老商品之一，
羊毛氈表面如果常常摩擦，就會像起毛球般變得很粗糙，
所以我會再上一層白膠水達到隔絕的保護作用，
建議每隔一段時間就重新上膠，可以用很久。
務必要先縫鑰匙圈再上膠，不然表面有一層白膠乾掉後的膜，
就沒辦法將縫結藏得漂亮，也無法再調整形狀。

【準備材料】

① 羊毛氈炸彈麵包
　（製作方法請參考第 40-43 頁）
② 鑰匙圈
③ 四目鍊
④ 雙圈
⑤ 白色縫線

【製作工具】

手縫針
老虎鉗

【製作步驟】

01 準備做好的羊毛氈炸彈麵包、四目鍊的鑰匙圈，以及一個雙圈。
TIP 建議選擇雙圈而不要用 CC 圈，會固定得比較牢固。

02 將手縫針穿線打結後，從炸彈麵包的其中一個尖端刺進去，再從另一個尖端穿出來。

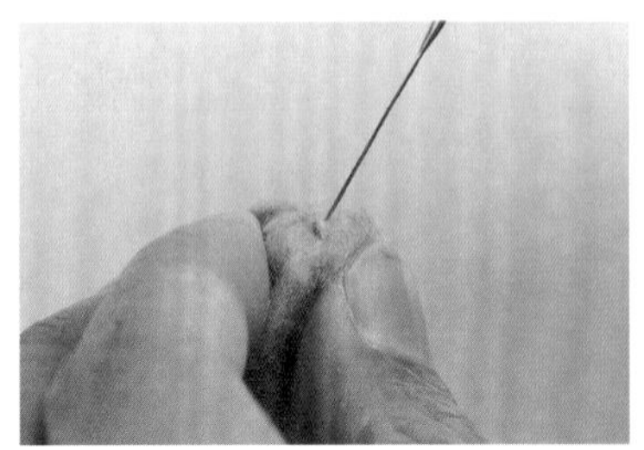

03 用戳針將縫線的結戳到麵包裡面。
TIP 不要太用力拉緊，以免麵包尖端產生凹痕。

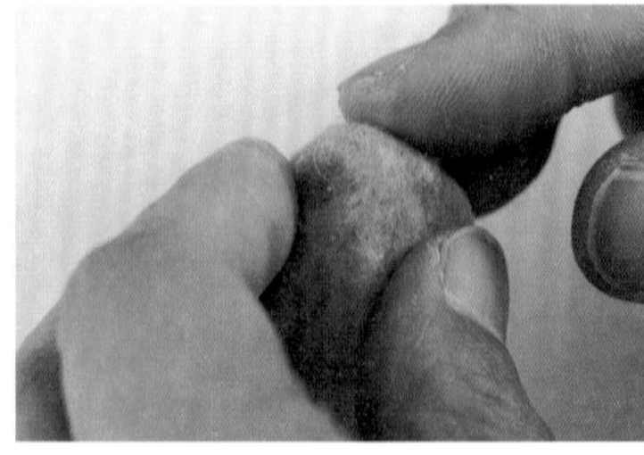

04 將縫線的結戳到麵包裡面後，用手稍微調整尖端的形狀。

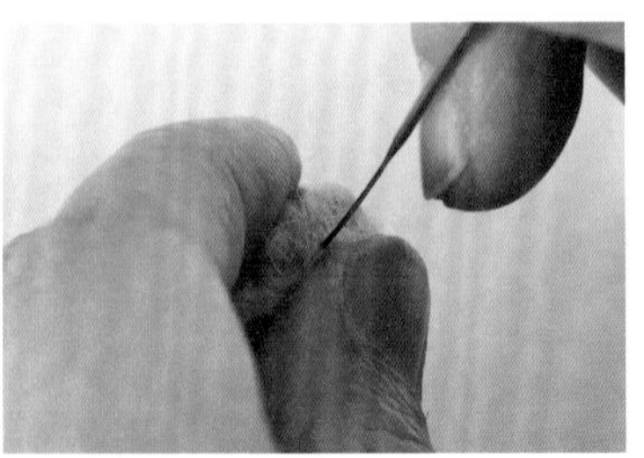

05 將尖端周圍的羊毛往中間戳刺，修飾炸彈麵包尖端的形狀。

06 修飾完成的尖端，完全看不到縫線打結的痕跡。

07 接著將針穿過鑰匙圈上的雙圈，再從麵包同一端穿進去。

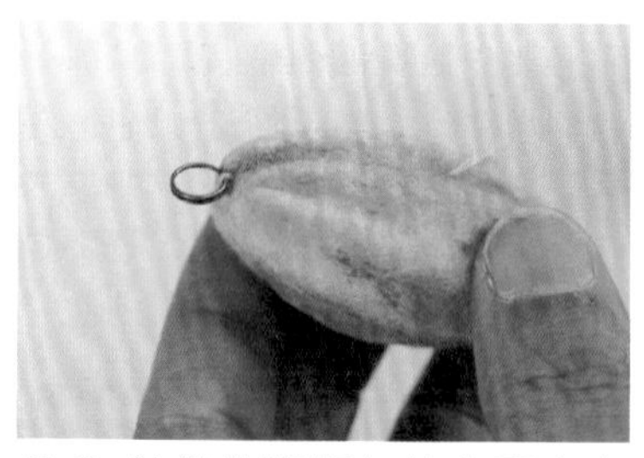

08 針從炸彈麵包的中間穿出來，將雙圈固定在尖端。

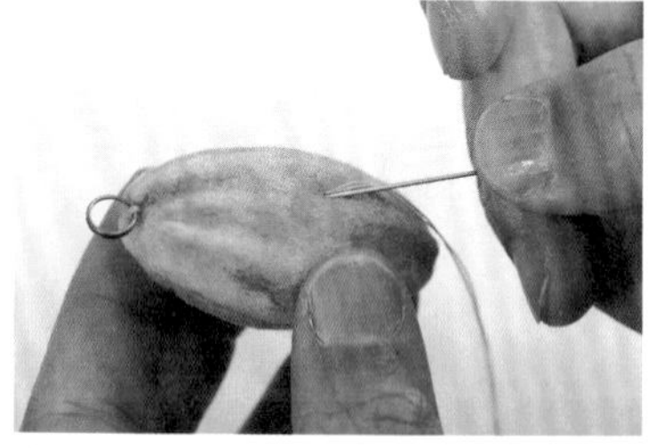

09 再一次從針穿出來的位置旁邊，將針穿回固定雙圈的尖端。

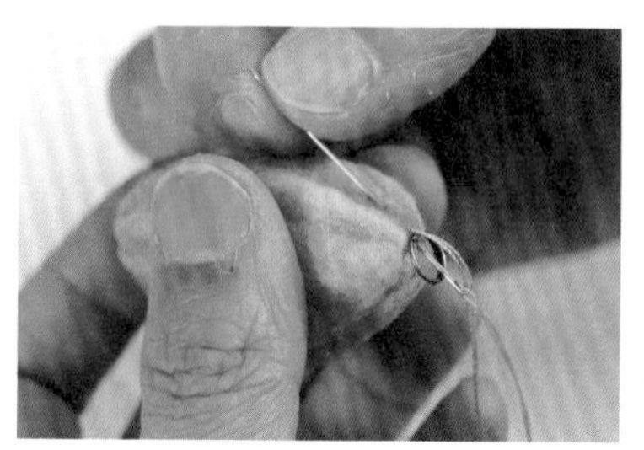

10 依照相同方法多縫幾針，加強固定雙圈。

TIP 出針的位置不需要一樣，隨意從麵包上穿出即可。

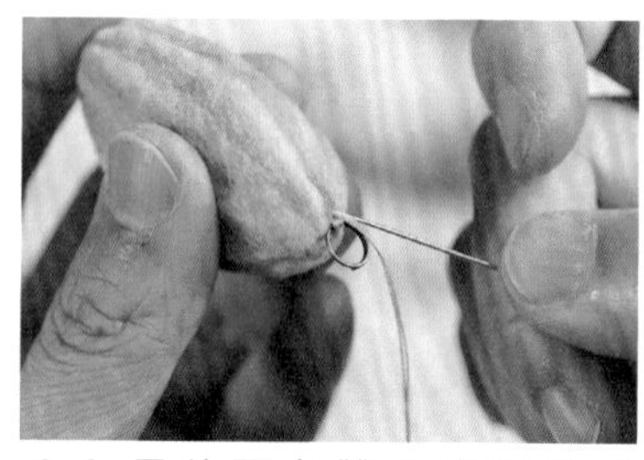

11 最後再在雙圈附近縫幾針，讓雙圈緊密貼合在麵包上。

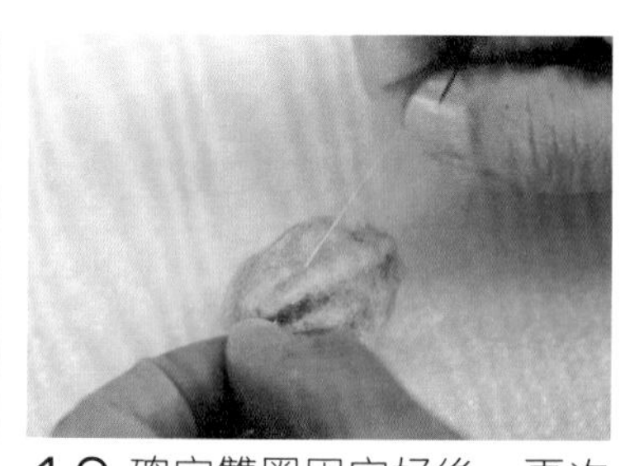

12 確定雙圈固定好後，再次將針從尖端穿到麵包中間，並剪去多餘的線。

TIP 剪線前也可以先打結，但必須再將結藏進麵包中，並修飾形狀。

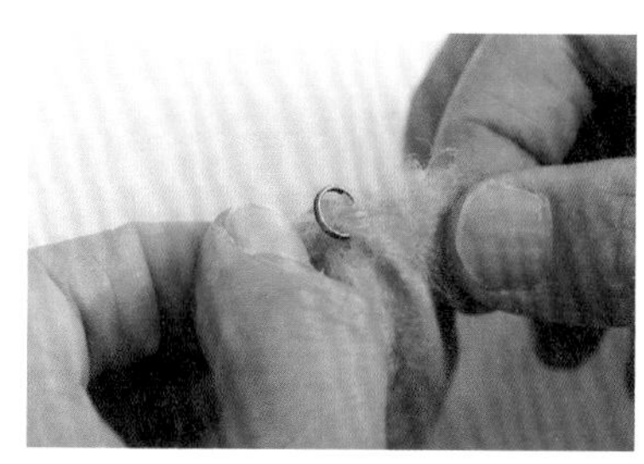

13 取少許烤色的羊毛穿過雙圈，順著炸彈麵包的形狀固定，掩蓋縫線的痕跡。

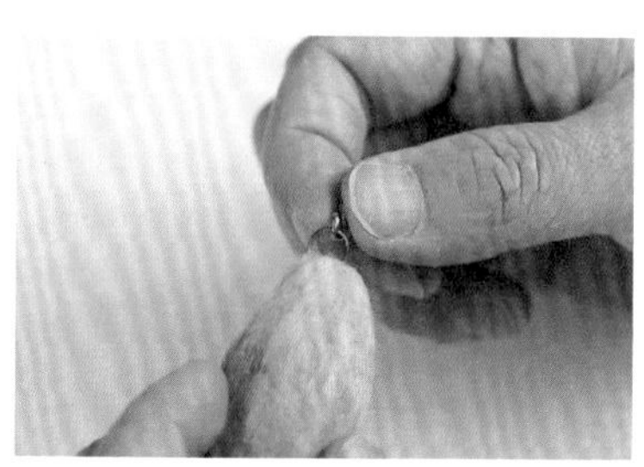

14 將雙圈穿過四目鍊，再用老虎鉗將四目鍊連上鑰匙圈，完成。

TIP 若四目鍊已和鑰匙圈連在一起，此步驟可省略。

no.04

山形吐司造型時鐘

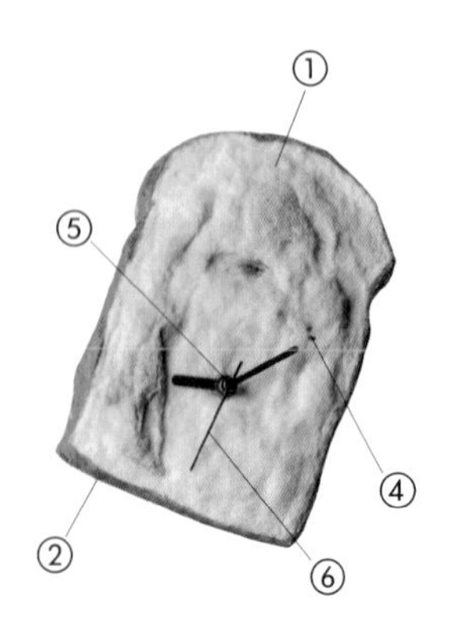

製作造型時鐘之前要先決定使用的機芯和針桿，
才有辦法確定適合的品項和大小。如果以本書來看，
山形吐司面積較大，而且有兩面平坦的面，是很合適做時鐘的選擇。
在最開始裁切內裡的保麗龍塊時，先預留機芯大小，
接著依照前面做法完成山形吐司，再放入機芯和針桿就完成了！

【製作步驟】

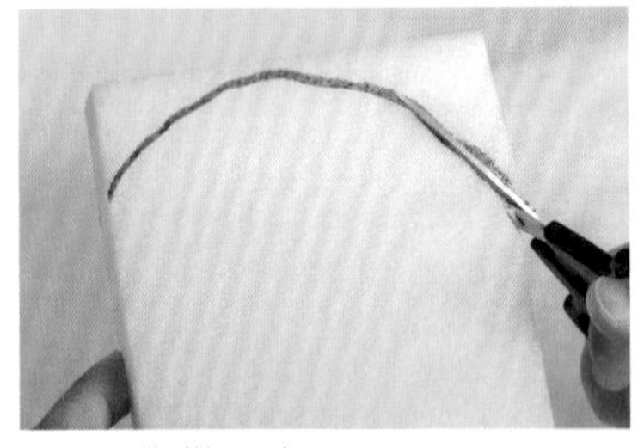

01 準備一個 15cm×10cm 的保麗龍，用奇異筆在最上端畫圓弧線條後，用剪刀剪出山形吐司的形狀。

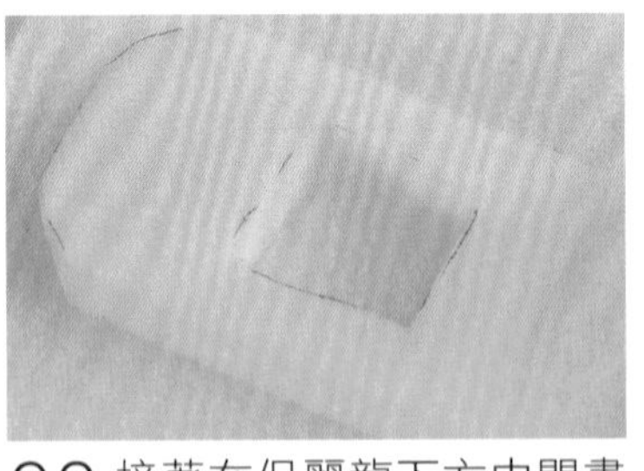

02 接著在保麗龍下方中間畫一個和時鐘機芯等大的方形，並用剪刀剪下。

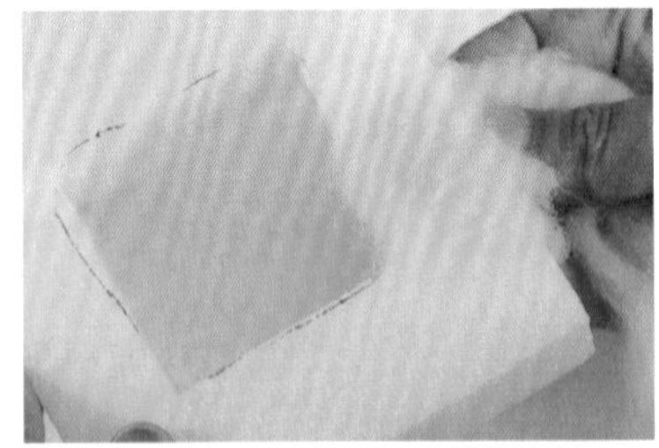

03 取部分基底麵糰毛，從挖空的方形側邊開始纏繞，將保麗龍包覆起來。

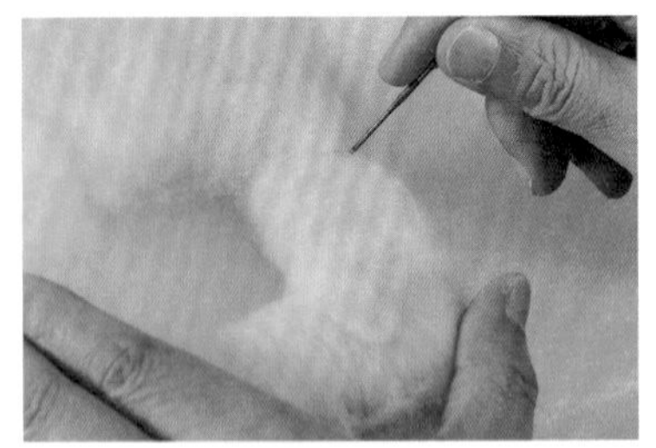

04 一面纏繞一面戳刺固定，將基底米色羊毛完全包覆住保麗龍。

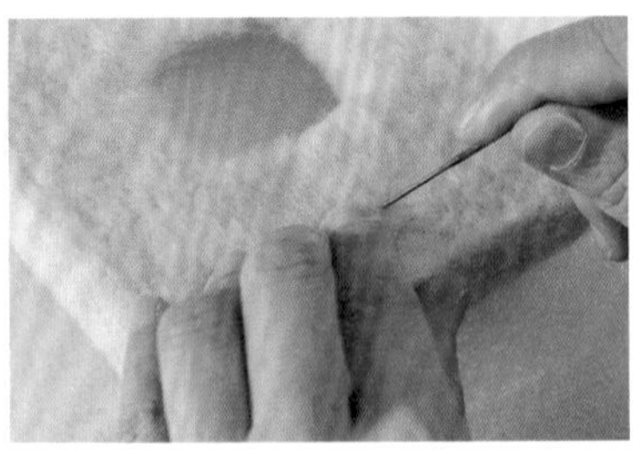

05 再將整體戳刺氈化，讓表面平整。

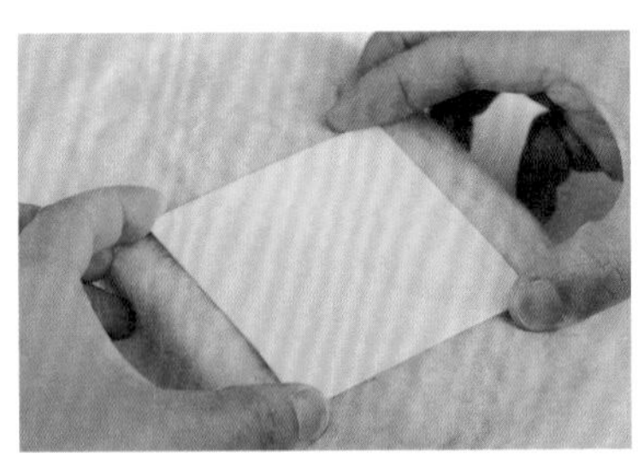

06 剪一塊大於時鐘機芯的白色厚紙板，四邊塗保麗龍膠後黏在方形挖空的地方。此面為時鐘的正面。

【準備材料】

① 製作山形芋泥吐司的羊毛（請參考第 48 頁）
② 長方體保麗龍
③ 白膠
④ 芝麻
⑤ 時鐘機芯
⑥ 時鐘針桿組
⑦ 白色厚紙板
⑧ 保麗龍膠

【製作工具】

鑷子
剪刀
奇異筆
羊毛專用戳針
工作墊

07 依照第 50 頁步驟 05-11 的方法做出芝麻吐司片，覆蓋在白色厚紙板上，並戳刺固定。

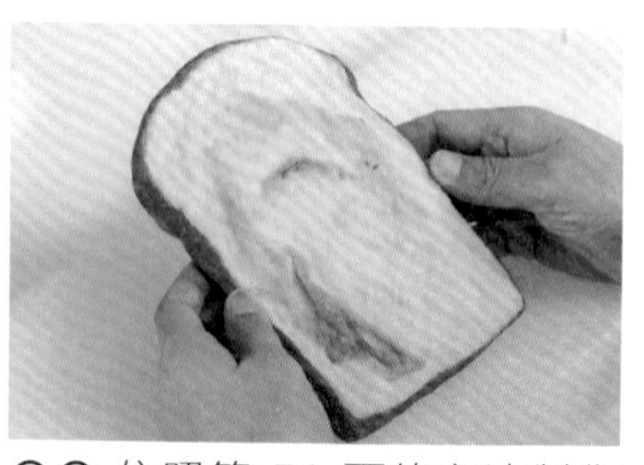

08 依照第 51 頁的方法製作芋泥和吐司邊並戳刺固定，將芋泥固定在時鐘的正面。

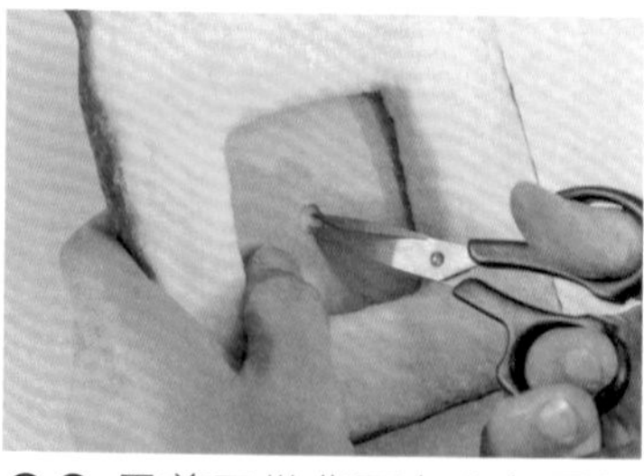

09 用剪刀從背面在白色厚紙板上剪一個洞，讓時鐘機芯的螺絲可以穿過去。

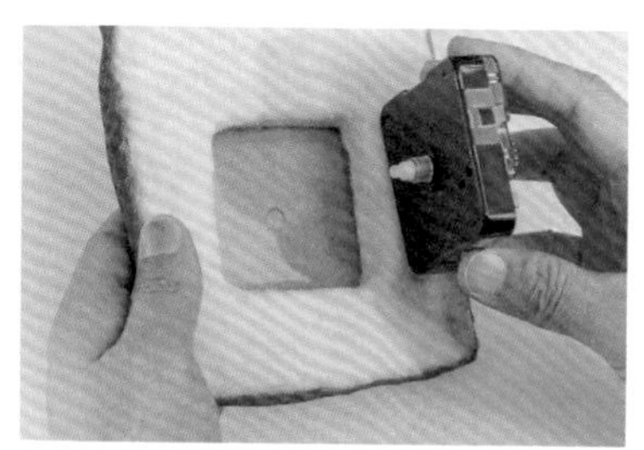

10 將時鐘機芯的螺絲從背面穿過洞口，讓機芯剛好固定在方形中。

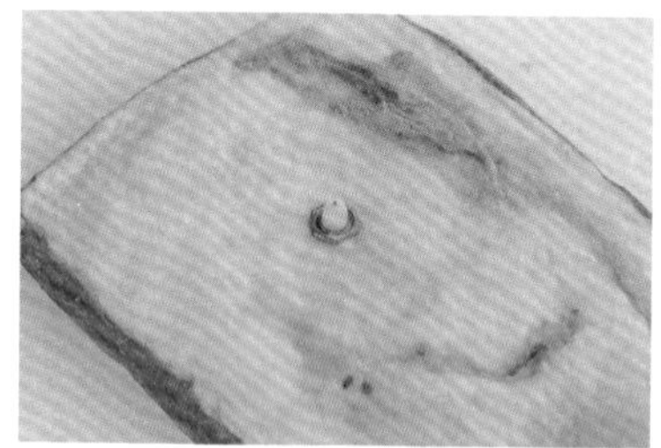

11 在時鐘正面的螺絲上，套上時鐘針桿的金色鐵片和六角螺旋頭。

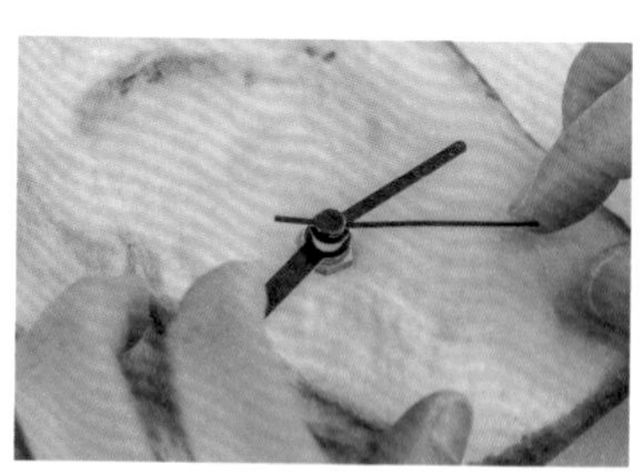

12 將時針、分針、秒針分別套到螺絲上，即完成山形吐司造型時鐘。

no.05

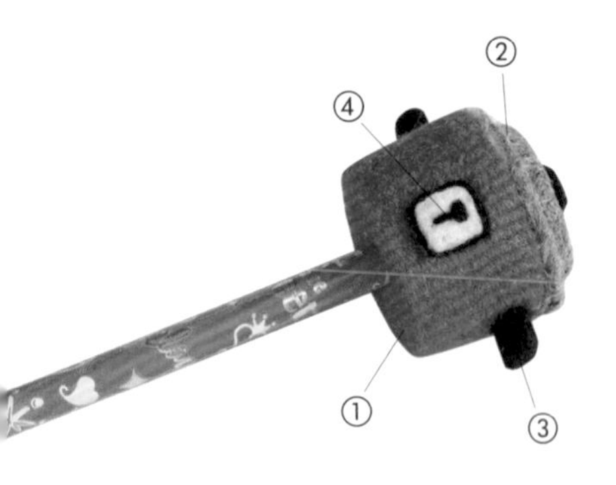

大同電鍋筆套

大同電鍋在台灣幾乎是每家廚房的基本配備，
始終復古的造型，近年來多了很多亮麗的配色。
用羊毛氈做可掀蓋的大型電鍋難度比較高，
小巧可愛的款式容易上手，還可以做成可愛的筆套。
依照同樣方法，做出各種自己喜歡的造型吧！

【準備材料】

① 基底粉色羊毛 6g
② 完成的電鍋鍋蓋 1 個
③ 完成的電鍋把手 2 個
④ 完成的電鍋開關 1 個
（製作方法請參考第 130-135 頁）

【製作工具】

筆（鉛筆或原子筆都可以）
羊毛專用戳針
工作墊

【製作步驟】

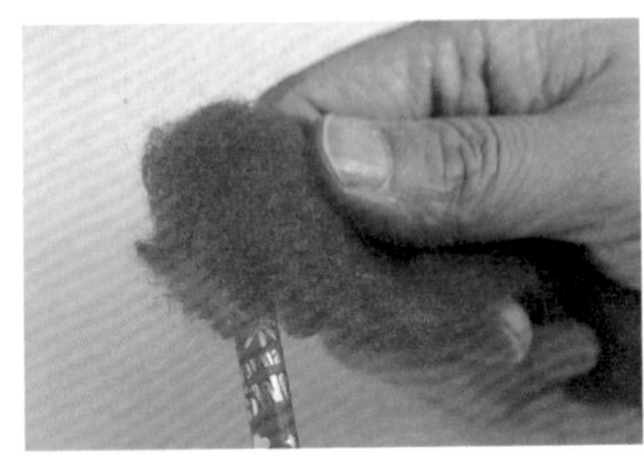

01 選好要裝筆套的筆後，準備大約 6g 的粉色長條羊毛，將羊毛貼到筆桿尖端。

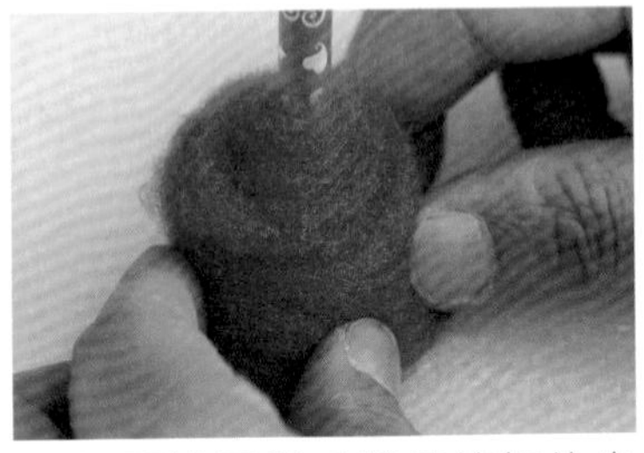

02 開始用羊毛纏繞筆桿的尖端，捲成一個圓柱後，握緊接合處。

03 取戳針先從接合處開始戳刺固定，並將頭尾兩側戳刺氈化成平面。

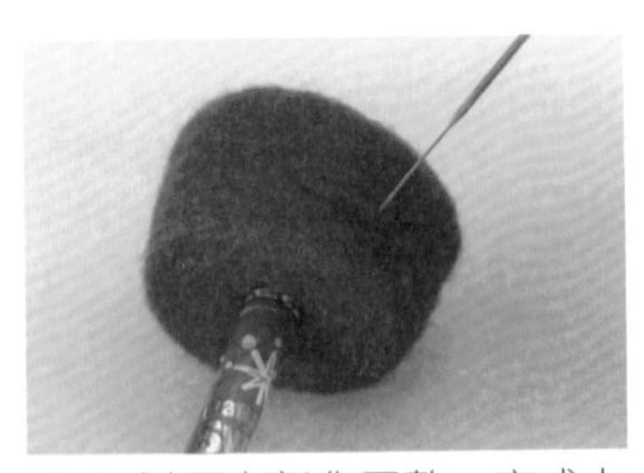

04 側面也氈化平整，完成上寬下窄的電鍋鍋子形狀。

05 將固定在內的筆拔出來，用戳針將放筆桿的孔洞內部修飾平整。

06 最後再將鍋蓋、兩側把手和開關組合到鍋子上，即完成電鍋筆套。

no.06

紅龜粿磁鐵

將成品做成磁鐵時，沒有限定磁鐵的款式，依照成品大小挑選就好。
只是要注意有些磁鐵的磁力很弱不好用，但如果磁力很強，
固定時也要留意需黏得牢固一點，不然可能一拿下來就支解了。
此處示範是將磁鐵包在紅龜粿和炊粿紙中間，
炊粿紙也可以剪一小塊粽葉，或是用其他紙張代替。

【準備材料】

① 羊毛氈紅龜粿
（製作方法請參考第 96-99 頁）
② 炊粿紙
③ 磁鐵

【製作工具】

保麗龍膠
鉛筆
剪刀

【製作步驟】

01 準備好羊毛氈紅龜粿、磁鐵和炊粿紙。

TIP 炊粿紙一般材料行都買得到，磁鐵可以在材料行、五金行購得，有些文具行也有賣。

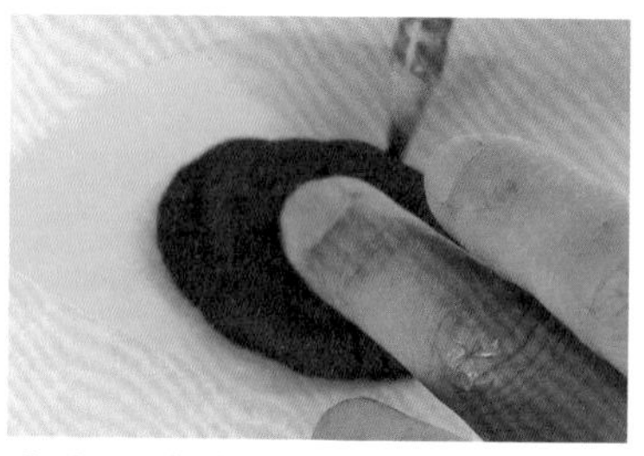

02 用鉛筆在炊粿紙上描繪紅龜粿的形狀，並沿著畫好的輪廓外圍剪出略大於紅龜粿一點點的形狀。

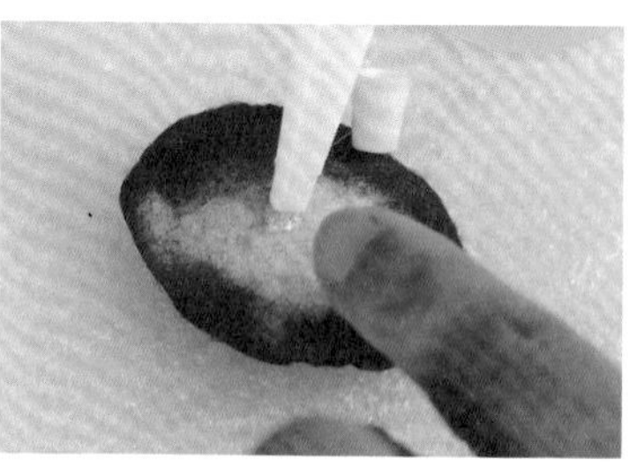

03 在紅龜粿背面的中間位置擠上保麗龍膠。

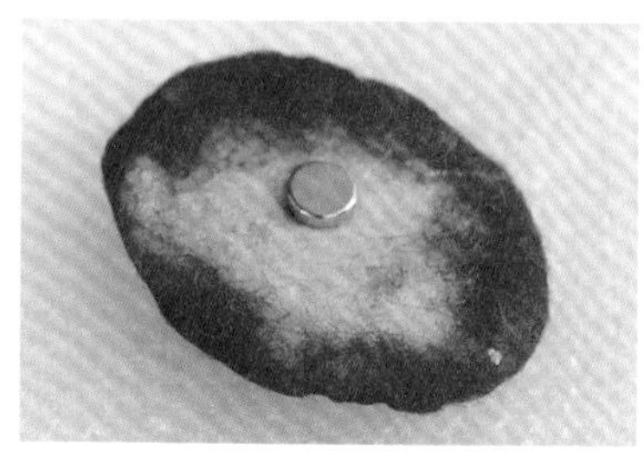

04 準備磁鐵，黏在保麗龍膠的位置上。

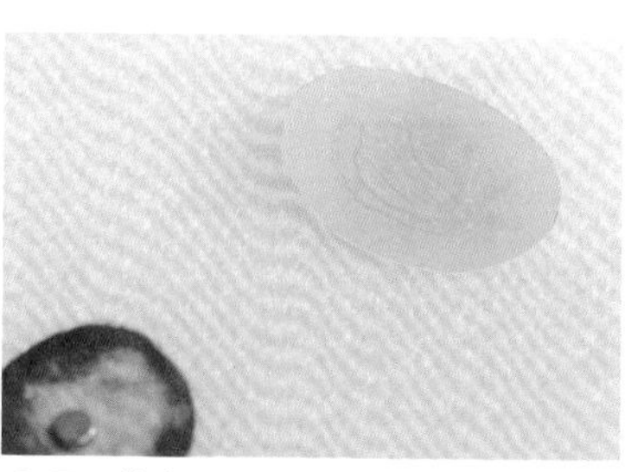

05 將保麗龍膠擠在裁剪好的炊粿紙上，再黏到紅龜粿的背面。

TIP 讓磁鐵包在紅龜粿和炊粿紙中間，比較好拿取。

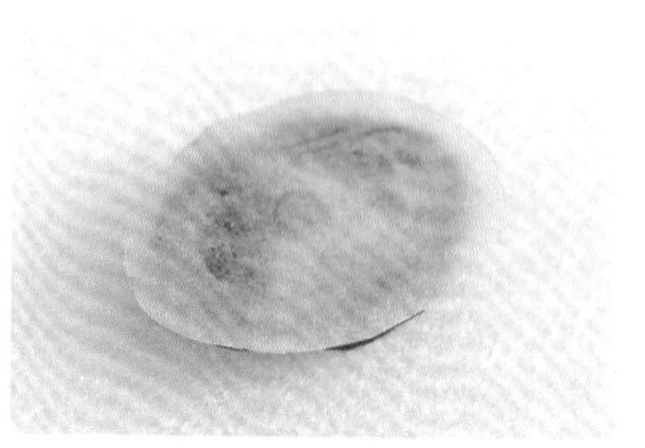

06 黏好後靜置到保麗龍膠全乾即完成。

雷包說：

肆：

發光，市集與顧客教我的事——

打造文創明星商品這條路

創業這幾年，我常常被問到有沒有後悔過離開軍職？每次聽到這個問題，我都會想起第一次參加誠品「肖年頭家」市集的時候。那是一個滿大的活動，召集了很多文創品牌，活動最吸引商家的誘因不在市集本身，而是主辦方會在市集期間展開評比，提供獲選的商家進駐誠品販售的資格。這對很多小型的文創品牌來說，是絕佳的曝光機會。所以雖然當時工作室才剛成立，沒資金沒人力，我還是硬著頭皮報名參加，拜託朋友和我輪班，一人顧半天的攤位。

那段時間真的很苦。當時所有的商品都是我一個人在做，幾乎每樣只有一件，看到客人買，擔心商品少了一個，看到客人不買，又擔心活不下去。將近一個月的市集期間，我每天熬到天亮才能夠讓攤位上有商品可以賣。一早起來還要打理孩子的事，忙完趕去顧攤，顧攤同時繼續趕做商品，顧完攤再回家繼續趕工，根本沒有休息的時間。身體和心靈上的壓力壓得我喘不過去，那時候每天洗澡都在哭，不知道為什麼要把自己搞成這副德性。可是啊，即使在這麼緊繃的日子裡，我也從來沒有後悔過自己的決定。

參加市集擺攤時的照片

在危機中出現的轉機

我的工作室創立到現在不過 3、4 年左右，但我常常覺得已經過了好久。很多創作者看到我的進步都會說：「雷小包妳好厲害！」其實我真的不厲害，只是遇到的問題比較多而已。一路走來從開課、擺攤、量產、設櫃，我沒有一次是先準備好才進行，都是硬著頭皮上之後，才在過程中發現問題，狼狽地調整方向。更準確來說，我大部分的時間根本都是被壓著往前走的。

例如擺市集的時候，因為我本來以教學為主、缺乏足夠的經驗，所以除了人力調度外，很快也面臨到商品貧乏的問題。旁邊的攤位可能一攤就有分低、中、高不同單價，但我沒有，我那時候只有別針跟鑰匙圈，就算客人再怎麼喜歡我的東西，也只能買到別針跟鑰匙圈。我必須想辦法在最短時間內開發新的產品。其實危機真的就是轉機，回家後我做出了第一個零錢包，後來第二次進場的時候，我每做一個零錢包就賣一個。

生意好了，緊接著面臨的是商品不夠賣的問題。我當時的產量連應付市集都很吃緊，但是想要設櫃販售、想要讓更多人看見我的品牌，沒有足夠的貨源是不可能的。儘管越來越多媒體採訪，曝光度變得更高，我還是沒有東西可以賣。於是我加緊腳步，籌備可以製作商品的團隊。我先從家裡附近的社區媽媽著手，到處找有意願的人培訓，一個一個慢慢教，直到可以獨立做出符合規格的產品為止。我的創業之路就是不斷在想方設法解決各種難題，可能也是個機緣吧，我總是在最後一刻平安渡過危機，雖然有痛苦，但我知道這些都是必經的過程。

從創作者到老闆的身份轉換

一個文創品牌從創立到穩定，至少三五年是需要的。我發現很多創作者撐不下去的原因，是因為身份轉換不過來。我剛開始也受到很大的衝擊。以前只是夢想開一家店，每天創作或教學，但真的創業了，才體悟到那家店不會憑空而來。我不能只有創作者的腦袋，我還要成為一個老闆，必須有經營的概念、行銷策略，要學會計算成本、培訓員工、訂定制度，做好一切管理的責任。很多創作的人創業都會卡在這裡，因為就整體而言，創業的人腦袋要條理有序，但靠靈感的創作者卻大部分是無序、天馬行空的，必須不斷放掉舊有的觀念。夢想這件事，沒有現實的基礎是撐不起來的。

「包・手作羊毛氈工作室」走到現在快4年了，好不容易才走到這裡。好幾次想放棄，可是每當我遇到瓶頸，感覺自己處於緊繃的狀態時，我都會想到顧問老師跟我說的：「放棄很容易，一個念頭當下就放棄了，堅持才是最難的，試著把腳步放慢一點，比較不會這麼容易覺得走到底。」現實就是這麼奇妙，如果我站上了一個位置卻還沒做好準備，各式各樣的問題就會不斷迎面襲來，但是當我逐一解決了那些問題，它們就再逐一成為了我的助力，帶領我往前走。以創作維生不是一條好走的路，可是能夠找到自己喜歡的事，並且為了這件事付出所有的努力，其實是一件很幸運的事。衷心希望所有的創作者們都能**堅持自己所選擇的，且每前進一步時，也不忘自己的初衷**。

第一次做出來的零錢包　台灣文博會頒發的獎狀

受邀到韓國參加國際手作展

羊毛氈
手作寫真

SPECIAL FOR
YOU

正宗古早味
手作羊毛氈

限時件
偉士牌

café

台灣廣廈國際出版集團
Taiwan Mansion International Group

國家圖書館出版品預行編目（CIP）資料

擬真度100%！懷舊食物羊毛氈全圖解：一次學會「包・手作」的獨家技法！仿真混色×快速塑形，輕鬆做出29款復古生活小物 / 雷包（雷曉臻）著. -- 初版. -- 新北市：蘋果屋, 2022.05
面； 公分.
ISBN 978-626-95574-3-1
1.CST: 手工藝

426.7　　111005579

擬真度100%！懷舊食物羊毛氈全圖解

一次學會「包・手作」的獨家技法！
仿真混色×快速塑形，輕鬆做出29款復古生活小物

作　　者／雷包（雷曉臻）
攝　　影／Hand in Hand Photodesign
璞真奕睿影像
編輯中心編輯長／張秀環・編輯／蔡沐晨
封面設計／曾詩涵
內頁排版／菩薩蠻數位文化有限公司
製版・印刷・裝訂／東豪・弼聖・秉成

行企研發中心總監／陳冠蒨
媒體公關組／陳柔彣
綜合業務組／何欣穎
線上學習中心總監／陳冠蒨
產品企製組／黃雅鈴

發 行 人／江媛珍
法律顧問／第一國際法律事務所 余淑杏律師・北辰著作權事務所 蕭雄淋律師
出　　版／蘋果屋
發　　行／蘋果屋出版社有限公司
地址：新北市235中和區中山路二段359巷7號2樓
電話：（886）2-2225-5777・傳真：（886）2-2225-8052

代理印務・全球總經銷／知遠文化事業有限公司
地址：新北市222深坑區北深路三段155巷25號5樓
電話：（886）2-2664-8800・傳真：（886）2-2664-8801
郵政劃撥／劃撥帳號：18836722
劃撥戶名：知遠文化事業有限公司（※單次購書金額未達1000元，請另付70元郵資。）

■出版日期：2022年05月
ISBN：978-626-95574-3-1